高职高专"十二五"规划
首届全国机械行业职业教育精品教材

单片机仿真与实战项目化教程
（C语言版）

汤平　徐欣　主编

陈和洲　陈晶瑾　副主编

化学工业出版社

·北京·

本书以项目为载体，采用任务驱动方式编写，以 AT89C51 单片机为控制器，结合 Keil C51、Proteus 等单片机系统开发软件，从实用的角度出发，以任务的实施为主线，由浅入深逐步介绍 51 单片机 C 程序设计和 Proteus 仿真的联合应用，要求学员完成仿真并分组进行实际项目制作，以"虚实结合"的模式学习单片机控制系统的应用技术，体现了"教、学、做"一体化。

本书通过仿真设计制作单片机控制单灯闪烁、汽车转弯灯、流水灯、产品计数器、交通灯、数字电压表、信号发生器、密码锁、温度报警器、单片机双机通信共 10 个项目，系统地介绍了 AT89C51 单片机引脚功能、内部资源、C51 语言程序设计、中断、定时/计数、串行口的原理及应用，实践了单片机与键盘接口技术、单片机与 LED / LCD 显示接口技术、单片机与 I²C 器件接口技术、单片机与单总线器件接口技术、单片机串行通信技术。在每个项目的结尾提供项目实做需要的材料清单，方便进行单片机控制项目实做训练。

本书可作为高职高专、应用型本科电子信息类单片机课程的教材，也可作为自动控制、智能仪器仪表、机电、声像、应用电子、通信技术、物联网应用技术等专业的单片机课程教材和相关工程技术人员的参考书。

图书在版编目（CIP）数据

单片机仿真与实战项目化教程（C 语言版）/ 汤平，徐欣主编. —北京：化学工业出版社，2013.7（2020.9重印）
高职高专"十二五"规划教材
ISBN 978-7-122-17537-3

Ⅰ. 单…　Ⅱ. ①汤… ②徐…　Ⅲ. ①单片微型计算机-高等职业教育-教材　②C语言-程序设计-高等职业教育-教材　Ⅳ. ①TP368.1　②TP312

中国版本图书馆 CIP 数据核字（2013）第 118724 号

责任编辑：王昕讲	文字编辑：吴开亮
责任校对：宋　玮	装帧设计：韩　飞

出版发行：化学工业出版社（北京市东城区青年湖南街 13 号　邮政编码 100011）
印　　装：涿州市般润文化传播有限公司
787mm×1092mm　1/16　印张 16½　字数 418 千字　2020 年 9 月北京第 1 版第 4 次印刷

购书咨询：010-64518888　　　　　　　售后服务：010-64518899
网　　址：http: // www. cip. com. cn
凡购买本书，如有缺损质量问题，本社销售中心负责调换。

定　　价：**34.00 元**　　　　　　　　　　　　　　版权所有　违者必究

前　言

当前正在进行的高职高专教学改革，打破了传统的学科课程体系结构，建立基于工作过程的课程体系，采用"行动导向、教学做合一"的教学方法。本书为了适应这种教学改革，按照由易到难的认知规律，按照工学结合的要求组织教学内容，以任务驱动实施教学。学习与工作过程紧密结合，使学生很快入门并掌握单片机开发的基本知识和技能，具备良好的工作岗位适应能力，这是本教材编写的主要目的。

与同类教材相比，本教材具有以下特点。

1. 采用"虚实结合"的教学模式。针对学生的特点，在入门阶段以 Proteus+Keil C51 软件虚拟仿真为主进行学习，在提升阶段以仿真和实战结合进行学习，这种模式可以有效地激发学生的学习主动性，有利于提高学生的学习效率。

2. 采用 Keil C51 而非汇编语言编程，更加符合当前单片机开发技术发展的趋势，便于学生学习和掌握。

3. 采用任务驱动式的编写方法。本着精讲、实用、易懂的教学原则，以典型工作任务驱动作为教材编写的主线。对单片机应用和 Keil C51 中的难点采用项目的方式进行讲解，按项目给出典型的工作任务，任务覆盖了本课程的知识点，通过任务的完成带动对单片机应用知识点的学习，培养学生应用单片机的技能。

4. 注重动手能力的培养。注重培养学生的编程能力，硬件仿真能力，单片机控制系统的设计制作、焊接、调试能力。

5. 注重方法能力的培养。在思考与实践中，安排任务让学生查找资料，阅读 PDF 技术文档，举一反三设计制作单片机小产品，起到巩固、应用和补充知识的作用。

6. 注重新知识、新器件的应用。本教材涵盖了 LCD1602、CAT24C02、DS18B20 等器件的应用。

7. 除了项目思考与练习，教材在课程中间也留下一些思考小问题，让学生现学现用，巩固所学知识。

本书通过 10 个项目主要介绍了单片机的软硬件开发工具、单片机并行口及应用、定时与中断系统、显示技术与键盘接口技术、A/D 与 D/A 转换接口、单片机串行通信等内容。本书参考学时为 80 学时，各学校可以根据教学情况选择学习项目。

本书由重庆航天职业技术学院汤平和重庆电子工程职业学院徐欣主编，重庆航天职业技术学院陈和洲、陈晶瑾为副主编。汤平对全书的编写思路和标准进行了总体规划，指导全书编写，并编写了项目 1；徐欣对全书统稿，编写了项目 2；重庆航天职业技术学院屈涌杰编写了项目 3；陈和洲编写了项目 4、项目 5、项目 8；重庆航天职业技术学院李纯编写了项目 6；陈晶瑾编写了项目 7；河南化工技师学院李俊编写了项目 9 和项目 10。在本书的编写过程中，得到了王用伦、张冬梅等老师的大力支持和帮助，在此表示最衷心的感谢！

我们将为使用本书的教师免费提供电子教案和教学资源，需要者可以到化学工业出版社教学资源网站 http://www.cipedu.com.cn 免费下载使用。

我们虽然力求完美，但由于水平有限，书中难免存在疏漏，敬请广大读者不吝赐教。

编　者

目　录

项目 1　单片机控制单灯闪烁

1.1　学习目标

① 会描述什么是单片机、单片机的特点及应用等知识。

② 会熟练进行 0～15 这 16 个数字的二、十、十六进制的转换，会查 ASCII 码表。

③ 初步学会使用单片机的开发工具 Keil C51、仿真软件 Proteus 进行仿真。

④ 学会使用仿真软件 Proteus 制作单片机的最小系统电路图和单灯闪烁控制电路图。

⑤ 学会使用 Keil C51 编写单灯闪烁的单片机控制程序。

⑥ 学会进行单片机软硬件联合仿真。

1.2　项目描述

（1）项目名称

单片机控制单灯闪烁。

（2）项目要求

① 练习使用 Keil C51、Proteus、STC 下载软件等开发工具。

② 使用 AT89C51 单片机作为仿真控制器，STC89C51 作为硬件电路控制器，控制 1 个发光二极管闪烁，时间间隔为 0.1s。

③ 发挥功能。

a. 调整发光二极管亮度。

b. 发光二极管修改为共阴极接法，如何修改电路图和程序。

c. 使用单片机 P2.0 引脚控制发光二极管以 0.2s 的时间间隔闪烁。

（3）项目分析

使用 AT89C51 单片机的一个引脚控制一个发光二极管以 0.1s 的时间间隔闪烁时，单片机要工作，必须有时钟电路、复位电路和电源电路，它们和单片机一起构成的电路称为单片机的最小系统，是单片机控制电路的基础，是必须掌握的单片机基本电路。

发光二极管（LED，电路符号 $\overset{\displaystyle\nwarrow}{\rule{1.5em}{0.4pt}}$ ）是一种最常用的指示器件，近几年因其成本下降和节能的特点大量使用在照明设备中。发光二极管有极性之分，当有足够的正向电流（正极流向负极的电流，约 10～30mA）通过时便会发光。

由于单片机系统常常使用+5V 电源，而发光二极管 D1 只需要 2V 左右的电压就可以被点亮，点亮时电流约为 15mA。如果在发光二极管 D1 两端直接加+5V，将有可能烧毁它。于是，常常在测量二极管好坏或者是电路设计中，串联一个限流电阻 R1。假设发光二极管工作电流为 15mA，正常工作时两端的压降 V_F=2V，所以电阻 R1 上应该分担的电压为 3V。于是得电阻 R1 的阻值为：$R1=3V/15mA=200\Omega$。如果此电阻取值较大，则发光二极管亮度不够，取 1 kΩ 以内的阻值即可[图 1-1（a）]。

当单片机的 P1.0 口输出低电平时（接地），发光二极管 D1 正、负极之间获得电压而被点亮；当 P1.0 口输出高电平时（+5V），发光二极管 D1 则熄灭。所以，要实现发光二极管以 100 ms 时间间隔闪烁，就是单片机控制 P1.0 口输出高电平，100ms 后输出低电平，再反复循环[图 1-1（b）]。

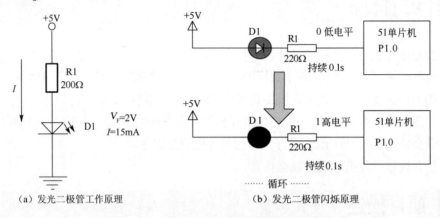

（a）发光二极管工作原理　　　　　　（b）发光二极管闪烁原理

图 1-1　发光二极管工作原理和闪烁原理

控制单灯闪烁的框图如图 1-2 所示。

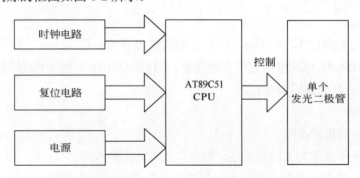

图 1-2　单个发光二极管闪烁控制框图

1.3　相关知识

1.3.1　单片机基础

1.3.1.1　单片机相关知识

把 CPU（运算、控制）、RAM（数据存储）、ROM（程序存储）、输入/输出设备（例如串行口、并行口等）、定时器/计数器、A/D、D/A 等集成到一块集成电路芯片中形成的微处理器称为单片机，单片机也称为 MCU（Micro Controller Unit），即微控制器。

（1）单片机的产生和发展

单片机是由美国的 Intel 公司于 1971 年发明的，经历了 SCM、MCU、SoC 三大阶段。

①　SCM 即单片微型计算机（Single Chip Microcomputer）阶段，主要是寻求最佳的单片形态嵌入式系统的最佳体系结构。"创新模式"获得成功，奠定了 SCM 与通用计算机完全不同的发展道路。在开创嵌入式系统独立发展的道路上，Intel 公司功不可没。

②　MCU 即微控制器（Micro Controller Unit）阶段，主要的技术发展方向是：不断扩展满足嵌入式应用时对象系统要求的各种外围电路与接口电路，突显其对象的智能化控制能力。它所涉及的领域都与对象系统相关，因此，发展 MCU 的重任不可避免地落在电气、电子技术厂家。从这一角度来看，Intel 公司逐渐淡出 MCU 的发展也有其客观因素。在发展 MCU 方面，最著名的厂家当数 Philips 公司。Philips 公司以其在嵌入式应用方面的巨大优势，将 MCS-51 从单片微型计算机迅速发展到微控制器。在单片机的发展史上，Intel 和 Philips 有不可磨灭的历史功绩。

③　SoC 即片上系统（System on Chip）阶段。为了满足各种控制对单片机的特定要求，产生了专用单片机，专用单片机的发展形成了 SoC 化趋势。随着微电子技术、IC 设计、EDA 工具的发展，基于 SoC 的单片机应用系统设计已经得到了飞速的发展。

（2）单片机硬件特性

①　单片机集成度高。如 AT89C51 单片机包括 CPU、4KB 容量的 ROM（8031 无）、128 B 容量的 RAM、2 个 16 位定时器/计数器、4 个 8 位并行口、1 个全双工串行口。

②　系统结构简单，使用方便，实现模块化。

③　单片机可靠性高，可保证工作 $10^6 \sim 10^7$ h 无故障。

④　处理功能强，速度快。

（3）单片机的应用

目前，单片机已渗透到人们生活的各个领域，几乎很难找到哪个领域没有单片机的踪迹。单片机应用大致可分如下几个范畴。

①　在智能仪器仪表上的应用。（请查阅资料，写出 2 种以上应用＿＿＿＿＿＿＿＿＿。）

②　在工业控制中的应用。（请查阅资料，写出 2 种以上应用＿＿＿＿＿＿＿＿＿。）

③　在家用电器中的应用。（请查阅资料，写出 2 种以上应用＿＿＿＿＿＿＿＿＿。）

④　在计算机网络和通信领域中的应用。（请查阅资料，写出 2 种以上应用＿＿＿＿＿＿。）

⑤　在医用设备领域中的应用。（请查阅资料，写出 2 种以上应用＿＿＿＿＿＿。）

⑥　在各种大型电器中的模块化应用。（请查阅资料，写出 2 种以上应用＿＿＿＿＿＿。）

⑦　在汽车设备领域中的应用。（请查阅资料，写出 2 种以上应用＿＿＿＿＿＿。）

此外，单片机在工商、金融、科研、教育、航空、航天等领域都有着十分广泛的用途。

（4）单片机种类

我们经常在各种网站、电子刊物上看到 AVR 系列和 PIC 系列单片机的相关介绍，多数教材介绍的是 51 系列单片机。这么多的单片机，该先学哪一种呢？

PIC 系列单片机是美国 Microchip（微芯）公司的产品，是一种 8 位单片机，它采用的是 RISC 的指令集，它的指令系统和开发工具与 51 系列有很大不同，但由于它的低价格和出色的性能，目前国内使用的人越来越多，国内也有很多的公司在推广它。如图 1-3（a）所示是 PIC 系列的 PIC16F677 和 PIC16F631 单片机。

(a)

(b)

图 1-3　PIC 和 AVR 系列单片机实物图

　　AVR 系列单片机是 ATMEL 公司生产的一种 8 位单片机，它也采用 RISC（精简指令集单片机）结构，所以它的技术和 51 系列也有所不同，开发设备也和 51 系列是不通用的，它的一条指令的运行速度可以达到纳秒级（即每秒 1000000000 次），是 8 位单片机中的高端产品。由于它出色的性能，应用范围越来越广，大有取代 51 系列的趋势，目前在很多公司进行开发的时候，AVR 单片机是首选。如图 1-3 所示（b）所示是 AVR 系列的 ATMEGA 8515L。各种封装形式的 AVR 系列单片机如图 1-4 所示。

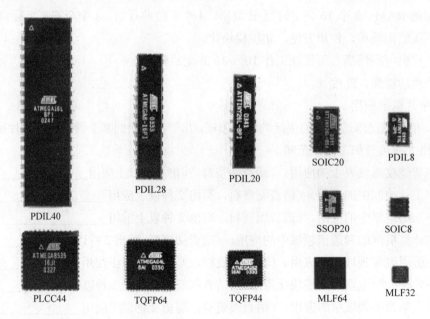

PDIL40
PDIL28
PDIL20
SOIC20
PDIL8
SSOP20
SOIC8
PLCC44
TQFP64
TQFP44
MLF64
MLF32

图 1-4　各种封装形式的 AVR 单片机

　　目前在我国比较流行的 51 系列单片机以其物美价廉、学习资源丰富，成为单片机入门的首选。本教材以 ATMEL 公司的 AT89C51 单片机来做仿真实训，而在实训实做过程中，采用台湾宏晶电子生产的 STC89C51 单片机，具有较高的性价比；采用 ISP 方式下载程序，下载方法也比较简单，适合初学者。其他的 51 系列单片机还有飞利浦公司的 51LPC 等。

　　（5）嵌入式系统

　　ARM 处理器除具有单片机的功能外，还可以运行嵌入式操作系统，可以将其看成简化了的 PC，因而它可以实现许多单片机系统不能完成的功能，例如嵌入式 Web 服务器、Java

虚拟机等，从而在智能手机、物联网等领域应用广泛。例如现在广泛流行的双"A"开发就是采用 ARM 处理器+Android（安卓）操作系统开发手机软硬件应用。要学习嵌入式系统开发和智能手机开发，就要学习一些单片机的基础知识。只有打好基础，才能更好地学习嵌入式技术。ARM 单片机芯片如图 1-5 所示。

图 1-5　ARM 单片机芯片

1.3.1.2　单片机最小系统

（1）单片机芯片

① ATMEL 公司的 51/52 系列单片机主要产品及其性能见表 1-1。

表 1-1　ATMEL 公司 51/52 系列单片机性能表

系列	典型芯片	片内 ROM 形式	片内 RAM	并行 I/O 口	定时器/计数器	中断源	串行口
51 系列	80C31	无	128B	4×8b(bit)	2×16b(bit)	5	1
	80C51	4KB 掩膜 ROM	128B	4×8b	2×16b	5	1
	87C51	4KB EPROM	128B	4×8b	2×16b	5	1
	89C51	4KB EEPROM	128B	4×8b	2×16b	5	1
52 系列	80C32	无	256B	4×8b	3×16b	6	1
	80C52	8KB 掩膜 ROM	256B	4×8b	3×16b	6	1
	87C52	8KB EPROM	256B	4×8b	3×16b	6	1
	89C52	8KB EEPROM	256B	4×8b	3×16b	6	1
2051	89C2051	2KB EEPROM	128B	2×8b	3×16b	5	1

② 典型芯片 AT89C51 引脚说明如图 1-6 所示。

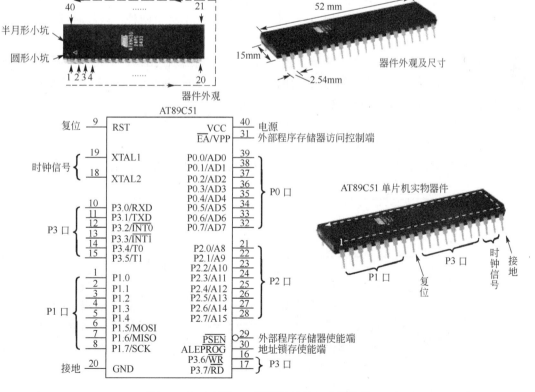

图 1-6　DIP 封装 40 引脚的 AT89C51 单片机

- 电源：AT89C51 的 VCC（40 脚）和 GND（20 脚）分别为电源端和接地端，AT89C51 的供电电压范围为直流 4.0～5.5V。
- 振荡电路（时钟信号）：XTAL1、XTAL2。
- 复位引脚：RST。
- 并行口：P0、P1、P2、P3，4 个端口共 32 位（bit）。
- $\overline{EA}/VPP$：访问程序存储控制信号/加编程电压。
- $\overline{PSEN}$：外部 ROM 读选通信号。
- ALE/$\overline{PROG}$：地址锁存控制信号/编程脉冲输入端。

P3 口第二功能说明如表 1-2 所示。

表 1-2　AT89C51 P3 口第二功能说明表

单片机引脚	引脚第二功能	第二功能说明
P3.0	RXD	串行通信数据接收端
P3.1	TXD	串行通信数据发送端
P3.2	$\overline{INT0}$	外部中断 0 请求端
P3.3	$\overline{INT1}$	外部中断 1 请求端
P3.4	T0	定时器/计数器 0 外部输入端
P3.5	T1	定时器/计数器 1 外部输入端
P3.6	$\overline{WR}$	外部数据存储器/外设端口写
P3.7	$\overline{RD}$	外部数据存储器/外设端口读

（2）最小系统

① 时钟电路。时钟电路用于产生单片机工作所需的时钟控制信号，其性能影响单片机系统的稳定性。时钟频率影响单片机运行速度。常用时钟电路有两种：内部时钟电路和外部时钟电路。

XTAL1（19 脚）、XTAL2（18 脚）内部有一个片内振荡器结构，但仍然需要在 XTAL1 和 XTAL2 之间连接一个晶振 X1，并加上两个容量介于 20～40pF 的电容 C1、C2 组成时钟电路，如图 1-7（a）所示。晶振的频率决定了该系统的时钟频率。例如晶振频率选择 12MHz，那么单片机工作的频率就是 12MHz。根据系统对速度的要求，一般可以选择 1.2～12MHz 的晶振。通常使用 12MHz 的晶振。

外部时钟电路常用于多单片机同时工作，其电路如图 1-7（b）所示。

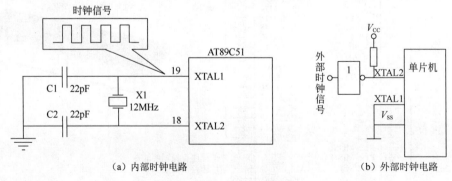

（a）内部时钟电路　　　　（b）外部时钟电路

图 1-7　单片机的时钟电路

振荡周期：振荡周期是单片机的基本时间单位。主频为 f_{OSC}，则振荡周期是主频的倒数。

如 12MHz 主频的振荡周期是：$1/12\text{MHz}=1/12\mu\text{s}$。

时钟周期（s）：时钟周期为振荡周期的 2 倍，分为 2 个节拍，为 P1 和 P2，每拍为一个振荡周期。如 12MHz 主频的振荡周期是 $2\times(1/12\text{MHz})=1/6\mu\text{s}$，如图 1-8 所示。

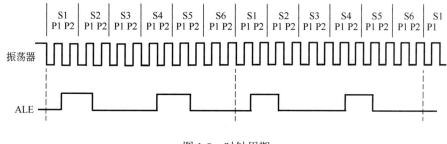

图 1-8　时钟周期

机器周期：6 个时钟周期或 12 个振荡周期组成一个机器周期。如 12MHz 晶振的机器周期是 $12\times(1/12\text{MHz})=1\mu\text{s}$。

指令周期：指令周期指单片机执行一条指令所需要的时间，一般由若干个机器周期（1、2、4 个）组成。

② 复位电路。AT89C51 单片机的 RST 端（9 脚）是复位端。当向 RST 端输入一个 2 个机器周期的高电平时，单片机就会复位，复位后单片机从 0000H 开始执行程序。如果在单片机执行程序的过程中触发复位，则单片机立即放弃当前操作而被强行要求从头开始执行程序。

最简单的复位电路就是在 RST 端与电源端之间连接一个 10μF 左右的电解电容。单片机上电瞬间，电容 C1 的正极电压瞬间变为+5V，C1 对于这个瞬间的电压突变相当于短路（隔直通交），于是+5V（高电平）相当于直接加到了单片机的 RST 端上，正是这个加在 RST 端的瞬间高电平使单片机复位。很快，电容 C1 充满电，在电路中相当于断路，于是 RST 端电平由高转低，单片机随即开始执行程序。

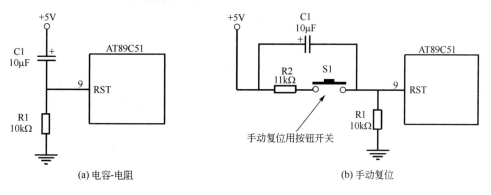

图 1-9　常用的复位电路

使用一个电解电容的复位电路可靠性不高，所以常用图 1-9 中给出的两种复位电路。其中，图 1-9（a）为电容-电阻复位电路；图 1-9（b）为手动复位电路，按钮开关 S1 可对单片机实现手动复位，当按下 S1 时，RST 端获得复位信号（高电平）而使单片机复位，此时无论单片机进行什么操作，都要从 0000H 开始执行程序。

③ 单片机供电方法。

方法 1：使用电源适配器。

图 1-10　A 型 USB 接头

在市场上购买一个额定电压 5V、额定电源大于 500mA 的电源适
配器，再购买一个直流插座，将+5V 输出接单片机的 40 脚、GND 接
20 脚即可对单片机供电。

方法 2：使用 USB 线供电。

表 1-3　A 型 USB 接头定义

引脚	名称	描述	颜色
1	VCC	电源	红色
2	D–	数据线–	白色
3	D+	数据线+	绿色
4	GND	地	黑色

根据表 1-3 和图 1-10 所示，将 USB 线的一端接 PC 机，另一端剪断，将红色线串接一个
二极管 4007（防止电流反灌烧毁 USB 接口）后接单片机的 40 脚、黑色线接 20 脚即可对单
片机供电。

方法 3：自己制作单片机供电电源。

使用三端稳压器件 7805 制作单片机供电电源，电路图参考图 1-11。

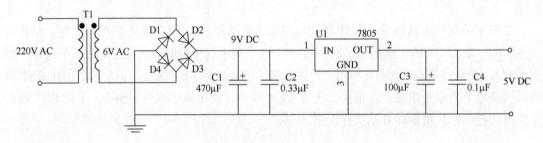

图 1-11　78 系列三端稳压电路供电电路

④ 最小系统。最小系统是指使用最少的外围元器件让单片机能够工作的电路。如图 1-12
所示，AT89C51 单片机加上电源电路、复位电路和时钟电路就构成了单片机的最小系统。

在实际电路设计时，单片机的 VCC（40 脚）接+5V、GND（20 脚）接地以获得工作电
源，单片机的 31 脚（$\overline{EA}$）也接到了+5V 上，这是由于目前多数单片机自带程序存储器，一
般不需要扩展程序存储器，直接使用内部自带的程序存储器就要把此引脚接高电平。

复位电路采用按键复位电路，注意复位引脚为 9 脚。

时钟电路常常采用 2 个 22pF 的瓷片电容和一个 12MHz 的晶振组成，连接到 18 脚和 19 脚。

后面用到的单片机电路，就是在这个最小系统的基础上加上其他的电路来实现的。如加
上 8 个发光二极管就可以作霓虹灯；加上 LED 显示器或液晶显示器就能显示字符信息；加上
按键就能接收指令。所以，务必掌握这个最小系统电路图。

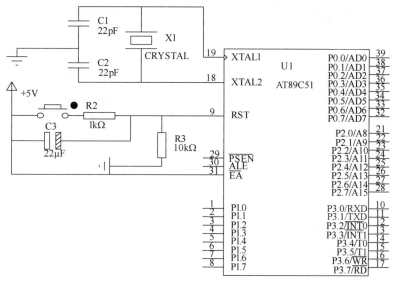

图 1-12　单片机最小系统

1.3.2　数制和编码

1.3.2.1　数字量与模拟量

（1）数字量

数字量：物理量的变化在时间上和数量上都是离散的，它们数值的大小和每次的增减变化都是某一个最小数量单位的整数倍，而小于这个最小数量单位的数值没有任何物理意义。

例如，统计书本生产线上的书本数量，得到的就是一个数字量，最小数量单位的"1"代表"一本"书，小于 1 的数值没有任何物理意义。

数字信号：表示数字量的信号。如矩形脉冲，如图 1-13（a）所示。

数字信号通常都是以数码形式给出的。不同的数码不仅可以用来表示数量的不同，而且可以用来表示不同的事物或事物的不同状态。

数字电路：工作在数字信号下的电子电路。

（2）模拟量

模拟量：物理量的变化在时间上和数值上都是连续的。

例如，热电偶工作时输出的电压或电流信号就是一种模拟信号，因为被测的温度不可能发生突跳，所以测得的电压或电流无论在时间上还是在数量上都是连续的。

模拟信号：表示模拟量的信号。如正弦信号，如图 1-13（b）所示。

模拟电路：工作在模拟信号下的电子电路。

这个信号在连续变化过程中的任何一个取值都有具体的物理意义，即表示一个相应的温度。

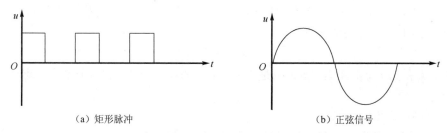

（a）矩形脉冲　　　　　　　　　　　　（b）正弦信号

图 1-13　数字信号与模拟信号

1.3.2.2　几种常用的数制

数制：把多位数码中每一位的构成方法以及从低位到高位的进位规则称为数制。

在单片机电路中经常使用的计数进制有十进制、二进制和十六进制。

（1）十进制数（Decimal）

十进制是日常生活中最常使用的进位计数制。在十进制数中，每一位有 0～9 十个数码，所以计数的基数是 10。超过 9 的数必须用多位数表示，其中低位和相邻高位之间的进位关系是"逢十进一"。

任意十进制数（D）的展开式为：

$$D = \Sigma k_i 10^i$$

式中，k_i 是第 i 位的系数，可以是 0～9 中的任何一个。

例如，将十进制数 12.56 展开为：

$$12.56 = 1 \times 10^1 + 2 \times 10^0 + 5 \times 10^{-1} + 6 \times 10^{-2}$$

（2）二进制数（Binary）

二进制数的进位规则是"逢二进一"，其进位基数 N=2，每位数码的取值只能是 0 或 1，每位的权是 2 的幂。

任意二进制数的展开式为：

$$D = \Sigma k_i 2^i$$

例如：

$$(1011.011)_2 = 1 \times 2^3 + 0 \times 2^2 + 1 \times 2^1 + 1 \times 2^0 + 0 \times 2^{-1} + 1 \times 2^{-2} + 1 \times 2^{-3}$$
$$= (11.375)_{10}$$

（3）八进制数(Octal)

八进制数的进位规则是"逢八进一"，其基数 N=8，采用的数码是 0、1、2、3、4、5、6、7，每位的权是 8 的幂。任意八进制数的展开为：

$$D = \Sigma k_i 8^i$$

例如：

$$(376.4)_8 = 3 \times 8^2 + 7 \times 8^1 + 6 \times 8^0 + 4 \times 8^{-1}$$
$$= 3 \times 64 + 7 \times 8 + 6 + 0.5 = (254.5)_{10}$$

（4）十六进制数（Hexadecimal）

进位规则是"逢十六进一"，基数 N=16，采用的 16 个数码为 0、1、2、…、9、A、B、C、D、E、F，符号 A～F 分别代表十进制数的 10～15，每位的权是 16 的幂。

任意十六进制数的展开为：

$$D = \Sigma k_i 16^i$$

例如：

$$(3AB.11)_{16} = 3 \times 16^2 + 10 \times 16^1 + 11 \times 16^0 + 1 \times 16^{-1} + 1 \times 16^{-2} = (939.0664)_{10}$$

任意 N 进制数展开的普遍形式为：

$$D = \Sigma k_i N^i$$

式中，k_i 是第 i 位的系数；k_i 可以是 0～N–1 中的任何一个；N 为计数的基数；N^i 为第 i 位的权。

（5）不同进制数的对照表

对于以上 4 种数制，关键是要对 0～15 这 16 个数字的二、八、十、十六进制形式非常熟悉，达到看到十进制数就能说出其二进制和十六进制的程度。4 种数制的对照如表 1-4 所示。

表 1-4　不同数制的对照表

十进制	二进制	八进制	十六进制	十进制	二进制	八进制	十六进制
00	0000	00	0	08	1000	10	8
01	0001	01	1	09	1001	11	9
02	0010	02	2	10	1010	12	A
03	0011	03	3	11	1011	13	B
04	0100	04	4	12	1100	14	C
05	0101	05	5	13	1101	15	D
06	0110	06	6	14	1110	16	E
07	0111	07	7	15	1111	17	F

1.3.2.3　不同数制间的转换

（1）十-二转换

① 整数转换——除 2 取余法。

例如，将 $(57)_{10}$ 转换为二进制数：

$$
\begin{array}{r}
2\ \underline{\big|\ 57} \qquad 余数 \\
2\ \underline{\big|\ 28} \ \cdots\cdots 1=a_0 \\
2\ \underline{\big|\ 14} \ \cdots\cdots 0=a_1 \\
2\ \underline{\big|\ 7} \ \cdots\cdots 0=a_2 \\
2\ \underline{\big|\ 3} \ \cdots\cdots 1=a_3 \\
2\ \underline{\big|\ 1} \ \cdots\cdots 1=a_4 \\
0 \ \cdots\cdots 1=a_5
\end{array}
$$

$$(57)_{10}=(111001)_2$$

② 小数转换——乘 2 取整法。

例如，将 $(0.724)_{10}$ 转换成二进制小数。

$$
\begin{array}{r}
0.724 \\
\times \quad 2 \qquad 整数 \\
\hline
1.448 \ \cdots\cdots 1=a_{-1} \\
0.448 \\
\times \quad 2 \\
\hline
0.896 \ \cdots\cdots 0=a_{-2} \\
\times \quad 2 \\
\hline
1.792 \ \cdots\cdots 1=a_{-3} \\
0.782 \\
\times \quad 2 \\
\hline
1.584 \ \cdots\cdots 1=a_{-4}
\end{array}
$$

$$(0.724)_{10}=(0.1011)_2$$

可见，小数部分乘 2 取整的过程，不一定能使最后乘积为 0，因此转换值存在误差。通常在二进制小数的精度已达到预定的要求时，运算便可结束。

将一个带有整数和小数的十进制数转换成二进制数时，必须将整数部分和小数部分分别按除 2 取余法和乘 2 取整法进行转换，然后再将两者的转换结果合并起来即可。

同理，若将十进制数转换成任意 N 进制数$(R)_N$，则整数部分转换采用除 N 取余法；小数部分转换采用乘 N 取整法。

（2）二-十转换

二进制数转换成十进制数时，只要将二进制数按权展开，然后将各项数值按十进制数相加，便可得到等值的十进制数。例如：

$$(10110.11)_2 = 1 \times 2^4 + 1 \times 2^2 + 1 \times 2^1 + 1 \times 2^{-1} + 1 \times 2^{-2} = (22.75)_{10}$$

同理，若将任意进制数转换为十进制数，只需将数$(R)_N$写成按权展开的多项表示式，并按十进制规则进行运算，便可求得相应的十进制数$(R)_{10}$。

（3）二进制数与八进制数、十六进制数之间的相互转换

八进制数和十六进制数的基数分别为 $8=2^3$、$16=2^4$，所以三位二进制数恰好相当于一位八进制数，四位二进制数相当于一位十六进制数，它们之间的相互转换是很方便的。

二进制数转换成八进制数的方法是从小数点开始，分别向左、向右将二进制数按每三位一组分组（不足三位的补 0），然后写出每一组等值的八进制数。

例如，求$(01101111010.1011)_2$的等值八进制数：

二进制　<u>001</u>　<u>101</u>　<u>111</u>　<u>010</u> . <u>101</u>　<u>100</u>

八进制　　1　　5　　7　　2 . 5　　4

所以

$$(01101111010.1011)_2=(1572.54)_8$$

二进制数转换成十六进制数的方法和二进制数与八进制数的转换相似，从小数点开始分别向左、向右将二进制数按每四位一组分组（不足四位补 0），然后写出每一组等值的十六进制数。

例如，将(1101101011.101)转换为十六进制数：

$$\underline{0011}\quad\underline{0110}\quad\underline{1011} \cdot \underline{1010}$$
$$3\qquad 6\qquad B\ \cdot\ A$$

所以

$$(1101101011.101)_2=(36B.A)_{16}$$

八进制数、十六进制数转换为二进制数的方法可以采用与前面所述相反的步骤，即只要按原来顺序将每一位八进制数(或十六进制数)用相应的三位（或四位）二进制数代替即可。

例如，分别求出$(375.46)_8$、$(678.A5)_{16}$的等值二进制数：

二进制　011 111 101 . 100 110

二进制　0110 0111 1000.1010 0101

所以 $(375.46)_8=(011111101.100110)_2$，$(678.A5)_{16}=(011001111000.10100101)_2$

1.3.2.4　二进制数的运算

（1）算术运算

算术运算：当两个数码分别表示两个数量大小时，它们可以进行数量间的加、减、乘、除等运算，这种运算称为算术运算。

二进制加法运算的特点：逢二进一。数字1在不同的位上代表不同的值，按从右至左的次序，这个值以2倍递增。

二进制四则运算的规则：

加法：0+0=0，0+1=1+0=1，1+1=10。

减法：0−0=0，1−0=1，1−1=0，0−1=−1。

乘法：0×0=0，0×1=1×0=0，1×1=1。

除法：0÷1=0，1÷1=1。

加法运算	减法运算	乘法运算	除法运算
1101.01	1101.01	1101	101… 商
+ 1001.11	− 1001.11	× 110	101 ⟌11011
10111.00	0011.10	0000	101
		1101	111
		1101	101
		1001110	10… 余数

（2）原码、反码和补码运算

二进制数的正、负表示方法，通常采用的是在二进制数的前面增加一位符号位。这种形式的数称为原码。

原码：符号位为0表示这个数是正数，符号位为1表示这个数是负数，以后各位表示数值。

在做减法运算时，如果两个数是用原码表示的，则首先需要比较两数绝对值的大小，然后以绝对值大的一个作为被减数、绝对值小的一个作为减数，求出差值，并以绝对值大的一个数的符号作为差值的符号。

这个操作过程比较麻烦，而且需要使用数值比较电路和减法运算电路。

如果用两数的补码相加代替上述减法运算，则计算过程中就无需使用数值比较电路和减法运算电路了，从而使减法运算器的电路结构大为简化。

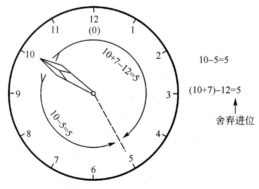

图1-14 十二进制补码运算

如图1-14所示，10−5的减法运算可以用10+7的加法运算代替。因为5和7相加正好等于产生进位的模数12，所以称7为−5对模12的补数，也称为补码（Complement）。

在舍弃进位的条件下，减去某个数可以用加上它的补码来代替。这个结论同样适用于二进制数的运算。二进制数的补码运算如图1-15所示。

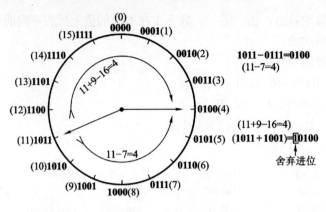

图 1-15　二进制补码运算

1011–0111=0100 的减法运算，在舍弃进位的条件下，可以用 1011+1001=0100 的加法运算代替。1001 是 0111 对模 16 的补码。

对于有效数字（不包括符号位）为 n 位的二进制数 N，它的补码$(N)_{\mathrm{COMP}}$ 表示方法为

$$(N)_{\mathrm{COMP}} = \begin{cases} N & (当N为正数) \\ 2^n - N & (当N为负数) \end{cases}$$

正数的补码与原码相同，负数的补码等于 2^n–N。

为避免在求补码的过程中做减法运算，通常是先求出 N 的反码，然后在负数的反码上加 1 而得到补码。

$$(N)_{\mathrm{INV}} = \begin{cases} N & (当N为正数) \\ 2^n - 1 - N & (当N为负数) \end{cases}$$

反码：正数的反码等于原码；负数的反码符号位不变，以后各位按位取反。

补码：正数的补码等于原码；负数的补码符号位不变，以后各位按位取反，加 1。

【例 1-1】　写出带符号位二进制数 00011010（+26）、10011010（–26）、00101101（+45）、和 10101101（–45）的反码和补码。

解　原码	反码	补码
00011010	00011010	00011010
10011010	11100101	11100110
00101101	00101101	00101101
10101101	11010010	11010011

【例 1-2】　用二进制补码运算求出 13+10、13–10、–13+10、–13–10。

解　先分别求出补码，再按补码运算。

```
+13    0 01101          +13      0 01101
+10    0 01010          -10      1 10110
+23    0 10 111         +3   (1) 0 000 11

-13    1 10011          -13      1 10011
+10    0 01010          -10      1 10110
-3     1 11101          -23  (1) 1 01001
```

注意：在两个同符号数相加时，它们的绝对值之和不可超过有效数字位所能表示的最大

值，否则会得出错误的计算结果。

1.3.2.5 几种常用的编码

不同的数码不仅可以表示数量的大小，而且还可以表示不同事物或事物的不同状态。在用于表示不同事物的情况下，这些数码已经不再具有表示数量大小的含义了，它们只是不同事物的代号而已。这些数码称为代码。例如每个人编一个身份证号码，每个学生编一个学号。

为了便于记忆和查找，在编制代码时总要遵循一定的规则，这些规则就称为码制。

（1）十进制代码

用四位二进制代码的 10 种组合表示十进制数 0～9，简称 BCD 码（Binary Coded Decimal）。这种编码至少需要用四位二进制码元，而四位二进制码元可以有 16 种组合。当用这些组合表示十进制数 0～9 时， 有六种组合不用，如表 1-5 所示。

表 1-5 常用的 BCD 码

十进制数	8421 码	余 3 码
0	0000	0011
1	0001	0100
2	0010	0101
3	0011	0110
4	0100	0111
5	0101	1000
6	0110	1001
7	0111	1010
8	1000	1011
9	1001	1100

① 8421 BCD 码。8421 BCD 码是最基本和最常用的 BCD 码， 它和四位自然二进制码相似，各位的权值为 8、4、2、1，故称为有权 BCD 码。和四位自然二进制码不同的是，它只选用了四位二进制码中前 10 组代码，即用 0000～1001 分别代表它所对应的十进制数，余下的六组代码不用。需要注意的是 8421 BCD 码本质就是十进制数，只不过用二进制形式描述。

② 余 3 码。余 3 码是 8421 BCD 码的每个码组加 3 (0011)形成的。余 3 码也具有对 9 互补的特点，即它也是一种 9 的自补码，所以也常用于 BCD 码的运算电路中。

用 BCD 码可以方便地表示多位十进制数，例如十进制数$(579.8)_{10}$可以分别用 8421 BCD 码、余 3 码表示为 $(579.8)_{10}$的BCD码表示为$(0101\ 0111\ 1001.1000)_{8421\,BCD码}$

余3码表示为$(1000\ 1010\ 1100.1011)_{余3码}$

（2）格雷码

格雷码又称循环码，每一位的状态变化都按一定的顺序循环。如果从 0000 开始，最右边一位的状态按 0110 顺序循环变化，右边第二位的状态按 00111100 顺序变化，右边第三位按 0000111111110000 顺序循环变化。

其特点是：自右向左，每一位状态中连续的 0、1 数目增加一倍；编码顺序依次变化时，相邻两个代码之间只有一位发生变化。

（3）美国信息交换标准代码（ASCII）

是一组 7 位二进制代码，共 128 个，其中包括表示 0～9 的十个代码，表示大、小写英文字母的 52 个代码，32 个表示各种符号的代码及 34 个控制码。ASCII 码表如表 1-6 所示。

表 1-6 ASCII 码表

ASCII 值	控制字符	ASCII 值	控制字符	ASCII 值	控制字符	ASCII 值	控制字符
0(0x00)	NUT	32(0x20)	(space)	64(0x40)	@	96(0x60)	`
1(0x01)	SOH	33(0x21)	!	65(0x41)	A	97(0x61)	a
2(0x02)	STX	34(0x22)	”	66(0x42)	B	98(0x62)	b
3(0x03)	ETX	35(0x23)	#	67(0x43)	C	99(0x63)	c
4(0x04)	EOT	36(0x24)	$	68(0x44)	D	100(0x64)	d
5(0x05)	ENQ	37(0x25)	%	69(0x45)	E	101(0x65)	e
6(0x06)	ACK	38(0x26)	&	70(0x46)	F	102(0x66)	f
7(0x07)	BEL	39(0x27)	,	71(0x47)	G	103(0x67)	g
8(0x08)	BS	40(0x28)	(	72(0x48)	H	104(0x68)	h
9(0x09)	HT	41(0x29)	)	73(0x49)	I	105(0x69)	i
10(0x0A)	LF	42(0x2A)	*	74(0x4A)	J	106(0x6A)	j
11(0x0B)	VT	43(0x2B)	+	75(0x4B)	K	107(0x6B)	k
12(0x0C)	FF	44(0x2C)	,	76(0x4C)	L	108(0x6C)	l
13(0x0D)	CR	45(0x2D)	-	77(0x4D)	M	109(0x6D)	m
14(0x0E)	SO	46(0x2E)	.	78(0x4E)	N	110(0x6E)	n
15(0x0F)	SI	47(0x2F)	/	79(0x4F)	O	111(0x6F)	o
16(0x10)	DLE	48(0x30)	0	80(0x50)	P	112(0x70)	p
17(0x11)	DC1	49(0x31)	1	81(0x51)	Q	113(0x71)	q
18(0x12)	DC2	50(0x32)	2	82(0x52)	R	114(0x72)	r
19(0x13)	DC3	51(0x33)	3	83(0x53)	S	115(0x73)	s
20(0x14)	DC4	52(0x34)	4	84(0x54)	T	116(0x74)	t
21(0x15)	NAK	53(0x35)	5	85(0x55)	U	117(0x75)	u
22(0x16)	SYN	54(0x36)	6	86(0x56)	V	118(0x76)	v
23(0x17)	TB	55(0x37)	7	87(0x57)	W	119(0x77)	w
24(0x18)	CAN	56(0x38)	8	88(0x58)	X	120(0x78)	x
25(0x19)	EM	57(0x39)	9	89(0x59)	Y	121(0x79)	y
26(0x1A)	SUB	58(0x3A)	:	90(0x5A)	Z	122(0x7A)	z
27(0x1B)	ESC	59(0x3B)	;	91(0x5B)	[	123(0x7B)	{
28(0x1C)	FS	60(0x3C)	<	92(0x5C)	\	124(0x7C)		
29(0x1D)	GS	61(0x3D)	=	93(0x5D)	]	125(0x7D)	}
30(0x1E)	RS	62(0x3E)	>	94(0x5E)	^	126(0x7E)	~
31(0x1F)	US	63(0x3F)	?	95(0x5F)	—	127(0x7F)	DEL

在表 1-6 中，ASCII 码为十进制数，括号内为十六进制数，十六进制形式更常用。如 0～9 的 ASCII 码十六进制为 0x30～0x39；大写字母 A～Z 的 ASCII 码十六进制为 0x41～0x5A；小写字母 a～z 的 ASCII 码十六进制为 0x61～0x7A；大小写英文字母相差 0x20。在后续学习的液晶显示程序中，会使用 ASCII 码显示字符信息。

1.3.3 单片机编程工具 Keil C51 的使用

（1）Keil C51 简介

Keil C51 是把 C 语言或汇编语言源程序编译为机器码（HEX 文件）的工具，是众多单片机应用开发软件中最优秀的软件之一，它支持众多不同公司的 MCS-51 架构的芯片，甚至 ARM，它集编辑、编译、仿真等于一体，易学易用，在调试程序、软件仿真方面也有很强大的功能。Keil C51 V9.00 是最新版本（μVision 4），在 Win 7 下，需要以管理员方式运行，然后注册即可无限制运行。

（2）Keil C51 编程基本操作

在这里以 51 单片机并结合 C 程序为例（汇编操作方法类似，唯一不同的是汇编源程序文件名后缀为 ".asm"），图文描述工程项目的创建和使用方法。

① 首先要养成一个习惯：为每个项目建立一个空文件夹。该项目的工程文件、C 程序、仿真图形文件放到里面，以避免和其他项目文件混合，如图 1-16 所示，在 E 盘下创建了一个名为 "单片机" 的文件夹，再在其下面建立 xm1、xm2、xm3 等各个项目的文件夹，分项目管理。

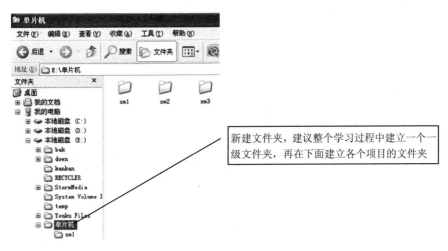

图 1-16　新建文件夹

② 点击桌面上的 Keil μVision4 图标，出现启动界面，如图 1-17 所示。

图 1-17　软件启动界面

③ 点击 "project" → "New μVision Project" 新建一个工程。如图 1-18 所示。

图 1-18　新建工程项目

④ 在"Create New Project"对话框中，选择将工程放在刚才建立的"xm1"文件夹下，给这个工程取名"xm1"后保存，不需要填后缀。注意，默认的工程后缀与 μVision3 及 μVision2 版本不同了，为".uvproj"。如图 1-19 所示。

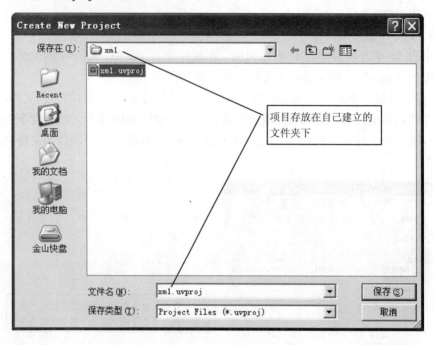

图 1-19　项目存盘

⑤ 弹出一个框，在 CPU 类型下找到并选中"Atmel"下的"AT89C51"或"AT89C52"，如图 1-20 所示，单击"OK"。

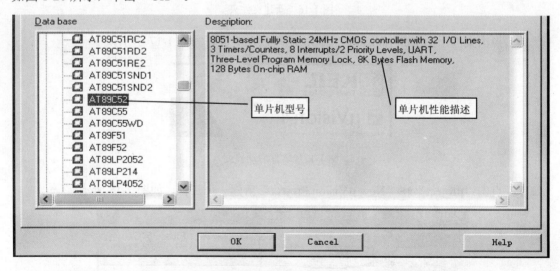

图 1-20　选择单片机型号

⑥ 以上工程创建完毕，接下来开始建立一个源程序文本。如图 1-21 所示
⑦ 在空白区域编写一个完整的 C 程序。如图 1-22 所示。

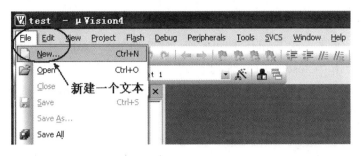

图 1-21　新建源程序

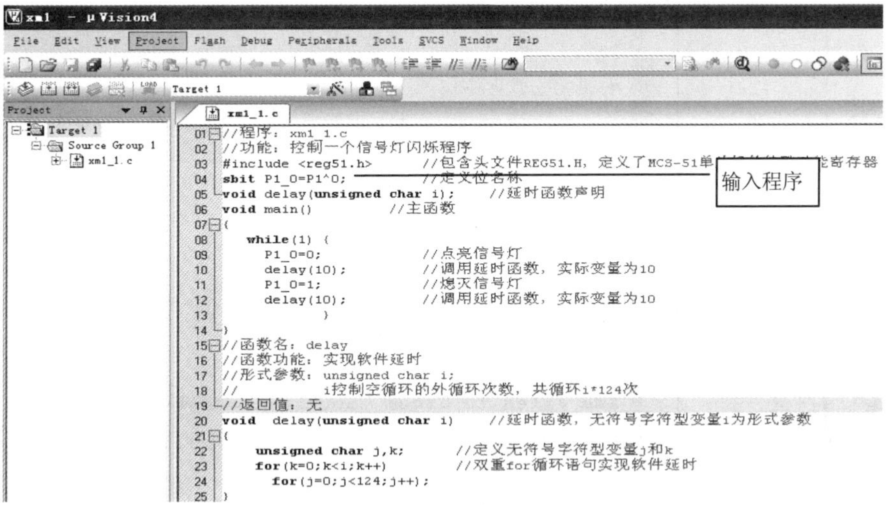

图 1-22　输入源程序

⑧ 源程序存盘。在如图 1-23 所示对话框中输入源程序文件名称，在这里笔者示例输入"xm1_1.c"。注意，一定要加上后缀名：如果采用 C 语言，其名称默认是"text1"，最简单的方法是直接在后面加".c"，如变成"text1.c"，汇编语言则是"text1.asm"，然后单击"保存"。如果没有加上后缀名，则在进行第⑨步的时候找不到源文件，这个时候只需要把文件打开，另存为后缀名为".c"的程序文件即可。

图 1-23　源程序存盘

⑨ 如图 1-24 所示，右键单击"Source Group"选择"Add Files…"，在对话框中找到刚才存盘的 C 文件，单击一次"Add"即可完成。注意，在点"Add"按钮时对话框不会消失。不用管它，直接点击"Close"关闭就行了，此时可以看到程序文本字体颜色已发生了变化。如果要移除文件，在左侧文件窗口中，右键单击相应的 C 文件，在菜单中选择"Remove File"，在弹出的对话框中单击"确定"即可移除文件。

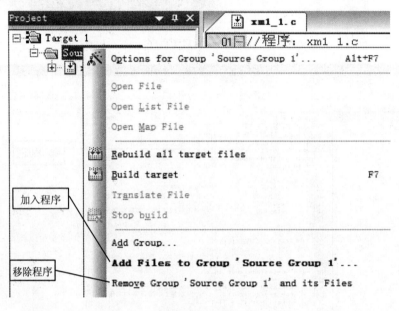

图 1-24　将源程序加入到项目文件中

⑩ 设置晶振频率。右键单击图 1-24 中的"Target 1"，打开图 1-25 所示的对话框，在"Xtal(MHz)"后面的输入框中输入晶振频率。建议初学者修改成 12MHz，以方便计算指令周期；如果是通信，设置为 11.0592MHz，以方便计算波特率。

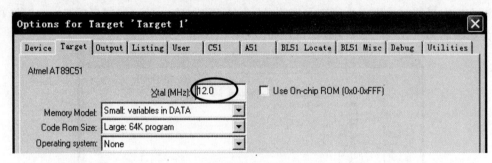

图 1-25　设置晶振频率

⑪ 设置好晶振频率后，单击"Output"选项卡，勾选其中的"Create HEX File"选择框，再点击"OK"按钮，使编译器输出单片机需要的 HEX 文件。操作界面如图 1-26 所示。

⑫ 确定工程项目创建和设置全部完成，点击"保存"并编译。如图 1-27 所示。

a. 注意避免出现没有加入源程序就编译。此时没有错误提示，显示 2 个警告信息。查看的方法是点击"Source Group"左边的加号展开项目文件，看到有编辑的 C 程序名字才能编译。

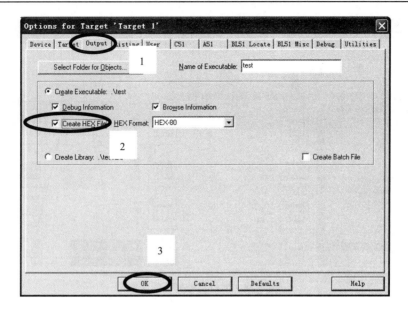

图 1-26　设置产生 HEX 文件

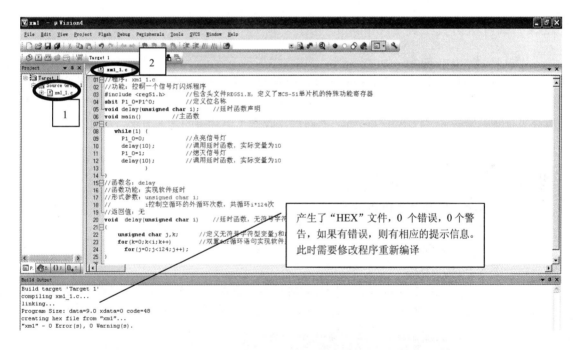

图 1-27　编译项目

　　b．编译的 C 源程序一定要保证图中源程序组下（1 位置）和当前打开的程序文件（2 位置）是同一个程序。初学者可能会出现修改的是一个程序，而加入项目中编译的是另外一个程序的情况。

　　c．C51 常见错误参考附录 A。

　　⑬ 查看项目文件夹内容，如图 1-28 所示。

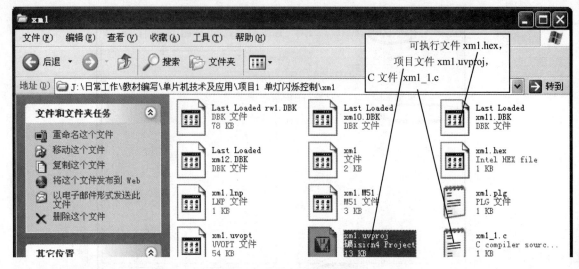

图 1-28　项目文件夹下的文件

以上图文描述的是 Keil C51 的使用入门，这些是单片机编程的基本操作。Keil C51 拥有强大的功能，还有仿真、调试等功能，在开发时还需要进一步掌握这个工具软件。

1.3.4　单片机仿真工具 Proteus 的使用

1.3.4.1　Proteus 简介

Proteus 是英国 Labcenter Electronics 公司研发的多功能 EDA 软件，能方便地完成单片机系统的硬件设计、软件设计、单片机源代码级调试与仿真。Proteus 还有使用极方便的印刷电路板高级布线编辑软件（PCB）。Proteus 的问世，改变了单片机的学习方法，改变了单片机应用产品的研发过程。

① 在 Proteus 平台上进 Proteus 电路设计。

② 在 Keil 平台上进 Keil 软件设计。

③ 在 Proteus 平台上进 Proteus 仿真。

④ 仿真正确后，实际单片机系统制作调试还可以与 Proteus 配合进行。

1.3.4.2　Proteus ISIS 软件的工作环境和基本操作

（1）进入 Proteus ISIS

双击桌面上的 ISIS 7 Professional 图标或者单击屏幕左下方的"开始"→"程序"→"Proteus 7 Professional" → "ISIS 7 Professional"，即可进入 Proteus ISIS 集成环境。如图 1-29 所示。

图 1-29　ISIS 启动菜单及图标

（2）工作界面介绍

Proteus ISIS 的工作界面是一种标准的 Windows 界面，如图 1-30 所示，包括标题栏、主菜单、标准工具栏、绘图工具栏、状态栏、对象选择按钮、预览对象方位控制按钮、仿真进程控制按钮、预览窗口、对象选择器窗口、图形编辑窗口。

（3）基本操作

① 图形编辑窗口。在图形编辑窗口内完成电路原理图的编辑和绘制。

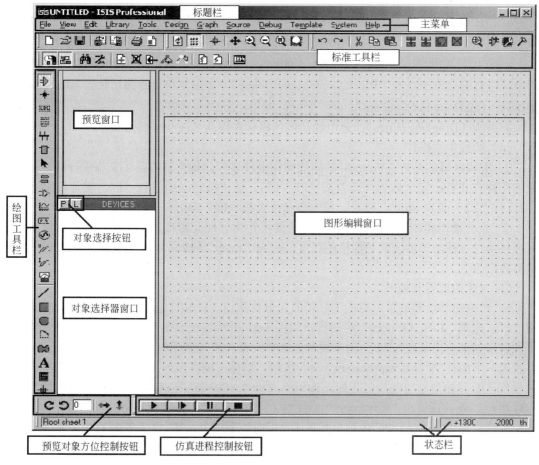

图 1-30　Proteus ISIS 的工作界面

② 预览窗口（The Overview Window）。该窗口通常显示整个电路图的缩略图。在预览窗口上点击鼠标左键，将会有一个矩形蓝绿框标示出在编辑窗口中显示的区域。其他情况下，预览窗口显示将要放置对象的预览。

③ 对象选择器窗口。通过对象选择按钮，从元件库中选择对象，并置入对象选择器窗口，供今后绘图时使用。显示对象的类型包括：设备，终端，管脚，图形符号，标注和图形。

④ 图形编辑的基本操作。

● 对象放置（Object Placement）：在元器件列表中单击对象，在图形编辑窗口单击左键 2 次即可。

● 选中对象（Tagging an Object）：在图形编辑窗口中左键单击对象。

● 删除对象（Deleting an Object）：选中对象后，在右键菜单中点击"X"进行删除或者单击工具栏上的"X"按钮删除。

● 拖动对象（Dragging an Object）：选中对象，按住左键即可拖动对象。

● 拖动对象标签（Dragging an Object Label）：选中对象标签，按住左键即可拖动。

● 调整对象大小（Resizing an Object）：鼠标滚轮实现对象放大和缩小。

● 调整对象的朝向（Reorienting an Object）：可通过鼠标右键菜单中的顺时针、逆时针、

180 度（°）和水平、垂直翻转选项调整，也可在选中对象时通过数字键盘中的"＋"和"－"号调整朝向。

● 拷贝/移动/删除所有选中的对象（Copying/ Moving/Deleting all Tagged Objects）：选中对象，在右键菜单中点击"Block Copy/Move/Delete"。如果要将电路图粘贴到 Word 文档中，则选择"Cut/Copy to Clipboard"。

● 拖线（Dragging Wires）：选中线，按住鼠标左键就能改变线的形状。

（4）绘图主要操作

① 编辑区域的缩放。Proteus 的缩放操作多种多样，极大地方便了工程项目的设计。常见的几种方式有：完全显示（或者按"F8"键），放大按钮（或者按"F6"键）和缩小按钮（或者按"F7"键），拖放、取景、找中心（或者按"F5"键）。

② 点状栅格和刷新。编辑区域的点状栅格是为方便元器件定位用的。鼠标指针在编辑区域移动时，移动的步长就是栅格的尺度，称为"Snap"（捕捉）。这个功能可使元件依据栅格对齐。

③ 对象的放置和编辑。

a．对象的添加和放置。点击工具箱的元器件按钮，使其选中，再点击 ISIS 对象选择按钮"P"，出现"Pick Devices"对话框，如图 1-31 所示，在这个对话框里可以选择元器件。下面以添加单片机 AT89C51 为例来说明怎么把元器件添加到编辑窗口中。在"Category"（器件种类）下面找到"Microprocessor ICs"选项，鼠标左键点击一下，在对话框的右侧会显示大量常见的各种型号的单片机芯片，找到单片机"AT89C51"，双击"AT89C51"，情形如图 1-31 所示。或者直接在"Keywords"后面输入"AT89C51"直接找到单片机。这样，在左边的对象选择器中就有 AT89C51 这个元件了。点击一下这个元件，然后把鼠标指针移到右边的原理图编辑区的适当位置，点击鼠标的左键，就把 AT89C51 放到了原理图编辑区。

图 1-31　选取元器件窗口中的元器件列表

　　b．放置电源及接地符号。单击工具箱的终端按钮，对象选择器中将出现一些接线端，如图1-32所示。

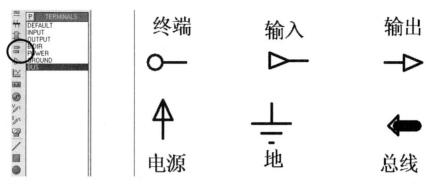

图1-32　放置电源和接地符号

　　在对象选择器里分别点击图1-32左侧的"TEAMNALS"栏下的"POWER"与"GROUND"，再将鼠标移到原理图编辑区，左键点击一下即可放置电源符号，同样也可以把接地符号放到原理图编辑区。

　　注意：OUTPUT和POWER看起有些类似，不要搞混淆了[电源（POWER）箭头上竖线穿过三角形，而输出（OUTPUT）则没有穿过]。

　　c．对象的编辑。包括调整对象位置和放置方向以及改变元器件的属性等，有选中、删除、拖动等基本操作。

　　（5）电路图的绘制

　　① 画导线。

　　Proteus的智能化可在画导线时进行自动检测：当鼠标的指针靠近一个对象的连接点时，跟着鼠标的指针就会出现一个"×"号，鼠标左键点击元器件的连接点，移动鼠标（不用一直按着左键）就出现了粉红色的连接线变成了深绿色。如果想让软件自动定出导线路径，只需左击另一个连接点即可。这就是Proteus的线路自动路径功能（简称WAR），如果只是在两个连接点用鼠标左击，WAR将选择一个合适的路径。WAR可通过使用工具栏里的"WAR"图标按钮来关闭或打开，也可以在菜单栏的"Tools"下找到这个命令。

　　② 画总线。

　　为了简化原理图，可用一条导线代表数条并行的导线，这就是所谓的总线。点击工具箱的总线按钮，即可在编辑窗口画总线。

　　③ 画总线分支线。

　　点击工具箱中总线分支线按钮画总线分支线，它用于连接总线和元器件管脚。画总线分支线时为了和一般的导线区分，一般用斜线来表示分支线，但是这时WAR功能打开是不行的，需要把WAR功能关闭。画好分支线还需要给分支线起个名字。用鼠标单击工具栏中LBL图标，系统弹出网络标号属性对话框，在"Net"项定义网络标号例如"PB0"，单击"OK"，将设置好的网络标号放在先前放置的短导线上（注意一定是上面），单击鼠标左键即可将之定位。

　　④ 放置总线将各总线分支线连接起来。单击工具箱中总线图标或执行"Place"→"Bus"菜单命令，这时工作平面上将出现十字形光标，将十字形光标移至要连接的总线分支处单击鼠标左键，系统出现十字形光标并拖着一条较粗的线，然后将十字形光标移至另一个总线分支处，单击鼠标的左键，一条总线就画好了。

注意：当电路中多根数据线、地址线、控制线并行时，使用总线设计可以使电路美观。

　　⑤ 放置线路节点。如果在交叉点有电路节点，则认为两条导线在电气上是相连的，否则就认为它们在电气上是不相连的。Proteus ISIS 在画导线时能够智能地判断是否要放置节点。但在两条导线交叉时是不放置节点的，这时要想两条导线电气相连，只有用手工放置节点了。点击工具箱的节点放置按钮，当把鼠标指针移到编辑窗口，指向一条导线的时候，会出现一个"×"号，点击左键就能放置一个节点。

1.3.5　单片机下载工具 STC 下载软件的使用

　　① 启动下载软件 STC_ISP_V4.80 ▶ STC_ISP_V4.80 。

　　② 下载操作。按照图 1-33 所示的步骤 1～步骤 5 进行操作。

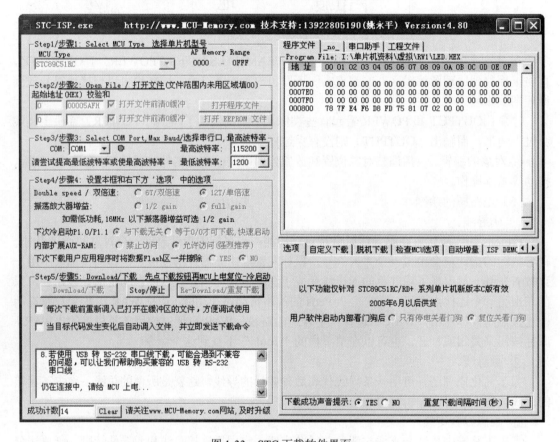

图 1-33　STC 下载软件界面

　　步骤 1：选择单片机型号（和单片机芯片上标示的型号完全一致）。

　　步骤 2：打开 HEX 文件。

　　步骤 3：选择串口和波特率，必须和计算机的串口号一致，波特率不变。先用鼠标右键单击桌面上的"我的电脑"图标，选择"管理"，打开如图 1-34 所示"计算机管理"对话框，在左边选择"设备管理器"后，再在右边选择"端口"，单击"端口"左侧的"+"号，将端口打开，即可看到计算机的串行口及串行口号。注意，如果计算机没有自带的串行口，则需要使用 USB 转串行口线进行转换。将线接上，安装驱动程序后，即可在图 1-34 中看到转换后的串行口及串行口号。

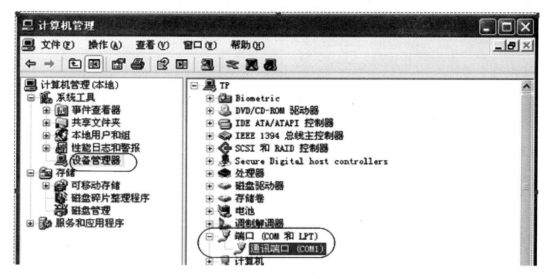

图 1-34　查看计算机端口

步骤 4：选项设置。一般为默认值，不需要设置。

步骤 5：点击"Download/下载"按钮，再给单片机上电复位，当显示一个蓝色的进度条后，给实验板通电就可以完成程序下载过程（如果实验板已经通电，则必须关掉电源 5s 再次通电）。一定要是先断电—再点下载—再开电。

1.4　项目实施

（1）硬件仿真电路图设计

设计一个简单的单片机电路。电路的核心是单片机 AT89C51，C1、C2 和晶振 X1 构成单片机时钟电路。按键，电容 C3、R2、R3 构成单片机的复位电路，二极管的正极通过限流电阻接到电源的正极，另一端接单片机的 P1.0 口。

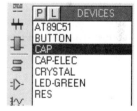

① 首先单击"File"→"New Design"菜单命令，在弹出的对话框中单击"OK"新建文件，保存为 xm1.dsn。

图 1-35　元器件列表

② 加入元器件。在图 1-35 所示界面中点击元器件的名字，出现器件后，在绘图区域单击鼠标就会出现器件，再在指定位置单击一下鼠标即可将器件放在绘图区域中。

③ 按照图 1-36 连线。注意器件之间要有一定的距离，元器件之间靠得太近则会连接不上。也不要将器件直接放在线上就认为连接好了[判断是否连接好可以先用鼠标单击选择连线，然后按住左键拖动一下，如果将线移动了，说明没有连接好（重新进行连接），如果线改变形状，说明连好了，再撤销一下刚才的拖动恢复连线]。

连接好电路图后单击"Tools"→"Electrical Rule Check…"菜单命令进行电气规则检查。显示如图 1-37 所示"Netlist generated OK."和"No ERC errors found."则表示通过了电气规则检查。

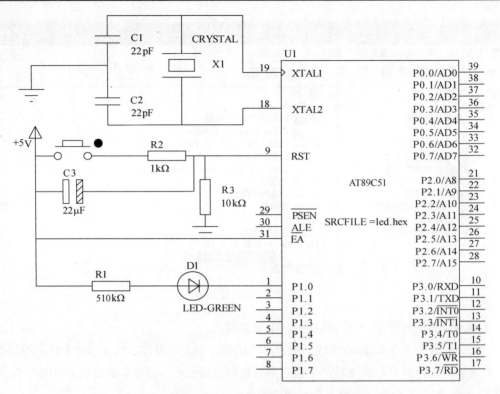

图 1-36　单片机单灯闪烁仿真电路图（共阳极接法）

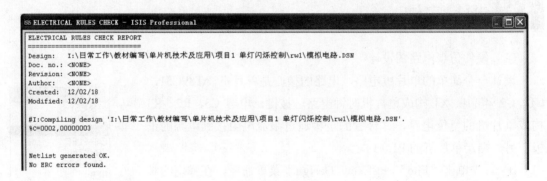

图 1-37　电气规则检查

（2）程序设计

① 先建立项目文件 xm1.uvproj，选择 CPU 型号并保存。

② 建立 C 源程序。输入以下程序，存盘为 xm1_1.c，并将其加入到项目文件中。

```
/*程序：xm1_1.c */
/*功能：控制一个信号灯闪烁程序*/
#include <reg51.h> //包含头文件 reg51.h，定义了 MCS-51 单片机的特殊功能寄存器
sbit P1_0=P1^0;      //定义位名称,注意自定义的位变量 P1_0 其字母 P 大写小写均可，而
                     //P1^0 是特殊功能寄存器的第一位，所以 P 必须大写
void delay(unsigned int i);      //延时函数声明
```

```
void main()                    //主函数
{
    while(1) {
      P1_0=0;                  //点亮发光二极管
      delay(100);              //调用延时函数，实际变量为 100，实现 0.1s 延时
      P1_0=1;                  //熄灭发光二极管；
      delay(100);              //调用延时函数，实际变量为 100，实现 0.1s 延时
          }
}
//函数名：delay
//函数功能：实现软件延时
//形式参数：unsigned int i, i 控制外循环次数，共循环 i×124 次，实现 i×1ms 延时。
//返回值：无
void   delay(unsigned int i)   //延时函数，无符号字符型变量 i 为形式参数
{
    unsigned int j,k;          //定义无符号字符型变量 j 和 k
    for(k=0;k<i;k++)           //双重 for 循环语句实现软件延时
       for(j=0;j<124;j++);     //采用 12MHz 晶振，则此循环的时间约为 1ms
}
```

注意：

• C51 的编译器所支持的注释语句一种是以"//"符号开始的语句，符号之后的语句都被视为注释，直到有回车换行；第二种是在"/*"和"*/"符号之内的为注释。推荐使用第二种注释方法。注释不会被 C 编译器所编译，不会生成目标代码，只是起到方便阅读程序的作用。

• 一个 C 应用程序中应有且只有一个 main 主函数。main 主函数能调用别的功能函数，但其他功能函数不允许调用 main 主函数。不论 main 主函数放在程序中的哪个位置，总是先被执行。

• 使用一个用户定义的函数，如 delay 延时函数，一般包含三个部分。

函数声明："void   delay(unsigned int i);"。

函数定义：用语句说明函数的功能，包含定义语句和函数体。

函数调用：对于定义好的函数，用语句调用，如"delay(100);"。

③ 进行项目文件设置。设置晶振频率为 12MHz，勾选"CREATE HEX"选项生成文件。

④ 编译项目文件，修改程序中的语法错误和逻辑错误，重新生成"HEX"文件。

（3）仿真调试

① 在仿真电路图上选中单片机 AT89C51，双击 AT89C51，在出现如图 1-38 所示的对话框里点击"Program File"后面的打开文件按钮，找到 xm1.hex 文件，然后点击"OK"按钮。

·30·　　　　　　　　　单片机仿真与实战项目化教程（C 语言版）

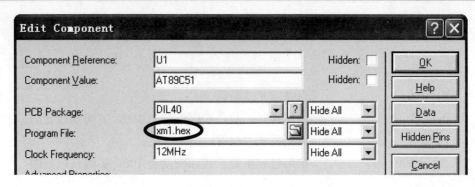

图 1-38　加载 HEX 文件

② 点击 ▶ 按钮进入仿真调试状态。

③ 观察发光二极管是否一亮一灭在闪烁。如果不能闪烁，先检查发光二极管的限流电阻 R1 的值，如果是 10kΩ太大的话，将其改小。如果电路正常，再检查程序。反复进行，直到正常显示为止。

（4）完成发挥功能

① 完成发挥功能 a。

② 完成发挥功能 b 和 c 的电路图和程序并仿真。

（5）实战训练

① 准备以下材料、工具（表 1-7），使用面包板搭建硬件电路并测试。

表 1-7　项目设备、工具、材料表

类型	名称	型号	数量	备注
设备	示波器	20MHz	1	
	万用表	普通	1	
工具	电烙铁	普通	1	
	斜口钳	普通	1	
	镊子	普通	1	
	Keil C51 软件	2.0 版以上	1	
	Proteus 软件	7.0 版以上	1	
	STC 下载软件	ISP 下载软件	1	
器件	51 系列单片机	AT89C51 或 STC89C51/52	1	
	单片机座	DIP40	1	
	晶振	12MHz	1	
	瓷片电容	22pF	2	
	电解电容	22μF/16V	1	
	电阻	10kΩ	1	
	电阻	220Ω	8	
	电源	直流 400mA/5V 输出	1	
	发光二极管	φ3mm	8	
	按键		1	
材料	焊锡		若干	
	面包板	4cm×10cm	1	
	导线	φ0.8mm 多芯漆包线	若干	

② 使用 STC 下载软件下载程序到单片机,调试软、硬件直到出现正确控制效果。

思考与练习

1. 选择题。

（1）MCS-51 系列单片机的 CPU 主要由（   ）组成。

    A. 运算器、控制器   B. 加法器、寄存器

    C. 运算器、加法器   D. 运算器、译码器

（2）单片机中的程序计数器 PC 用来（   ）。

    A. 存放指令   B. 存放正在执行的指令地址

    C. 存放下一条指令地址   D. 存放上一条指令地址

（3）单片机 AT89C51 要使用自带的 ROM 存储器,则 $\overline{EA}$ 引脚（   ）。

    A. 必须接地   B. 必须加+5V 电源

    C. 可悬空   D. 以上三种视需要而定

（4）外部扩展存储器时,分时复用作数据线和低 8 位地址线的是（   ）;具有第二功能的端口是（   ）;能够提供高 8 位地址的是（   ）;主要用于输入/输出功能的是（   ）。

    A. P0 口   B. P1 口   C. P2 口   D. P3 口

（5）单片机上电复位后,PC 的内容为（   ）。

    A. 0000H   B. 0003H   C. 000BH   D. 0800H

（6）AT89C51 单片机的 CPU 是（   ）位的。

    A. 16   B. 4   C. 8   D. 准 16 位

（7）C 源程序存盘的后缀名是（   ）;C 项目编译后可执行文件的后缀名是（   ）。

    A. C   B. HEX   C. DSN   D. TXT

2. 填空题。

（1）除了单片机和电源外,单片机最小系统包括_____电路和_____电路。

（2）当振荡脉冲频率为 12MHz 时,一个机器周期为_____。

（3）AT89C51 系列单片机有_____字节片内 RAM 存储器;有____个 16 位定时器/计数器;有 4 个_____位并行口,P0、P1、P2、P3;有____个全双工的串行口;有____个中断源。

（4）$(11)_{10}$=（   ）$_2$=（   ）$_{16}$。

（5）$(14)_{10}$=（   ）$_2$=（   ）$_{16}$。

（6）$(0xFE)$=（   ）$_2$=（   ）$_{10}$。

（7）$(0x7F)$=（   ）$_2$=（   ）$_{10}$。

（8）$(11)_{10}$ 表示为（   ）$_2$ 表示为（   ）8421 BCD 码表示为（   ）ASCII 码。

3. 将以下中英文词汇连线。

CRYSTAL   单片机

RES   晶振

CAP   电解电容

CAP-ELEC   电阻

BUTTON   瓷片电容

LED-RED   按键

MCU（AT89C51）　　　　　　红色发光二极管

POWER　　　　　　　　　　地

GROUND　　　　　　　　　　电源

4. 什么是单片机？其主要特点有哪些？主要应用在哪些领域？

5. 简要叙述使用 Keil C51 和仿真软件 Proteus 仿真一个项目的过程。

6. 如果将单灯闪烁的电路图修改为如图 1-39 所示，则如何修改程序实现单灯闪烁？

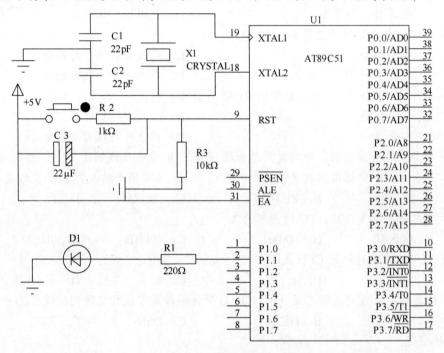

图 1-39　单片机控制单灯闪烁

项目 2　设计制作汽车转弯灯

2.1　学习目标

① 会描述单片机内部结构。
② 能够清楚地描述单片机的存储结构。
③ 学会使用 Keil C51 常量、变量、表达式、基本语句。
④ 学会使用 Keil C51 的三种基本程序结构。
⑤ 学习使用 Proteus 绘制汽车转弯灯控制电路图。
⑥ 学会使用顺序结构和三种分支结构编写汽车转弯灯的控制程序。
⑦ 进一步熟悉单片机软、硬件联合仿真。

2.2　项目描述

（1）项目名称
单片机控制汽车转弯灯。
（2）项目要求
① 用 AT89C51 单片机作仿真控制器，STC89C51 作硬件电路控制器，控制汽车转弯灯。
② 分别使用顺序结构，分支结构的 if、if…else if、switch 语句编程实现控制功能。
③ 思考发挥功能。
a．将左转、右转的开关连接到 P1.7、P1.6 如何修改程序？
b．如何控制楼梯灯的亮灭？（楼下按开关 S1 灯 L1 亮；楼上按开关 S2 灯 L1 也能点亮；没有按下开关，灯 L1 不亮；楼上 1 人、楼下 1 人同时按下 S1 和 S2，灯 L1 亮。）
（3）项目分析
① 如何判断开关接通、断开。

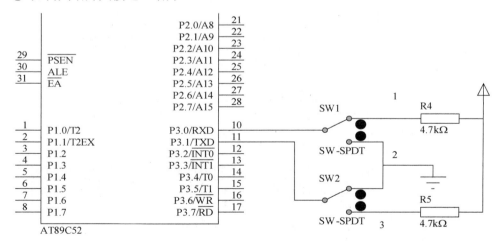

图 2-1　单片机如何判断引脚连接的开关状态

　　在 Proteus 中制作图 2-1，启动仿真，当左转开关 SW1 断开，即接到 1 电源端，P3.0 为高电平状态（引脚旁边有红色小正方形表示高电平）；当右转开关 SW2 接通，即接到 2 地端，P3.1 为低电平状态（引脚旁边有蓝色小正方形表示低电平）。因此，编程判断引脚的电平状态就能知道开关的状态：**高电平状态（1），开关断开；低电平状态（0），开关接通**。

　　② 如何控制发光二极管点亮、熄灭。发光二极管闪烁的控制方法和项目 1 中相同。

　　③ 编程思路。

a．采用顺序结构。

b．采用 if 语句编程。

c．采用 if…else if 语句编程。

d．采用 switch 语句编程。

　　④ 系统控制框图如图 2-2 所示。

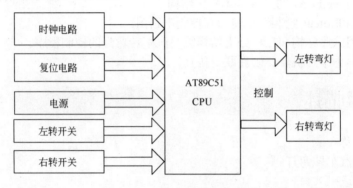

图 2-2　汽车转弯灯控制框图

2.3　相关知识

2.3.1　MCS-51 单片机内部结构

2.3.1.1　MCS-51 系列单片机的基本组成

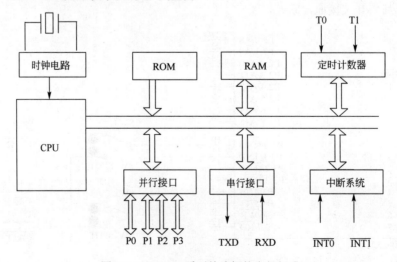

图 2-3　MCS-51 系列单片机的内部组成

如图 2-3 所示，MCS-51 单片机有以下内部资源，是学习的重点部分。

- 中央处理器 CPU：**8 位**，完成运算和控制功能。
- 内部 RAM：共 **256B** 单元，用户使用前 128 B 单元，用于存放可读写数据，后 128B 单元被专用寄存器占用。
- 内部 ROM：**4KB 掩膜 ROM**，用于存放程序、原始数据和表格。
- 定时器/计数器：**两个 16 位的定时器/计数器**，实现定时或计数功能。
- 并行 I/O 口：**4 个 8 位的 I/O 口 P0、P1、P2、P3**。
- 串行口：**一个全双工串行口**。
- 中断系统：**5 个中断源**（外部中断 2 个，定时/计数中断 2 个，串行中断 1 个）。
- 时钟电路：可产生时钟脉冲序列，允许晶振频率 6MHz、12MHz 和 11.0592MHz（主要应用在通信中）

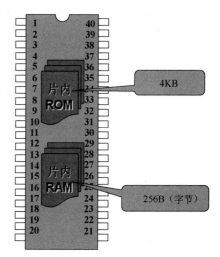

2.3.1.2　单片机的存储结构

MCS-51 单片机采用哈佛结构，就是将数据存储器（RAM）和程序存储器（ROM）分开的存储器结构，如图 2-4 所示。MCS-51 单片机存储区可分为 4 个区域，片内数据存储区（IDATA）、片外数据存储区（XDATA）、片内程序存储区和片外程序存储区（均为 CODE 区）。

（1）程序存储区

单片机程序存储器用于存放编译好的程序和程序执行过程中不会改变的数据信息，如共阴极、共阳极数码管的段码，点阵的字模数据，字符串信息等。其结构如图 2-5 所示。

图 2-4　单片机的存储器结构

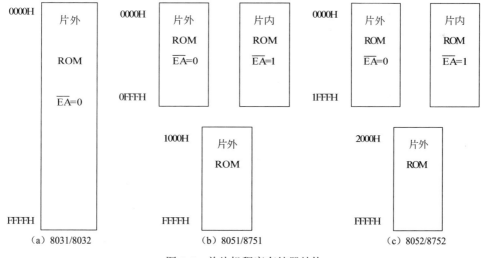

图 2-5　单片机程序存储器结构

① 8031 单片机无 ROM 存储器，8051 有 4KB 的 ROM，8751 有 4KB 的 EPROM，89C51 有 4KB 的 EEPROM。现在很少使用 8031、8051 等单片机，而较多采用集成了 EEPROM 的 89C51。如图 2-5 所示。

② 51 系列单片机具有 16 条地址总线，所以最多能访问 2^{16}=64KB 的程序存储器，且片内、片外的程序存储器统一编址。对于带 ROM 存储器的单片机（如 89C51），一般会把单片

机的 $\overline{EA}$ 接电源；而不带 ROM 存储器的单片机，一般会把单片机的 $\overline{EA}$ 接地（如 8031）。

③程序存储器的 0000H～0002H 这 3 个存储单元（表 2-1）是一个特殊的存储区域（C 语言是从 main 函数开始执行的，编译程序会在程序存储器的 0000H 处自动存放一条转移指令，跳转到 main 函数存放的地址），当系统复位后，PC=0000H，单片机从 0000H 开始执行程序。

④ 此外，还有 5 个中断的入口地址区域（每个中断占用 8 个字节，共 40 个字节，地址从 0003～0023H），如表 2-1 所示。中断函数也会按照中断类型号，自动由编译程序安排存放在程序存储器相应的地址中，所以在编写中断函数的时候，正确地指定中断号是非常重要的，是中断函数能否正确找到入口地址并执行的关键。如果是 52 系列的单片机，则定时器/计数器 2 的中断还会占用从 002BH 开始的 8 个字节地址。

在单片机 C 语言程序设计中，用户无需考虑程序的存放地址，编译程序会在编译过程中按照上述规定，自动安排程序的存放地址。

表 2-1　程序存储器中 7 个特殊的地址

名称	地址
系统复位地址	0000H
外部中断 0 中断服务程序入口地址	0003H
定时器/计数器 0 中断服务程序入口地址	000BH
外部中断 1 中断服务程序入口地址	0013H
定时器/计数器 1 中断服务程序入口地址	001BH
串行口中断服务程序入口地址	0023H
定时器/计数器 2 中断服务程序入口地址（仅 52 子系列有）	002BH

（2）片内数据存储区

MCS-51 单片机片内共有 256 B 的 RAM 存储器，通常分为两个部分，如图 2-6 所示。

- 低 128 B（00H～7FH）。
- 高 128 B（80H～FFH）。

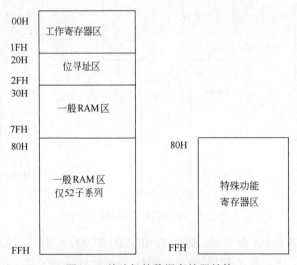

图 2-6　单片机的数据存储器结构

① 片内 RAM 的低 128 B（00～7FH，数据类型 DATA）。片内 RAM 的低 128 B 用于存放程序执行过程中的各种变量和临时数据，称为 DATA 区域，是单片机真正的 RAM 区域，

按照用途可以分为 3 个区域：工作寄存器区、位寻址区和用户数据区。

　　a．工作寄存器区域。MCS-51 系列单片机有 4 组，每组 8 个（R0～R7），共 32 个工作寄存器，用于存放操作数和中间结果。4 组寄存器占用了 00H～1FH 单元的地址。采用 C 语言编程后，一般不会直接使用工作寄存器。如果使用汇编语言或 C 语言与汇编语言混合编程，则要清楚其用法。

　　b．位寻址区域。内部 20H～2FH 单元，即可用作一般的 RAM 单元，也可对其中的每一位进行位操作，因此这一区域也称为位寻址区（BDATA）。由于有 16 个字节，每个字节 8 位，因此一共有 128 个位，相应编址为 00H～7FH，如表 2-2 所示。

　　例如：位变量的定义语句

　　bit　　x1=0x00;//此语句使用的就是位寻址区域的首地址

表 2-2　RAM 位寻址区位地址表

单元地址	MSB	←			位地址		→	LSB
2F	7F	7E	7D	7C	7B	7A	79	78
2E	77	76	75	74	73	72	71	70
2D	6F	6E	6D	6C	6B	6A	69	68
2C	67	66	65	64	63	62	61	60
2B	5F	5E	5D	5C	5B	5A	59	58
2A	57	56	55	54	53	52	51	50
29	4F	4E	4D	4C	4B	4A	49	48
28	47	46	45	44	43	42	41	40
27	3F	3E	3D	3C	3B	3A	39	38
26	37	36	35	34	33	32	31	30
25	2F	2E	2D	2C	2B	2A	29	28
24	27	26	25	24	23	22	21	20
23	1F	1E	1D	1C	1B	1A	19	18
22	17	16	15	14	13	12	11	11
21	0F	0E	0D	0C	0B	0A	09	08
20	07	06	05	04	03	02	01	00

　　注意：一个字节单元地址对应有 8 个位地址。

　　MSB——Most Significant Bit （最高有效位）。

　　LSB——Least Significant Bit （最低有效位）。

　　c．用户区域。除去工作寄存器区域和位寻址区域，低 128 B 中还余下 80 B，其单元地址为 30～7FH，是供用户使用的一般 RAM 区，此区域的使用没有任何规定或限制。

　　② 内部 RAM 的高 128 B。内部 RAM 的高 128 B，地址为 80～FFH，是专门给特殊功能寄存器 SFR（Special Function Register）使用的。MCS-51 单片机特殊功能寄存器如表 2-3 所示。

表 2-3　MCS-51 单片机特殊功能寄存器表

特殊功能寄存器名称	符号	字节地址	位地址与位名称（位地址为十六进制）							
			D7	D6	D5	D4	D3	D2	D1	D0
P0 口	P0	80H	P0.7	P0.6	P0.5	P0.4	P0.3	P0.2	P0.1	P0.0
			87	86	85	84	83	82	81	80

续表

特殊功能寄存器名称	符号	字节地址	位地址与位名称（位地址为十六进制）							
			D7	D6	D5	D4	D3	D2	D1	D0
堆栈指针	SP	81H								
数据指针低字节	DPL	82H								
数据指针高字节	DPH	83H								
定时器/计数器控制	TCON	88H	TF1	TR1	TF0	TR0	IE1	IT1	IE0	IT0
			8F	8E	8D	8C	8B	8A	89	88
定时器/计数器方式	TMOD	89H	GATE	C/T	M1	M0	GATE	C/T	M1	M0
定时器/计数器 0 低字节	TL0	8AH								
定时器/计数器 0 高字节	TH0	8BH								
定时器/计数器 1 低字节	TL1	8CH								
定时器/计数器 1 高字节	TH1	8DH								
P1 口	P1	90H	P1.7	P1.6	P1.5	P1.4	P1.3	P1.2	P1.1	P1.0
			97	96	95	94	93	92	91	90
电源控制	PCON	97H	SMOD				GF1	GF0	PD	IDL
串行口控制	SCON	98H	SM2	SM1	SM0	REN	TB8	RB8	TI	RI
			9F	9E	9D	9C	9B	9A	99	98
串行口数据	SBUF	99H								
P2 口	P2	A0H	P2.7	P2.6	P2.5	P2.4	P2.3	P2.2	P2.1	P2.0
			A7	A6	A5	A4	A3	A2	A1	A0
中断允许控制	IE	A8H	EA		ET2	ES	ET1	EX1	ET0	EX0
			AF		AD	AC	AB	AA	A9	A8
P3 口	P3	B0H	P3.7	P3.6	P3.5	P3.4	P3.3	P3.2	P3.1	P3.0
			B7	B6	B5	B4	B3	B2	B1	B0
中断优先级控制	IP	B8H			PT2	PS	PT1	PX1	PT0	PX0
					BD	BC	BB	BA	B9	B8
程序状态寄存器	PSW	D0H	C	AC	F0	RS1	RS0	0V		P
			D7	D6	D5	D4	D3	D2	D1	D0
累加器	A	E0H	E7	E6	E5	E4	E3	E2	E1	E0
寄存器 B	B	F0H	F7	F6	F5	F4	F3	F2	F1	F0

a. 离散分布有 21 个特殊功能寄存器 SFR，用户只能使用这 21 个单元，还有一个不可寻址的特殊功能寄存器 PC，是不占 RAM 单元的，共计 22 个特殊功能寄存器。

b. 在表中有 11 个特殊功能寄存器（表中以黑体突出显示，其地址特征是能够被 8 整除）给出了位地址，它们可以进行位寻址。

c. 对 SFR 只能使用直接寻址方式，书写时可使用寄存器符号，也可用寄存器单元地址。

d. 对于 52 系列的单片机，新增了 4 个特殊功能寄存器，其特殊功能寄存器有 26 个，增加的是控制定时器/计数器 2 的 **T2CON** 的初值寄存器 TH2、TL2、RCAP2H[外部输入（P1.1）计数器/自动再装入模式时初值寄存器高 8 位]、RCAP2L[外部输入（P1.1）计数器/自动再装入模式时初值寄存器低 8 位]。

（3）片外的数据存储器

MCS-51 系列单片机具有 16 条地址总线，所以最多能访问 $2^{16}=64KB$ 的数据存储器，称为 XDATA 区域。

片外的数据存储器可以根据需要进行扩展。扩展存储器的时候，使用 P0 口提供低 8 位地址（A0～A7），P2 口提供高 8 位地址（A8～A15），形成 16 位地址总线。P0 口提供 8 位数据总线进行数据交换。

如果单片机扩展了外部设备，如 A/D 转换器或 D/A 转换器等器件，以总线方式访问的时候，这些器件的地址在访问时按外部 RAM 来访问。

C51 编译器支持的存储器类型如表 2-4 所示。其中，使用较多存储器类型是 data、bdata、xdata、code 四种，在进行变量定义的时候要特别注意。

表 2-4　C51 编译器支持的存储器类型

存储器类型	描述
data	直接访问片内 RAM，访问速度最快（128 B）
bdata	可位寻址的片内 RAM，允许位寻址和字节寻址（16 B）
idata	间接访问片内 RAM，允许访问整个内部 RAM（256 B）
pdata	分页访问片外 RAM（256 B）
xdata	访问外部数据存储器和总线方式扩展的外设端口地址（64K B）
code	程序存储器（64K B）

2.3.2　单片机 Keil C51 语法基础

Keil C51 相对汇编语言有编程容易，易实现复杂计算，易阅读交流，易调试维护，易实现模块化开发和程序可移植性好的优点。此外，它不需要像汇编语言一样分配存储器资源，这些工作由编译器完成，程序员仅需要了解单片机的存储器结构。

2.3.2.1　标识符和关键字

Keil C51 的标识符是在程序中定义的对象，可以是函数、变量、常量、数组、数据类型和程序语句等。**一般由字母、数字和下划线组成，标识符的第一个字符必须是字母或下划线**。

Keil C51 区分大小写，关键字是一些固定名称或有特殊含义的标识符，在编程的时候不能另作它用，自定义的标识符（如变量名）不能和关键字相同，并且关键字在源程序加入 Keil C51 项目文件以后颜色和其他内容不同，很容易区别。

2.3.2.2　数据类型、常量和变量

Keil C51 的数据类型和 TC 类似，也分为基本型和复合数据类型，主要使用基本类型中的 char、int、float 等。除了基本类型，Keil C51 还扩展了 bit、sbit、sfr、sfr16 四种变量类型，其中 bit 和 sbit 也是常用的数据类型。

（1）常量

常量的值在程序执行过程中不变。Keil C51 的常量有位型、整型、浮点型、字符型、字符串型。

① 位常量：它的值是一个二进制数，为 0 或者 1。

② 整型常量：整型常量有以下三种表示方法。

a. 表示为十进制，如 123、0、–89 等。

b. 十六进制则以"0x"开头，如 0x34、–0x3B、0x1234、0xABFC 等。

c. 长整型在数字后面加字母 L，如 104L、034L、0xF340L 等。

③ 浮点型常量：浮点型常量了解即可。

④ 字符型常量：字符型常量是单引号内的字符，如'a'、'd'等；不能显示的控制字符，能在该字符前面加一个反斜杠"\"组成专用转义字符。常用转义字符表查看 C 语言教程。

⑤ 字符串型常量：字符串型常量由双引号内的字符组成，如"test"、"OK"等。当引号内没有字符时，为空字符串。在使用特殊字符时，同样要使用转义字符，如双引号。在 C 语言中，字符串型常量是作为字符类型数组来处理的，在存储字符串时，系统会在字符串尾部加上"\0"转义字符以作为该字符串的结束符。字符串型常量"A"和字符型常量'A'是不一样的，前者在存储时多占用一个字节的空间。

（2）变量

变量是程序执行过程中不断变化的量。在 Keil C51 中必须先定义，用一个标识符作为变量名并指出其数据类型，以便编译器为其分配存储单元，定义后的变量才能使用，且要注意定义的变量名和使用的变量名要完全一致，初学者容易出现定义时变量名是大写的，使用的时候书写成小写的情况。定义一个变量的格式如下：

[存储种类]　数据类型　[存储器类型]　变量名表

在定义格式中除了数据类型和变量名表是必要的，其他都是可选项。

① 存储种类有四种：自动（auto）、外部（extern）、静态（static）和寄存器（register），缺省类型为自动（auto）。

② 数据类型。Keil C51 支持的数据类型如表 2-5 所示。

表 2-5　Keil C51 支持的数据类型

数据类型	数据类型关键词	长度	值域
字符型	signed char	1 字节	−128～+127
无符号字符型	unsigned char	1 字节	0～255
整型	signed int	2 字节	−32768～+32767
无符号整型	unsigned int	2 字节	0～65535
长整型	signed long	4 字节	−2147483648～+2147483647
无符号长整型	unsigned long	4 字节	0～4294967295
浮点型	float	4 字节	±1.176E-38～±3.40E+38
指针	*	1～3 字节	对象地址
位	bit	1 位	0 或 1
特殊功能寄存器位	sbit	1 位	0 或 1
特殊功能寄存器	sfr	1 字节	0～255
16 位特殊功能寄存器	sfr16	2 字节	0～65535

说明如下。

a. 在单片机的 C 语言程序设计中，可以通过关键字 sfr 来定义所有特殊功能寄存器，从而在程序中直接访问它们，例如：

sfr　P0=0x80;

特殊功能寄存器 P0 的地址是 80H，对应 P0 口的 8 个 I/O 引脚在程序中就可以直接使用 P0 这个特殊功能寄存器了，下面的语句是合法的：

P0=0x00;　　//将 P1 口的 8 位 I/O 口全部清 0

通常情况下，这些特殊功能寄存器已经在头文件 reg51.h 中定义了，只要在程序中包含了该头文件，就可以直接使用已定义的特殊功能寄存器。如果没有头文件 reg51.h，或者该文件中只定义了部分特殊功能寄存器和位，用户也可以在程序中自行定义，但是最好不采用此种方法（因为自己定义的话，必须要记住这些特殊功能寄存器的物理地址），强烈建议采用包含头文件的方法。

b. 在 Keil C51 中，还可以通过关键字 sbit 来定义特殊功能寄存器中的可寻址位，在程序 xm1_1.c 中，采用了下面语句定义 P1 口的第 0 位：

sbit P1_0=P1^0;

由于语句中使用了寄存器 P1，所以也必须在程序的开头包含头文件 reg51.h。其语句为：

#include <reg51.h>

c. Keil C51 指针变量。单片机 C 语言支持一般指针（Generic Pointer）和存储器指针（Memory-Specific Pointer）。

● 一般指针：一般指针的声明和使用均与标准 C 语言相同，但同时还能说明指针的存储类型。一般指针本身用 3 个字节存放，分别为存储器类型、高位偏移量、低位偏移量。例如：

"long * state;"：state 为一个指向 long 型整数的指针，而 state 本身则依存储模式存放。

"char * xdata ptr;"：ptr 为一个指向 char 型数据的指针，而 ptr 本身放于外部 RAM 区。以上的 long、char 等指针指向的数据可存放于任何存储器中。

● 存储器指针：基于存储器的指针说明时即指定了存储类型，这种指针存放时，只需 1 个字节或 2 个字节就够了，因为只需存放偏移量。例如：

"char data * str;"：str 指向 data 区中 char 型数据。

"int xdata * pow;"：pow 指向外部 RAM 的 int 型整数。

d. 在 Keil C51 语言程序中，有可能会出现在运算中数据类型不一致的情况。Keil C51 允许任何标准数据类型的隐式转换。隐式转换的优先级顺序如下：

bit→char→ int→ long→ float

signed→ unsigned

也就是说，当 char 型与 int 型运算时，先自动将 char 型转换为 int 型，然后与 int 型进行运算，运算结果为 int 型。

Keil C51 除了支持隐式类型转换外，还可以通过强制类型转换符"()"对数据类型进行转换。分析下面的两段程序，比较其不同。

程序段 1：

```
unsigned long int b;
unsigned int x;
 x=968;
 b=100*x;
 b=96800-65536;
```

程序段 2：

```
unsigned long int b;
 unsigned int x;
 x=968;
 b=(unsigned long int)(x)*100;
 b=96800;
```

结论：在使用 Keil C51 进行复杂数学运算时，特别是在运算表达式左右两边的数据类型不同时，一定要注意变量（寄存器）字节长度变化问题，必要时要进行强制类型转化，以免造成数据溢出。如程序段 1 中，数据就发生了溢出，而程序段 2 则不会发生这种现象，因此一般宜使用程序段 2 的方法，即在可能发生数据溢出时，进行强制类型转化。

比较下面两个程序，说出它们之间的区别，为什么两个函数延时时间不同？

```
#include <reg51.h>
sbit P1_0= P1^0;
void delay(unsigned char i);
void main()
{
    while(1)
     {
      P1_0=0;
      delay(100);
      P1_0=1;
      delay(100);
     }
}
void    delay(unsigned char i)
{     unsigned char j,k;
    for(k=0;k<i;k++)
      for(j=0;j<124;j++);
}
```

i 的取值范围是（   ），所以延时的时间范围为（   ）

```
#include <reg51.h>
sbit P1_0= P1^0;
void delay(unsigned int i);
void main()
{
    while(1)
     {
      P1_0=0;
      delay(1000);
      P1_0=1;
      delay(1000);
     }
}
void    delay(unsigned int   i)
{     unsigned int j,k;
    for(k=0;k<i;k++)
```

```
        for(j=0;j<124;j++);
    }
```

i 的取值范围是（　　　　　　　　），所以延时的时间范围为（　　　　　　　）

③ 存储器类型。存储器类型的说明就是指定该变量在单片机硬件系统中所使用的存储区域，并在编译时准确地定位。表 2-5 中是 Keil C51 所能识别的存储器类型。注意，在 51 芯片中 RAM 只有低 128 位，80H～FFH 的高 128 位在 52 芯片中才有用，并和特殊寄存器地址重叠。

如果省略存储器类型，系统则会按编译模式 Small、Compact 或 Large 所规定的默认存储器类型去指定变量的存储区域。无论什么存储模式，都能声明变量在任何的 8051 存储区范围。把最常用的命令如循环计数器和队列索引放在内部数据区能显著地提高系统性能。还有要指出的就是变量的存储种类与存储器类型是完全无关的。

Small 模式：所有缺省变量参数均装入内部 RAM，优点是访问速度快，缺点是空间有限，只适用于小程序。

Compact 模式：所有缺省变量均位于外部 RAM 区的一页(256 B)，具体哪一页可由 P2 口指定，在 STARTUP.A51 文件中说明，也可用 pdata 指定，优点是空间较 Small 宽裕，速度较 Small 慢、较 Large 快，是一种中间状态。

Large 模式：所有缺省变量可放在多达 64KB 的外部 RAM 区，优点是空间大，可存变量多，缺点是速度较慢。

提示：存储模式在单片机 Keil C51 语言编译器选项中选择。

④ 变量名列表可以为 1 个或多个，多个时使用逗号隔开。

2.3.2.3　运算符和表达式

（1）Keil C51 运算符

Keil C51 运算符有单目、双目和三目之分。单目是指需要有一个运算对象，双目要求有两个运算对象，三目则要有三个运算对象。

① 赋值运算符。用赋值运算符将一个变量与一个表达式连接起来的式子为赋值表达式，在表达式后面加 ";" 便构成了赋值语句。使用 "=" 的赋值语句格式如下：

变量 = 表达式;

示例如下：

a = 0xFF;　　　//将十六进制常数 0xFF 赋予变量 a

b = c = 33;　　//同时赋值给变量 b、c

d = e;　　　　 //将变量 e 的值赋予变量 d

初学者会出现 "==" 与 "=" 这两个符号混淆的错误，一般错在 "if (a==x)" 之类的语句中，错将 "==" 用为 "="。"==" 符号是用来进行相等关系判断的运算符，不是赋值运算符。

②算术、增减量运算符。

- +：加或取正值运算符。
- −：减或取负值运算符。
- *：乘法运算符。
- /：除法运算符。
- %：取余运算符。

单片机典型应用：**定时器送计数初值。**

TH0=(65536–1000)/256;　　//送计数值高 8 位给 TH0

TL0=(65536–1000)%256;　　//送计数值高 8 位给 TL0

单片机典型应用：**将数码管显示的数字进行数位分解。**例如：

unsigned int a=1234;

unsigned char d[4];

d[0]=a/1000;　　　　　　　//取出千位数字

d[1]=(a%1000)/100;　　　　//取出百位数字

d[2]=(a/10)%10;　　　　　 //取出十位数字

d[3]=a%10;　　　　　　　 //取出个位数字

除法运算符和一般的算术运算规则有所不同，如是两浮点数相除，其结果为浮点数，如 10.0/20.0 所得值为 0.5，而两个整数相除时，所得值就是整数，如 7/3 值为 2。和别的语言一样，Keil C51 的运算符也有优先级和结合性，同样可用括号"()"来改变优先级。

- ++：增量运算符。
- − −：减量运算符。

这两个运算符是 C 语言中特有的运算符，作用就是对运算对象做加 1 和减 1 运算。要注意的是，运算对象在符号前或后，其含义是不一样的，虽然同是加 1 或减 1。如 i++，++i，i− −，− −i。

i++(或 i− −) 是先使用 i 的值，再执行 i+1(或 i–1)。

++i(或− −i) 是先执行 i+1(或 i–1)，再使用 i 的值。

增、减量运算符只允许用于变量的运算中，不能用于常数或表达式。例如：

i=10;

"x=++i;"执行此语句后 x=_____，i=____ ；"x=− −i;"执行此语句后 x=_____，i=_____；

"x=i++;"执行此语句后 x=_____，i=____ ；"x=i− −;"执行此语句后 x=_____，i=_____ 。

③ 关系运算符。单片机 C 语言中有六种关系运算符。

a. ＞ 大于。

b. ＜ 小于。

c. ＞＝ 大于等于。

d. ＜＝ 小于等于。

e. ＝＝ 等于。

f. ! ＝ 不等于。

前四个优先级相同，后两个优先级相同，但是前四个的优先级要高于后两个。

当两个表达式用关系运算符连接起来时，这个时候就是关系表达式。关系表达式通常是用来判别某个条件是否满足。要注意的是，用关系运算符的运算结果只有 0 和 1 两种，也就是逻辑的真与假，当指定的条件满足时结果为 1，不满足时结果为 0。

表达式 1　关系运算符 表达式 2

如 "i＜j," "i==j"，"(i=4)＞(j=3)"，"j+i＞j"。

④ 逻辑运算符。关系运算符所能反映的是两个表达式之间的大小、等于关系，逻辑运算符则是用于求条件式的逻辑值。用逻辑运算符将关系表达式或逻辑量连接起来就是逻辑表

达式了。要注意的是，用关系运算符的运算结果只有 0 和 1 两种，也就是逻辑的真与假，换句话说也就是逻辑量，而逻辑运算符则用于对逻辑量运算的表达。逻辑表达式的一般形式如下。

逻辑与：条件式 1 && 条件式 2

逻辑或：条件式 1 || 条件式 2

逻辑非：!条件式 2

逻辑运算符也有优先级别：!（逻辑非）→&&（逻辑与）→||（逻辑或）。逻辑非的优先级最高。

⑤ 位运算符。位运算符的作用是按位对变量进行运算，但是并不改变参与运算的变量的值。如果要求按位改变变量的值，则要利用相应的赋值运算。还有就是位运算符是不能用来对浮点型数据进行操作的。单片机 C 语言中共有 6 种位运算符。位运算一般的表达形式如下：

变量 1 位运算符 变量 2

位运算符也有优先级，从高到低依次是："~"(按位取反)→"<<"(左移) →">>"(右移) → "&"(按位与)→"^"(按位异或)→"|"(按位或)。

⑥ 复合赋值运算符。复合赋值运算符就是在赋值运算符 "=" 的前面加上其他运算符。以下是 C 语言中的复合赋值运算符：

+=加法赋值	>>=右移位赋值	-=减法赋值	&=逻辑与赋值
*=乘法赋值	|=逻辑或赋值	/=除法赋值	^=逻辑异或赋值
%= 取模赋值	! = 逻辑非赋值	<<= 左移位赋值	

复合运算的一般形式为：

变量 复合赋值运算符 表达式

其含义就是变量与表达式先进行运算符所要求的运算，再把运算结果赋值给参与运算的变量。其实这是 C 语言中简化程序的一种方法，凡是二目运算都能用复合赋值运算符 去简化表达。例如：

a+=56 等价于 a=a+56

y/=x+9 等价于 y=y/(x+9)

很明显，采用复合赋值运算符会降低程序的可读性，但这样却能使程序代码简单化，并能提高编译的效率。对于刚开始学习 C 语言的朋友，在编程时最好还是根据自己的理解力和习惯去使用程序表达的方式，不要一味追求程序代码的短小。

⑦ 逗号运算符。在 C 语言中，逗号是一种特殊的运算符，称为逗号运算符，能用它将两个或多个表达式连接起来，形成逗号表达式。逗号表达式的一般形式为：

表达式 1，表达式 2，表达式 3，…，表达式 n

这样用逗号运算符组成的表达式在程序运行时，是从左到右计算出各个表达式的值，而整个用逗号运算符组成的表达式的值等于最右边表达式的值，就是"表达式 n"的值。要注意的还有，并不是在程序的任何位置出现的逗号都能认为是逗号运算符。如函数中的参数、同类型变量定义中的逗号，只是用来作间隔，而不是逗号运算符。

⑧ 条件运算符。单片机 C 语言中有一个三目运算符，它就是"?:"条件运算符，它要求有三个运算对象。它能把三个表达式连接构成一个条件表达式。条件表达式的一般形式如下:

逻辑表达式? 表达式 1：表达式 2

条件运算符的作用简单来说就是根据逻辑表达式的值选择使用表达式 1/2 的值。当逻辑表达式的值为真时（非 0 值）时，整个表达式的值为表达式 1 的值;当逻辑表达式的值为假（值为 0）时，整个表达式的值为表达式 2 的值。要注意的是，条件表达式中逻辑表达式的类型可以与表达式 1 和表达式 2 的类型不一样。

⑨ 指针和地址的运算符。

● * 取内容。

● & 取地址。

取内容和取地址的一般形式分别为：

变量 =* 指针变量

指针变量 =&目标变量

取内容运算是将指针变量所指向的目标变量的值赋给左边的变量；取地址运算是将目标变量的地址赋给左边的指针变量。要注意的是，指针变量中只能存放地址（也就是指针型数据），一般情况下不要将非指针类型的数据赋值给指针变量。

运算符有优先级，其规则如表 2-6 所示。

表 2-6　运算符优先级表

运算功能	运算符	优先级	结合性
括号运算符	( );[ ]	1	从左到右
逻辑非、按位取反等单目运算	-　　　;++; --;!;　~; 指针的取地址&、取值*	2	从右到左
算术运算	*　;/;　%	3	从左到右
	+;　-	4	从左到右
左移、右移运算	<<；　>>	5	从左到右
关系运算	<;　<=;　>;>=	6	从左到右
	==;　!=	7	从左到右
位逻辑运算	&	8	从左到右
	^	9	从左到右
			10	从左到右
逻辑与	&&	11	从左到右
逻辑或	||	12	从左到右
条件运算符	?:	13	从右到左
赋值运算与复合赋值运算	=; += ;-=;*=;/=;%=;&=;|=	14	从右到左
逗号运算符	,	15	从左到右

按优先级由高到低分 15 级，总体规则如下。

① 单目运算符优先级最高，双目运算符其次，三目运算符较低。

② 双目运算符中，算术运算符较高，关系运算符其次，逻辑运算符较低。位运算符中，移位算术运算符比关系运算符高，关系运算符比位逻辑运算符高。

③ 括号运算符优先级最高，逗号运算符最低。赋值运算符和复合赋值运算符优先级比逗号运算符高。

④ 同时有多个优先级相同的运算符时，按结合性从左到右或从右到左依次运算。

（2）表达式

表达式是由运算符及运算对象所组成的具有特定含义的式子。C 语言是一种表达式语言，表达式后面加 ";" 号就构成了一个表达式语句。

2.3.2.4　Keil C51 语句

Keil C51 常见的语句有以下几种。

（1）表达式语句

是表达式＋";"构成的语句，如"x=y*30;"。单独的分号构成空语句，常用于软件延时语句中。

（2）复合语句

是若干条语句构成的语句块，使用"{}"组合起来形成的一种功能块。复合语句不需要以";"结束，但其内部语句仍然以分号结束。

（3）分支语句

由用关键词 if 和 else 构成。

- if（条件表达式）语句
- if（条件表达式）语句 1
  else　语句 2
- if（条件表达式 1）　　　语句 1
else if（条件表达式 2）　　语句 2
else if（条件表达式 3）　　语句 3
……
else if（条件表达式 *n*）　　语句 *n*
else　语句 *n*+1

（4）多分支语句

switch(表达式)

```
{       case    常量表达式 1：语句 1;break;
        case    常量表达式 2：语句 2;break;
        case    常量表达式 3：语句 3;break;
        ……
        case    常量表达式 n：语句 n;break;
        default：语句 n+1; break;
}
```

（5）循环语句

- 当型循环

while(循环条件表达式){ 循环体}

- 直到型循环

do {循环体}while(循环条件表达式)

- for 循环

for(表达式 1；循环条件表达式；表达式 2）{循环体}

（6）函数语句

- 函数的声明语句　写出项目 1 中的延时函数声明语句_____。
- 函数的定义语句　写出项目 1 中的延时函数定义语句_____。
- 函数的调用语句　写出项目 1 中的延时函数调用语句_____。
- 用于函数中返回值，语句为"return(表达式);"或"return；"。

以上语句中，表达式语句、复合语句是基础，分支，循环，函数的声明、定义、调用，以及返回语句是程序的骨架，两者结合构成功能完善的程序，所以学习的时候要特别注意领会程序及函数控制语句的用法。

2.3.3　单片机 Keil C51 程序结构

单片机 Keil C51 程序设计和其他程序设计一样，程序结构一般采用以下三种基本控制结构，即顺序结构、分支结构和循环结构，再加上使用广泛的函数，共有四种基本结构。

（1）顺序结构

顺序结构比较简单，如图 2-7（a）所示。

（2）分支结构

在某些情况下，计算机要根据不同的条件去执行不同的处理程序，于是程序就产生了分支。分支程序一般可以分为简单分支程序和多分支程序。

① 简单分支程序。如果给出的条件满足要求，则转向分支程序段，执行完分支程序段后继续执行下一段指令；如果给出的条件不满足要求，则不转向，直接执行下一条指令或执行另一个分支程序。单分支结构如图 2-7（b）所示，双分支结构如图 2-7（c）所示。

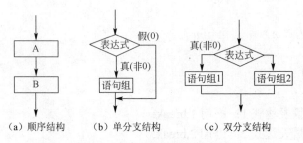

（a）顺序结构　　　（b）单分支结构　　　（c）双分支结构

图 2-7　顺序结构和分支结构图

② 多分支选择结构。多分支结构程序又称散转程序，它是根据输入条件或者根据运算结果来确定转向相应的处理程序，如图 2-8（a）所示。有时仅判断一个分支条件无法解决的问题，需要判断两个或两个以上的条件，通常也称为复合条件，如图 2-8（b）所示。

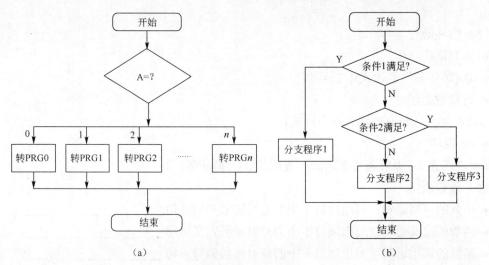

（a）　　　　　　　　　　　　　　　（b）

图 2-8　多分支结构

（3）循环结构

在程序设计中，当某一段程序需要多次重复执行时，可以采用循环结构。

① 循环程序的结构。一个循环结构由以下几部分组成。

a．循环初始化部分。用于循环过程的工作单元,在循环开始时往往要设置初始状态,即分别给它们赋一个初值。循环初态又可以分成两部分,一是循环工作部分初态,一是结束条件的初态。例如,要设地址指针,要使某些寄存器清零,或设某些标志等。

b．循环体部分。循环体部分就是要求重复执行的程序段。

c．循环修改部分。循环修改部分是在循环体执行后修改相应的循环指针和循环计数器的值。

d．循环控制部分。在循环程序中必须给出循环结束条件,否则程序就会进入死循环。循环控制部分用于每循环一次检查循环结束的条件,当满足条件时就停止循环,往下执行其他程序。

② 循环分类。

a．计数循环。计数循环当循环了一定次数后就结束循环,使用 for 语句实现。在 C51 中,常用一个变量作为计数器,通常这个计数器的初值置为循环次数,每循环一次令其减 1,当计数器减为 0 时,就停止循环。也可以将初值置为 0,每循环一次加 1,再与循环次数相比较,若两者相等就停止循环。计数循环如图 2-9（a）所示。

b．当型循环。先判断,满足条件则循环,否则结束循环体,循环体 A 最少执行 0 次。如图 2-9（b）所示。

c．直到型循环。先执行 1 次循环体 A,再判断是否结束循环,满足条件结束循环,否则继续执行循环体,循环体至少会被执行 1 次。如图 2-9（c）所示。

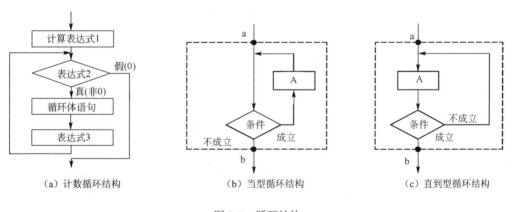

（a）计数循环结构　　　　　（b）当型循环结构　　　　　（c）直到型循环结构

图 2-9　循环结构

③ 循环程序嵌套。循环程序在结构上有单循环与多重循环。所谓多重循环,就是在一个循环体中又包含了其他的循环程序,即循环中又嵌套循环。在多重循环中,只允许外重循环嵌套内重循环,不允许循环相互交叉,也不允许从循环程序的外部跳入循环程序的内部。如图 2-10 所示。

④ 循环语句。循环语句见 2.3.2.4 节。

（4）函数结构

函数结构将在项目 3 中学习。

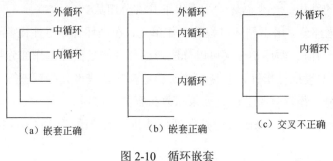

图 2-10　循环嵌套

2.4　项目实施

2.4.1　硬件仿真电路图

在最小系统电路图的基础上加上 2 个单刀双掷开关、2 个发光二极管构成单片机控制电路，元器件名称如图 2-11 所示，电路图如图 2-12 所示。

图 2-11　元器件列表

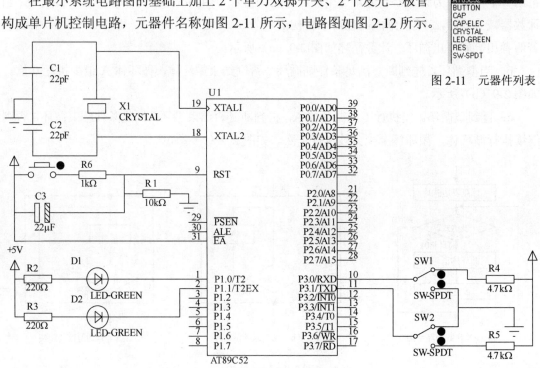

图 2-12　控制转弯灯电路图

2.4.2　程序设计

（1）程序设计思路

2 个开关有四种状态，对应控制 2 个发光二极管的四种状态（表 2-7），因此程序设计的关键是判断 2 个开关对应引脚的电平状态，判断的语句可以使用三种分支语句，因此程序的写法有多种。在下面程序编写中，给出了多种方法，在学习的过程中仔细体会每种用法。

表 2-7　汽车转弯灯状态分析表

左转开关状态(SW1-P3.0)	右转开关状态（SW2-P3.1）	左转灯状态（D1-P1.0)	右转灯状态（D2-P1.1)	驾驶员发出的命令
0（通）	0（通）	0（亮）→1（灭）	0（亮）→1（灭）	故障显示
0（通）	1（断）	0（亮）→1（灭）	1（灭）→1（灭）	左转
1（断）	0（通）	1（灭）→1（灭）	0（亮）→1（灭）	右转
1（断）	1（断）	1（灭）→1（灭）	1（灭）→1（灭）	正常行驶

（2）程序编写

方法 1：采用顺序结构编写程序。

/*程序：xm2_1.c*/

//功能：汽车转向灯控制程序

```
#include <reg51.h>
sbit P10=P1^0;              //定义 P1.0 引脚位名称为 P10
sbit P11=P1^1;              //定义 P1.1 引脚位名称为 P11
sbit P30=P3^0;              //定义 P3.0 引脚位名称为 P30
sbit P31=P3^1;              //定义 P3.1 引脚位名称为 P31
void    delay(unsigned int i)   //延时函数，无符号字符型变量 i 为形式参数
{
    unsigned int j,k;       //定义无符号字符型变量 j 和 k
    for(k=0;k<i;k++)        //双重 for 循环语句实现软件延时
        for(j=0;j<124;j++);
}
void main()                 //主函数
{
    bit left,right;         //定义位变量 left、right 表示左、右状态
    while(1) {              //while 循环语句，由于条件一直为真，该语句为无限循环
    left=P30;              //读取 P3.0 引脚的（左转向灯）状态并赋值给 left
    right=P31;             //读取 P3.1 引脚的（右转向灯）状态并赋值给 right
    P10=left;              //将 left 的值送至 P1.0 引脚
    P11=right;             //将 right 的值送至 P1.1 引脚
    delay(200);            //调用延时函数，实际参数为 200
    P10=1;                 //将 P1.0 引脚置 1 输出(熄灭 LED)
    P11=1;                 //将 P1.1 引脚置 1 输出(熄灭 LED)
    delay(200);            //调用延时函数，实际参数为 200
            }
  }
```

方法 2：使用 if…else if 语句编写的主函数。

```
void main()                 //主函数
{
    while(1) {              //while 循环
        if (P30==0&&P31==0)    //如果 P3.0 和 P3.1 状态都为 0
```

```
    {   P10=!P10;                    //则点亮左转灯和右转灯
            P11=!P11;
            delay(200);
        }
      else if (P30==0)               //如果 P3.0（左转向灯）状态为 1
        {   P10=!P10;                //则点亮左转灯
            P11=1;
            delay(200);
        }
      else if (P31==0)               //如果 P3.1（右转向灯）状态为 1
        {   P11=!P11;                //则点亮右转灯
            P10=1;
            delay(200);
        }
      else
        {
        P10=1; P11=1;                //灭灯
        }
        }
}
```

方法 3：使用 switch 语句编写的主函数。建立新的源程序文件，输入方法 4 的完整程序，然后移除方法 1 的程序，重新编译。

```
#include <reg51.h>
void    delay(unsigned int i)       //延时函数，无符号字符型变量 i 为形式参数
{
    unsigned int j,k;               //定义无符号字符型变量 j 和 k
    for(k=0;k<i;k++)                //双重 for 循环语句实现软件延时
      for(j=0;j<124;j++);
}
void main()                         //主函数
{
    unsigned char ledctr;           //定义转弯灯控制变量 ledctr
    P3=0xFF;                        //P3 口作为输入口，必须先置全 1
    while(1) {
      ledctr=P3;                    //读 P3 口的状态送到 ledctr
      ledctr=ledctr&0x03;           //与操作，屏蔽掉无关的高 6 位，取出 P3.0 和 P3.1 引
                                    //  脚的状态
                                    //（0x03 即二进制数 00000011B）
      switch (ledctr)
      {
```

```
        case 0:P1=0xFC;break;    //如 P3.0、P3.1 都为 0 则点亮左、右灯
        case 1:P1=0xFD; break;   //如果 P3.1（右转向灯）为 0 则点亮右灯
        case 2:P1=0xFE; break;   //如果 P3.0（左转向灯）为 0 则点亮左灯
        default: ;               //空语句，什么都不做
        }
        delay(200);              //延时
        P1=0xFF;
        delay(200);              //延时
    }
}
```

2.4.3　仿真调试

① 在 Proteus 电路图上双击单片机加载生成的 HEX 文件，并开始进行仿真。

② 修改程序或者电路图的错误并重新仿真验证。

2.4.4　完成发挥功能

① 完成发挥功能 a。

② 画出发挥功能 b 的电路图。

③ 编写发挥功能 b 的控制程序并仿真调试。

2.4.5　实战训练

① 准备表 2-8 中材料、工具，使用面包板搭建硬件电路。

表 2-8　项目设备、工具、材料表

类型	名称	数量	型号	备注
设备	示波器	1	20MHz	
	万用表	1	普通	
工具	电烙铁	1	普通	
	斜口钳	1	普通	
	镊子	1	普通	
	Keil C51 软件	1	2.0 版以上	
	Proteus 软件	1	7.0 版以上	
	STC 下载软件	1	ISP 下载	
器件	51 系列单片机	1	AT89C51 或 STC89C51/52	根据下载方法选型
	单片机座子	1	DIP40	
	晶振	1	12MHz	
	瓷片电容	2	22pF	
	电解电容	1	22μF/16V	
	电阻	1	10kΩ	
	电阻	8	220Ω	
	电源	1	直流 400mA/5V 输出	
	发光二极管	2	φ3mm	红色

续表

类型	名称	数量	型号	备注
器件	按键	1		
	拨动开关	2		
材料	焊锡	若干		
	面包板	1	4cm×10cm	或实验板
	导线	若干	⌀0.8mm 多芯漆包线	或网线

② 使用 STC 下载工具下载程序到单片机，调试软硬件出现正确控制效果。

思考与练习

1. 单选题。

（1）最基本的 C 语言语句是（　　　）。

    A. 赋值语句　　　　B. 表达式语句　　　　C. 循环语句　　　　D. 复合语句

（2）在 C51 程序中常常把（　　　）作为循环体，用于消耗 CPU 时间，产生延时效果。

    A. 赋值语句　　　　B. 表达式语句　　　　C. 循环语句　　　　D. 空语句

（3）在 C51 语言的 if 语句中，用作判断的表达式为（　　　）。

    A. 关系表达式　　　B. 逻辑表达式　　　　C. 算数表达式　　　D. 任意表达式

（4）在 C51 语言中，当 do-while 语句中的条件为（　　　）时，结束循环。

    A. 0　　　　　　　　B. false　　　　　　　C. true　　　　　　　D. 非 0

（5）i=9,下面的循环执行了（　　　）次空语句。

i==9;

    A. 无限次　　　　　B. 0 次　　　　　　　C. 8 次　　　　　　　D. 9 次

（6）在 C51 的数据类型中，unsigned char 型的数据长度和值域为（　　　），unsigned int 型的数据长度和值域为（　　　）。

    A. 单字节，–128 ~ 127　　　　　　　　B. 双字节，–327688 ~+32767

    C. 单字节，0 ~ 255　　　　　　　　　　D. 双字节，0 ~ 65535

2. 填空题。

（1）用 C51 编程访问 MCS-51 单片机的并行 I/O 端口时，可以按_____寻址操作，还可以按_____操作。

（2）C51 中定义一个位寻址变量 P31 访问 P3.1 引脚的语句是_____。

（3）C51 扩充的_____数据类型用于访问 MCS-51 单片机内部的所有特殊功能寄存器。

（4）结构化程序设计三种基本结构_____。

（5）表达式语句由_____组成。

（6）_____语句一般用做单一条件或分支数目较少的场合，如果编写超过 3 个以上分支的程序，可用多分支选择语句_____。

（7）while 语句和 do-while 语句的区别在于：_____语句是先执行、后判断，而_____语句是先判断、后执行。

（8）分析下面的 while 循环，填写执行次数。

    ①i=5;

    while(i! =0); //执行了____次空语句。

    ②i=0;

　　　　while(i!　=0);　//执行了_____次空语句。

　　　　③ i=0;

　　　　do　　{ ; } while(i!　=0);　//执行了_____次空语句。

（9）下面的延时函数 delay 执行了_____次空语句。

```
void    delay(void)
    {  int   i;
        for(i=0;i<124;i++);  }
```

（10）在单片机的 C 语言程序设计中，_____类型数据经常用于处理 ASCII 字符或用于处理小于等于 255 的整型数。

3. 编程题。

开关 K1 和 K2 状态相同的时候，单片机控制 D1 灯亮 0.2s、灭 0.2s 闪烁；K1 和 K2 相异的时候，控制 D2 灯亮 1s、灭 1s 闪烁；K3 接通，D1 和 D2 均熄灭。画出仿真电路图，并编写程序实现此控制。

项目 3 设计制作流水灯

3.1 学习目标

① 学习单片机并行接口技术。
② 学会通过编程按位、按字节操作单片机并行接口。
③ 学会 Keil C51 数组的定义、引用与赋值操作。
④ 学习 Keil C51 的函数知识，会自定义函数、声明函数、调用函数。
⑤ 学会使用 Keil C51 以多种方式实现流水灯的控制程序。
⑥ 学会软件延时函数的编写。
⑦ 进一步熟悉单片机软硬件联合仿真。

3.2 项目描述

（1）项目名称
单片机控制流水灯。
（2）项目要求
① 进一步熟练使用 Keil C51、Proteus、STC 下载软件等开发工具。
② 使用 AT89C51 单片机作为仿真控制器，STC89C51 作为硬件电路控制器，控制流水灯。
③ 通过 8 只 LED 发光二极管以 0.5s 时间间隔顺序点亮，实现流水灯控制。
④ 采用多种编程方式实现流水灯编程，实现控制功能。
⑤ 思考发挥功能。
a. 将发光二极管数量增加到 16 只，实现 16 只发光二极管依次顺序点亮，时间间隔为 1s。
b. 编程实现 16 只发光二极管按每两只依次顺序点亮，时间间隔为 2s。
（3）项目分析
此项目在项目 1 的基础上将发光二极管只数增加到 8 只，使用单片机的并行接口进行 8 只发光二极管的控制，要求 8 只发光二极管按照 0.5s 时间间隔依次顺序点亮，从而实现流水灯控制。其中，发光二极管与单片机的连接方式与项目 1 一致，采用共阳极接法。其框图如图 3-1 所示。

本项目在单片机最小系统基础上，将使用单片机并行接口技术，因此需要理解和掌握单片机的并行接口知识。流水灯的实质就是控制 8 个单片机的引脚电平状态，由于采用共阳极接法，则控制端口的值是：

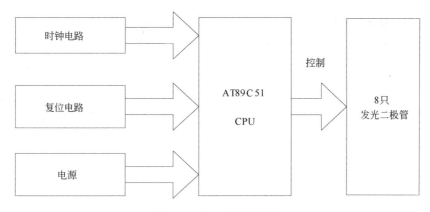

图 3-1　流水灯控制框图

01111111	10111111	11011111	11101111	11110111	11111011	11111101	11111110
0x7F	0xBF	0xDF	0xEF	0xF7	0xFB	0xFD	0xFE

如果采用共阴极接法，则控制端口的值是：

10000000	01000000	00100000	00010000	00001000	00000100	00000010	00000001
0x80	0x40	0x20	0x10	0x08	0x04	0x02	0x01

可通过并行接口按字节操作，依次给端口送以上数字，送 1 个控制数字就调用软件延时函数实现 0.5s 延时,从而模拟出流水灯的效果；如果从左到右输出这些值，则灯从 D7→D0 依次点亮；如果从右到左输出这些值，则灯从 D0→D7 依次点亮。

也可以使用移位运算或移位函数实现流水灯控制；还可以把以上数据存放在数组中，间隔 0.5s 取一个数组元素赋给单片机并行口，实现流水灯控制。因此，只要理解了流水灯的本质就是通过编程向单片机端口输出不同的二进制数来控制引脚电平状态，从而控制发光二极管的亮灭，就能以多种编程方法实现多种形式的流水灯控制。

3.3　相关知识

3.3.1　单片机并行接口

MCS-51 系列单片机有 4 个 8 位并行 I/O 接口：P0、P1、P2 和 P3，它们是特殊功能寄存器中的 4 个。每个接口都由锁存器、输出驱动器和输入缓冲器组成。单片机与外部设备交换信息时，都是通过端口进行的。

4 个 I/O 接口输出时具有锁存功能，输入时具有缓冲功能。在进行写端口操作时，CPU 将内部总线的数据经锁存器和输出驱动器送到端口引脚；在进行读端口操作时，将端口锁存器或引脚数据经输入缓冲器传送至内部数据总线。

4 个 I/O 接口既可作输入口使用，又可以作为输出口使用；既可以按位操作方式使用单个引脚，又可以按照字节操作使用 8 个引脚。

在扩展外部存储器或外部设备时，部分 I/O 接口还具有复用功能。每个 I/O 接口有各自的功能特点，下面分别进行介绍。

3.3.1.1　P0 口（32~39 脚）

（1）P0 口的组成结构

P0 口是一个三态双向口，它由一个数据输出 D 锁存器、两个三态输入缓冲器、一个输出驱动和输出控制电路组成。其中，输出驱动电路由场效应晶体管 V1 和 V2 组成，受输出控制电路控制，当栅极输入低电平时，V1、V2 截止，当栅极输入高电平时，V1、V2 导通；输出控制电路由一个与门、一个非门和一个 2 选 1 多路转换开关 MUX 构成。如图 3-2 所示为 P0 口的组成结构图。

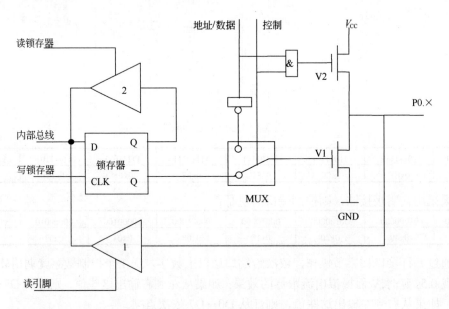

图 3-2　P0 口的组成结构

（2）P0 口的功能

① 可作为通用 I/O 接口使用。

当"控制"端口信号为低电平时，P0 口作为通过 I/O 接口使用。

当 P0 口作为输出口使用时，内部总线将数据送入 D 锁存器，内部的写脉冲加在 D 锁存器时钟端 CLK 上，锁存数据到 Q、$\overline{Q}$ 端，再经过多路开关 MUX，由 V2 反相后正好是内部总线的数据，送到 P0 口引脚输出。

当 P0 口作为输入口使用时，应区分读引脚和读端口两种情况。

所谓读引脚，就是读芯片引脚的状态，这时使用下方的数据缓冲器，由"读引脚"信号把缓冲器打开，把端口引脚上的数据从缓冲器通过内部总线读进来。

所谓读端口，就是指通过缓冲器读锁存器 Q 端的状态。读端口是为了适应对 I/O 口进行"读—修改—写"操作语句的需要。

当 P0 口作通用 I/O 接口时，应注意以下三点。

a．在输出数据时，由于 V2 截止，输出级是漏极开路电路，要使"1"信号正常输出，必须外接上拉电阻。

b．P0 口作为通用 I/O 口输入使用时，在输入数据前，应先向 P0 口写"1"。

c．另外，P0 口的输出级具有驱动 8 个 LSTTL 负载的能力，输出电流不大于 $800\mu A$ 。

② 可作为低 8 位地址线使用。

当系统功能扩展时，使"控制"端口信号为高电平，P0 口可作为低 8 位地址线使用。

当 P0 口作为低 8 位地址线使用时，主要从 P0 口输出低 8 位地址。"控制"信号为高电平时，打开与门，使多路转换开关 MUX 把反相器的输出端与 V2 接通。如果 P0 输出低 8 位地址信号，当"地址"为高电平"1"时，经反相器使 V2 截止，而经与门使 V1 导通，P0.×引脚上出现相应的高电平"1"；当"地址"为低电平"0"时，经反相器使 V2 导通，而经与门使 V1 截止，P0.×引脚上出现相应的低电平"0"；从而实现地址信号的输出。

③ 可作为数据线使用。

当系统功能扩展时，使"控制"端口信号为高电平，P0 口可作为数据线使用。

当 P0 口可作为数据线使用时，可以从 P0 口输入输出数据；"控制"信号为高电平时，打开与门，使多路转换开关 MUX 把反相器的输出端与 V2 接通。从 P0 口输入数据时，输入数据从引脚下方的三态输入缓冲器进入总线实现数据的输入。如果 P0 输出数据信号，当"数据"为高电平"1"时，经反相器使 V2 截止，而经与门使 V1 导通，P0.×引脚上出现相应的高电平"1"；当"数据"为低电平"0"时，经反相器使 V2 导通，而经与门使 V1 截止，P0.×引脚上出现相应的低电平"0"；从而实现数据的输出。

3.3.1.2　P1 口（1~8 脚）

（1）P1 口的组成结构

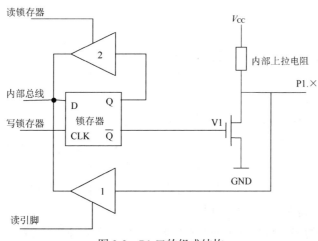

图 3-3　P1 口的组成结构
1,2—三态输入缓冲器

P1 口是准双向口，它由一个数据输出 D 锁存器、两个三态输入缓冲器、一个输出驱动电路组成。P1 口的结构与 P0 口不同，它没有输出控制电路，输出驱动电路由一个场效应管 V1 与内部上拉电阻组成。如图 3-3 所示为 P1 口的组成结构图。

（2）P1 口的功能

P1 口只能作为通用 I/O 接口使用。根据 P1 口的组成结构，其输入输出原理特性与 P0 口作为通用 I/O 接口使用时一样。当 P1 口作为输出口使用时，可以向外提供推拉电流负载，无须再外接上拉电阻；当 P1 口作为输入口使用时，同样也需要先向锁存器写"1"，使输出驱动电路的场效应管截止，处于高阻状态，然后通过缓冲器进行输入操作。

3.3.1.3　P2 口（21~28 脚）

（1）P2 口的组成结构

P2 口也是准双向口，它由一个数据输出 D 锁存器、两个三态输入缓冲器、一个输出驱动电路和输出控制电路组成。其中，输出控制电路由一个 2 选 1 多路转换开关 MUX 和一个反相器 3 构成。输出驱动电路由一个场效应管 V1 与内部上拉电阻组成。与 P1 口相比，它只在输出驱动电路上比 P1 口多了一个多路转换开关 MUX 和反相器 3。如图 3-4 所示为 P2 口的组成结构图。

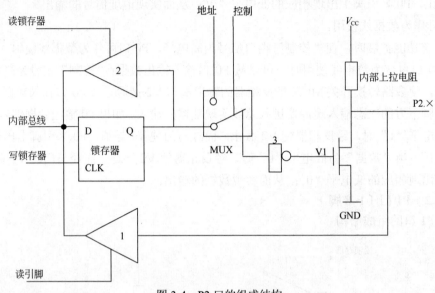

图 3-4 P2 口的组成结构
1,2—三态输入缓冲器；3—反相器

（2）P2 口的功能

① P2 口可作为通用 I/O 接口使用。

P2 口电路比 P1 口电路多了一个多路转换开关 MUX，这一结构与 P0 口相似。当"控制"端口信号为低电平时，P2 口作为通用 I/O 接口使用，其工作原理与 P1 口相同，只是 P1 口输出端由锁存器 $\overline{Q}$ 端接 V1，而 P2 口是有锁存器 Q 端经反相器 3 接 V1。

② P2 口可作为高 8 位地址线使用。

P2 口电路结构的多路转换开关 MUX 与 P0 口不同的是：MUX 的一个输入端接入的不再是"地址/数据"，而是单一的"地址"。当系统功能扩展时，使"控制"端口信号为高电平，P2 口作为高 8 位地址总线使用，与 P0 口的低 8 位地址线共同构成 16 位地址总线，此时多路开关接通"地址"端。

3.3.1.4 P3 口（10~17 脚）

（1）P3 口的组成结构

P3 口是准双向口，它由一个数据输出 D 锁存器、两个三态输入缓冲器、一个输出驱动电路组成。其中输出驱动电路由与非门 3、V1 和内部上拉电阻组成，输入比 P0、P1、P2 口多了一个缓冲器 4。P3 口内部上拉电阻与 P1 口相同，不同的是增加了第二功能控制逻辑。如图 3-5 所示为 P3 口的组成结构图。

（2）P3 口的功能

① 可以作为通用 I/O 口使用。

当作为通用 I/O 口使用时，第二功能输出线为高电平，数据输入仍然取自三态缓冲器的输出端。它的工作原理、负载能力与 P1、P2 口相同。

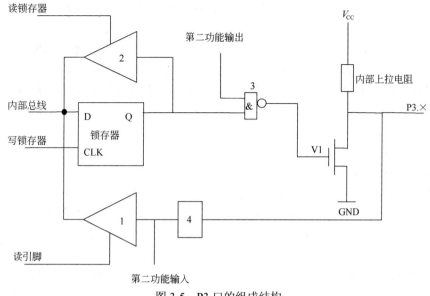

图 3-5 P3 口的组成结构
1,2—三态输入缓冲器；3—与非门；4—缓冲器

② 可以作为第二功能使用。

P3 口的每个引脚均具有第二功能，当作为第二功能使用的端口，不能同时当作通用 I/O 口使用，但其他未被使用的端口仍可作为通用 I/O 口使用。不管 P3 口作为输入口使用还是第二功能信号使用时，输出电路中的锁存器输出和第二功能输出信号都应保持高电平，以使输出电路的场效应管截止。P3 口的第二功能参见项目 1 表 1-2。

3.3.2 Keil C51 数组

数组是指一组有序数据的集合，数组中的每一个数据都属于同一个数据类型。组成数组的各个数据分项称为数组元素，数组中的各个元素可以用一个统一的数组名和下标来唯一确定。数组使用之前必须先进行定义。数组属于常用的数据类型，数组中的元素有固定数目和相同类型，数组元素的数据类型就是该数组的基本类型。例如，整型数据的有序集合称为整型数组，字符型数据的有序集合称为字符型数组。

根据下标的个数，数组可分为一维、二维、三维和多维数组等。根据数组中存放的数据类型可以分为整型数组、字符数组等。常用的是一维、二维和字符数组。

注意：数组需要先定义后使用。

3.3.2.1 一维数组

（1）一维数组的定义

一维数组跟一维空间有点类似，就是只有一个下标标号的数组。

在 C51 语言中，一维数组的一般定义形式如下：

数据类型说明符　数组名[常量表达式];

数据类型说明符　数组名[常量表达式]={初值 1,初值 2,...,初值 n};

各部分说明如下。

①"数据类型说明符"说明了数组中各个元素存储的数据的类型。

②"数组名"是整个数组的标识符，它的取名方法与变量的取名方法相同。

③ "常量表达式"要求取值要为整型常量，必须用方括号 "[]" 括起来，用于说明该数组的长度，即该数组元素的个数。

④ "初值部分"用于给数组元素赋初值，这部分在数组定义时属于可选项。对数组元素赋值，可以在定义时赋值，也可以在定义之后赋值。在定义时赋值，后面须带等号，初值须用花括号括起来，括号内的初值两两之间用逗号间隔，可以对数组的全部元素赋值，也可以只对部分元素赋值。初值为 0 的元素可以只用逗号占位而不写初值 0。

下面是定义数组的两个例子。

unsigned char x[7];

unsigned int y[6]={1,3,5,7,9,11};

第一句定义了一个无符号字符数组，数组名为 x，数组中的元素个数为 7。

第二句定义了一个无符号整型数组，数组名为 y，数组中元素个数为 6，定义的同时给数组中的 6 个元素赋初值，分别为 1、3、5、7、9、11。

需要注意的是，C51 语言中数组的下标是从 0 开始的，因此第一句定义的 7 个元素分别是 x[0]、x[1]、x[2]、x[3]、x[4]、x[5]、x[6]，第二句定义的 6 个元素分别是 y[0]、y[1]、y[2]、y[3]、y[4]、y[5]。赋值情况为：y[0]=1；y[1]=3；y[2]=5；y[3]=7；y[4]=9；y[5]=11。

（2）一维数组的数组元素

一维数组中的数组元素也是一种变量，其标志方法为数组名后面跟一个下标。下标表示该数组元素在数组中的顺序号，只能为整型常量或者整型表达式。

定义数组元素的表达形式为：

数组名[下标表达式]

例如：

Array[4] = 100;

array[8] = 34;

array[10] = 56;

注意：数组下标不能越界。

一个数组元素具有和相同类型单个变量一样的属性，可以对它赋值和使其参与各种运算。

C51 规定在引用数组时，只能逐个引用数组中的各个元素，而不能一次引用整个数组。但如果是字符数组，则可以一次引用整个数组。

（3）一维数组的赋值

一维数组初始化赋值一般形式为：

数据类型说明符　数组名[常量表达式]={初值 1，初值 2，初值 3…，初值 n}；

其他形式的赋值如下。

① 定义时赋初值。

int score[5]={1,2,3,4,5};

② 给一部分元素赋值。

int score[5]={1,2};

③ 使所有元素为 0。

int score[5]={0};

④ 给全部数组元素赋初值时，可以不指定数组长度。

int score[]={1,2,3,4,5};

其中，在"{}"中的各个数值即为相应数组元素的初值，各值之间用逗号隔开。

【例 3-1】 用数组计算并输出 Fibonacci 数列的前 20 项。

Fibonacci 数列在数学和计算机算法中十分有用。Fibonacci 数列是这样的一组数：第一个数字为 0，第二个数字为 1，之后每一个数字都是前两个数字之和。设计时通过数组存放 Fibonacci 数列，从第三项开始可通过累加的方法计算得到。

程序如下：

```
#include   <reg52.h>          //包含特殊功能寄存器库
#include   <stdio.h>          //包含 I/O 函数库
extern    serial_initial();
main()
{
    int    fib[20],i;
    fib[0]=0;
    fib[1]=1;
    serial_initial();
    for (i=2;i<20;i++)    fib[i]=fib[i-2]+fib[i-1];
    for (i=0;i<20;i++)
    {
        if (i%5= =0) printf("\n");
        printf( "%6d",fib[i]);
    }
    while(1);
}
```

程序执行结果：

```
  0     1     1      2      3
  5     8    13     21     34
 55    89   144    233    377
610   987  1597   2584   4148
```

3.3.2.2 字符数组

用来存放字符数据的数组称为字符数组，它是 C51 语言中常用的一种数组。字符数组中的每一个元素都用来存放一个字符，也可用字符数组来存放字符串。字符数组的定义与一般数组相同，只是在定义时把数据类型定义为 char 型。例如：

```
char    string1[10];
char    string2[20];
```

上面定义的两个字符数组，分别定义了 10 个元素和 20 个元素。

在 C51 语言中，字符数组用于存放一组字符或字符串，**字符串以 "\0" 作为结束符**，只存放一般字符的字符数组的赋值与使用和一般的数组完全相同。对于存放字符串的字符数组，既可以对字符数组的元素逐个进行访问，也可以对整个数组按字符串的方式进行处理。

【例 3-2】 对字符数组进行输入和输出。

```
#include   <reg52.h>   //包含特殊功能寄存器库
#include   <stdio.h>   //包含 I/O 函数库
```

```
extern    serial_initial();
main()
{char    string[20];
    serial_initial();
    printf("please    type    any    character:");
    scanf("%s",string);
    printf("%s\n",string);
    while(1);
}
```

3.3.3   Keil C51 函数

在 Keil C51 程序中，子程序的作用是由函数来实现的，函数是 C51 语言的基本组成模块，一个 C51 语言程序就是由若干个模块化的函数组成的。

Keil C51 程序都是由一个主函数 main 和若干个子函数构成，有且只有一个主函数；程序由主函数开始执行，最终由主函数结束；主函数根据需要来调用其他函数，其他函数可以有多个。如图 3-6 所示。

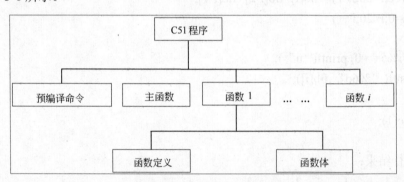

图 3-6   一个 C51 程序的组成

3.3.3.1   函数的分类

从用户使用角度来看，函数分为两种类型：标准库函数和用户自定义函数。

（1）标准库函数

标准库函数是由 Keil C51 的编译器提供的，用户不必定义这些函数，可以直接调用。Keil C51 编译器提供了 100 多个库函数供用户使用。常用的 Keil C51 库函数包括一般 I/O 口函数、访问 SFR 地址函数等，在 C51 编译环境中，以头文件的形式给出。因此，对于系统提供的标准库函数，在使用之前需要通过预处理命令"#include"将对应的标准库函数包含到程序起始位置。常用的库函数参见附录 B。

（2）用户自定义函数

用户自定义函数是用户根据需要自行编写的函数，它必须先定义之后才能被调用。

3.3.3.2   函数的定义

对于用户自定义函数，使用前必须对其进行定义后方可调用。函数定义的一般形式如下：

函数类型　函数名（形式参数表）　[reentrant] [interrupt　m] [using　n]
形式参数说明

```
{
     局部变量定义；
     函数体语句；
}
```

格式说明如下。

① 函数类型：函数类型说明了函数返回值的类型。其类型就为前文介绍的各种数据类型；如果函数没有返回值，函数类型可以不写，在实际处理中，一般把它的类型定义为 void。

② 函数名：函数名是用户为自定义函数取的名字，以便调用函数时使用，它的取名规则与变量的命名规则一样。

③ 形式参数表：形式参数表用于给出在主调函数与被调用函数之间进行数据传递的形式参数。形式参数类型必须加以说明。如果函数没有参数传递，在定义时，参数形式可以没有或用 void 说明，但是括号一定不能省略。

【例 3-3】 定义一个返回两个整数的最大值的函数 max。

```
int   max(int   x,int   y)
{
int   z;
z=x>y?x:y;
return（z）;
}
```

也可以写成这样：

```
int   max(x,y)
int   x,y;
{
int   z;
z=x>y?x:y;
return（z）;
}
```

④ 局部变量定义：局部变量定义是对函数内部使用的局部变量进行定义。

⑤ 函数体语句：函数体语句是为完成函数的特定功能而设置的语句。

⑥ "reentrant" 修饰符：这个修饰符用于把函数定义为可重入函数。所谓可重入函数就是允许被递归调用的函数。函数的递归调用是指当一个函数正被调用尚未返回时，又直接或间接调用函数本身。一般的函数不能做到这样，只有重入函数才允许递归调用。

⑦ "interrupt m" 修饰符："interrupt m" 是 Keil C51 函数中非常重要的一个修饰符，这是因为中断函数必须通过它进行修饰。在 C51 程序设计中，当函数定义时用了 "interrupt m" 修饰符，系统编译时把对应函数转化为中断函数，自动加上程序头段和尾段，并按 MCS-51 系统中断的处理方式自动把它安排在程序存储器中的相应位置。 关于中断使用函数方法，参见项目 4。

⑧ "using   n" 修饰符

"using   n" 修饰符用于指定本函数内部使用的工作寄存器组，其中 *n* 的取值为 0~3，表示寄存器组号。

3.3.3.3 函数的调用与声明

（1）函数的调用

函数调用就是在一个函数体中引用另外一个已经定义的函数，前者称为主调用函数，后者称为被调用函数，函数调用的一般形式如下：

函数名（实参列表）；

对于有参数的函数调用，若实参列表包含多个实参，则各个实参之间用逗号隔开。实参与形参顺序对应，个数应相等，类型应一致。

按照函数调用在主调函数中出现的位置，函数调用方式有以下三种。

① 函数语句。把被调用函数作为主调用函数的一个语句。

② 函数表达式。函数被放在一个表达式中，以一个运算对象的方式出现。这时的被调用函数要求带有返回语句，以返回一个明确的数值参加表达式的运算。

③ 函数参数。被调用函数作为另一个函数的参数。

（2）自定义函数的声明

在 Keil C51 中，函数原型一般形式如下：

[extern]　函数类型　函数名（形式参数表）；

函数的声明是把函数的名字、函数类型以及形参的类型、个数和顺序通知编译系统，以便调用函数时系统进行对照检查。函数的声明后面要加分号。

如果声明的函数在文件内部，则声明时不用"extern"；如果声明的函数不在文件内部，而在另一个文件中，声明时须带"extern"，指明使用的函数在另一个文件中。

【例 3-4】 函数的使用。

```
#include   <reg52.h>          //包含特殊功能寄存器库
#include   <stdio.h>          //包含 I/O 函数库
int   max(int  x,int   y);    //对 max 函数进行声明
void main(void)               //主函数
{
   int   a,b;
   SCON=0x52;                 //串口初始化
   TMOD=0x20;
   TH1=0xF3;
   TR1=1;
   scanf("please input a,b:%d,%d",&a,&b);
   printf("\n");
   printf("max is:%d\n",max(a,b));   //函数调用，参数为 a、b,函数的返回值作输出值
   while(1);
}
int   max(int  x,int   y)
{
   int   z;
   z=(x>=y?x:y);
   return(z);
}
```

> **函数定义** int max(int x,int y)表明函数带两个整型参数 x、y，返回值也是整型的

【例 3-5】 外部函数的使用。

//程序 serial_initial.c，没有定义主函数 main

```
#include   <reg52.h>   //包含特殊功能寄存器库
```

```
#include    <stdio.h>              //包含 I/O 函数库
void serial_initial(void)          //串口初始化函数定义
{
SCON=0x52;                         //串口初始化
TMOD=0x20;
TH1=0xF3;
TR1=1;
}
//程序 y1.c
#include    <reg52.h>              //包含特殊功能寄存器库
#include    <stdio.h>              //包含 I/O 函数库
extern    serial_initial();        //串口初始化函数声明，由于函数在外部定义，所以使用
                                   //extern 关键字进行声明

void    main(void)
{
int    a,b;
serial_initial();                  //函数调用，不带参数的函数调用
scanf("please input a,b:%d,%d",&a,&b);
printf("\n");
printf("max is:%d\n",a>=b?a:b);
while(1);
}
```

新建项目，将 serial_initial.c 和 y1.c 同时加入项目中进行编译、调试。

3.3.4　程序流程图设计工具 Visio 2007

3.3.4.1　Visio 2007 软件简介

Visio 2007 是 Microsoft Office 软件的一个子软件。Microsoft Office Visio 2007 是面向商务和技术专业人员的一种图表绘制工具，这些人员通常需要对信息进行快速简单的可视化、分析和交流。借助 Visio 2007，创建业务流程图、价值流图、TQM 图、工作流程图和因果图等各种图表变得轻而易举。因此，在进行单片机编程分析的时候，常采用 Visio 2007 软件来设计程序流程图。

3.3.4.2　Visio 2007 设计程序流程图操作

（1）标准的流程图符号

见表 3-1。

表 3-1　标准的流程图符号表

形状	名称	含　义
	端点、中断	标准流程的开始与结束，每一流程图只有一个起点
	处理	要执行的处理

形状	名称	含　义
菱形	判断	决策或判断
文档形	文档	以文件的方式输入/输出
箭头	流向	表示执行的方向与顺序
平行四边形	数据	表示数据的输入/输出
圆形	联系	同一流程图中从一个进程到另一个进程的交叉引用

（2）Visio 2007 设计流程图步骤

① 创建流程图。

② 移动形状和调整形状的大小。

③ 添加文本。

④ 连接形状。

⑤ 设置形状格式。

⑥ 保存和打印流程图。

（3）流程图设计应用演练

① 单击"开始"→"所有程序"，选择"Microsoft Office"中的"Visio 2003/2007"并打开。如图 3-7 所示。

图 3-7　启动 Visio 2003/2007

② 单击"文件"→"新建"→"流程图"，选择"基本流程图"。如图 3-8 所示。

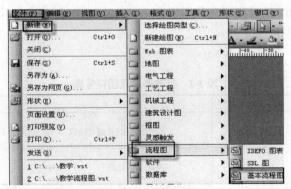

图 3-8　新建流程图

③ 把绘制流程图所需"形状"拖拽到绘图区。如图 3-9 所示。

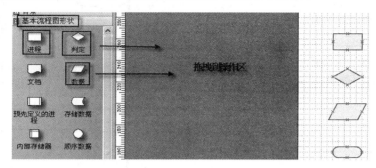

图 3-9　拖拽形状到绘图区

④ 选择"连接线工具"进行连线绘制。如图 3-10 所示。

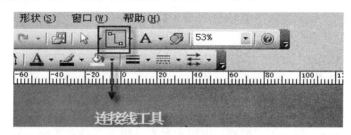

图 3-10　连线工具选择

⑤ 选择箭头方向，绘制连接线。如图 3-11 所示。

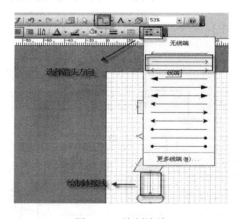

图 3-11　绘制连线

注意：

a. 在绘制连接线的时候，如果线有倾斜，可以放大比例进行微调。

b. 由于动态连接线是可以 90° 进行变向的，所以如果需要直线的话，可以采用 ✐ 直线-曲线连接线
工具，先画一条曲线，再使用鼠标将其调整为一条直线。

c. 不需要连接线的时候，点击指针工具"↖"回到移动状态。

⑥ 如图 3-12（a）所示的流程图，绘制后全部选中（Ctrl+A 键）进行复制，然后粘贴到
Word 中就完成了流程图的制作。粘贴到 Word 文档中后，双击就可以在 Word 文档里进行编
辑操作，单击图形区域外就可结束编辑，非常方便。如图 3-12（b）所示。

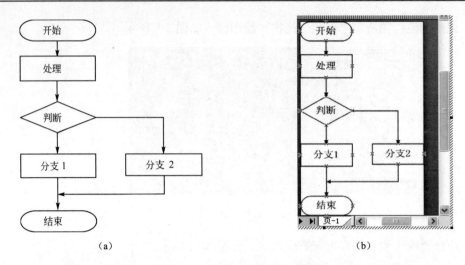

（a）　　　　　　　　　　　　　　（b）

图 3-12　绘制分支结构流程图

3.4　项目实施

（1）硬件仿真电路图设计

以 AT89C51 为控制器，加上电容、电阻、发光二极管等器件构成单片机控制 8 只发光二极管的流水灯控制电路，器件名称如图 3-13 所示，电路图如图 3-14 所示。

（2）程序设计

① 程序设计思路。在图 3-14 中，8 只发光二极管采用共阳极接

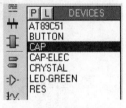

图 3-13　元器件列表

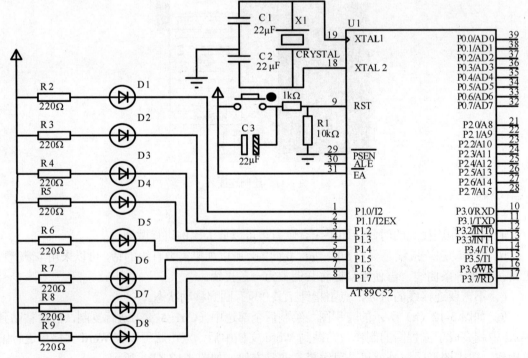

图 3-14　流水灯控制电路

法，接到单片机的并行接口 P1 口，在单片机的 P1 口某个引脚端送"0"点亮对应发光二极管，送"1"熄灭对应发光二极管。采用字节操作，通过依次向 P1 口输出表 3-2 最右边 1 列数据，再调用软件延时函数"delay(unsigned int　i)"（参数无符号整型可以实现 0~65535ms 的延时）延时 0.5s，就能实现 8 只发光二极管的流水灯控制。

表 3-2　P1 口引脚的电平状态

显示状态	单片机引脚输出数据								P1 口输出数据
	P1.7	P1.6	P1.5	P1.4	P1.3	P1.2	P1.1	P1.0	
复位状态（全灭）	1	1	1	1	1	1	1	1	FFH
状态 1（D1 亮）	1	1	1	1	1	1	1	0	FEH
状态 2（D2 亮）	1	1	1	1	1	1	0	1	FDH
状态 3（D3 亮）	1	1	1	1	1	0	1	1	FBH
状态 4（D4 亮）	1	1	1	1	0	1	1	1	F7H
状态 5（D5 亮）	1	1	1	0	1	1	1	1	EFH
状态 6（D6 亮）	1	1	0	1	1	1	1	1	DFH
状态 7（D7 亮）	1	0	1	1	1	1	1	1	BFH
状态 8（D8 亮）	0	1	1	1	1	1	1	1	7FH

② 程序编写。

a．建立项目文件，选择 CPU 型号并保存。

b．建立 C 源程序，输入以下程序，存盘为 xm3_1.c，并将其加入到项目文件中。

方法 1：

```
/*程序：xm3_1.c */
/*功能：流水灯控制程序*/
//功能：采用顺序结构实现的流水灯控制程序
#include <reg51.h>        //包含头文件 reg51.h，定义了 MCS-51 单片机的特殊功能寄存器
void delay(unsigned int i);        //延时函数声明
void main()                        //主函数
{
    while(1) {
            P1=0xFE;           //点亮第 1 个发光二极管
            delay(500);        //延时 0.5s
            P1=0xFD;           //点亮第 2 个发光二极管
            delay(500);        //延时 0.5s
            P1=0xFB;           //点亮第 3 个发光二极管
            delay(500);        //延时 0.5s
            P1=0xF7;           //点亮第 4 个发光二极管
            delay(500);        //延时 0.5s
            P1=0xEF;           //点亮第 5 个发光二极管
            delay(500);        //延时 0.5s
            P1=0xDF;           //点亮第 6 个发光二极管
            delay(500);        //延时 0.5s
            P1=0xBF;           //点亮第 7 个发光二极管
            delay(500);        //延时 0.5s
```

```
            P1=0x7F;                //点亮第 8 个发光二极管
            delay(500);             //延时 0.5s
        }
}
```
//函数名：delay
//函数功能：实现软件延时
//形式参数："unsigned int i;"
//i 控制空循环的外循环次数，共循环 i*124 次，实现 i*1ms 延时
//返回值：无
```
void   delay(unsigned int i)        //延时函数，无符号整型变量 i 为形式参数
{
    unsigned int j,k;               //定义无符号字符型变量 j 和 k
    for(k=0;k<i;k++)                //双重 for 循环语句实现软件延时
      for(j=0;j<124;j++);           //采用 12MHz 晶振，则此循环的时间约为 1ms
}
```
方法 2：在项目中移除 xm3_1.c，加入 xm3_2.c
//程序：xm3_2.c
//功能：采用循环结构结合移位指令实现的流水灯控制程序
```
#include <reg51.h>                  //包含头文件 reg51.h
void delay(unsigned int i);         //延时函数声明
void main()                         //主函数
{
    unsigned char i,w;
    while(1) {
            w=0x01;                 // 信号灯显示字初值为 01H
            for(i=0;i<8;i++)
            {
                P1=~w;              // 显示字取反后，送 P1 口
                delay(500);         // 延时
                w<<=1;              // 显示字左移一位
            }
            //在此写一个 for 循环，实现反方向的流水灯
        }
}
```
//函数名：delay
//函数功能：实现软件延时
//形式参数："unsigned int i;"
//i 控制空循环的外循环次数，共循环 i*124 次，实现 i*1ms 延时
//返回值：无
```
void   delay(unsigned int i)        //延时函数，无符号整型变量 i 为形式参数
{
    unsigned int j,k;               //定义无符号字符型变量 j 和 k
```

```
        for(k=0;k<i;k++)                    //双重 for 循环语句实现软件延时
            for(j=0;j<124;j++);             //采用 12MHz 晶振，则此循环的时间约为 1ms
}
```

方法 3：在项目中移除 xm3_2.c，加入 xm3_3.c

```
//程序：xm3_3.c
//功能：采用数组实现的流水灯控制程序
#include <reg51.h>                          //包含头文件 reg51.h
void delay(unsigned int i);                 //延时函数声明
void main()                                 //主函数
{
    unsigned char i;
    unsigned char display[]={0xFE,0xFD,0xFB,0xF7,0xEF,0xDF,0xBF,0x7F};
    while(1) {
            for(i=0;i<8;i++)
            {
                P1=display[i];      // 显示字送 P1 口
                delay(500);         //延时
            }
        //在此写一个 for 循环，实现反方向的流水灯
            }
}
//函数名：delay
//函数功能：实现软件延时
//形式参数：unsigned int   i;
//i 控制空循环的外循环次数，共循环 i*124 次，实现 i*1ms 延时
//返回值：无
void   delay(unsigned int   i)              //延时函数，无符号整型变量 i 为形式参数
{
    unsigned int j,k;                       //定义无符号字符型变量 j 和 k
    for(k=0;k<i;k++)                        //双重 for 循环语句实现软件延时
        for(j=0;j<124;j++);                 //采用 12MHz 晶振，则此循环的时间约为 1ms
}
```

③ 进行项目文件设置，设置晶振频率为 12MHz 和勾选生成"CREATE HEX"文件。

④ 编译项目文件，修改程序中的语法错误和逻辑错误，重新生成"HEX"文件。

（3）仿真调试

① 在 Proteus 电路图上双击单片机加载生成的 HEX 文件，开始进行仿真。

② 修改程序或者电路图的错误并重新仿真验证。

（4）完成发挥功能

① 完成发挥功能 a 和 b 并画出发挥功能的电路图。

② 编写发挥功能 a 和 b 的控制程序。

（5）实战训练

① 准备以下材料、工具（表 3-3），使用面包板搭建硬件电路并测试。

表 3-3　项目设备、工具、材料表

类型	名称	型号	数量	备注
设备	示波器	20MHz	1	
	万用表	普通	1	
工具	电烙铁	普通	1	
	斜口钳	普通	1	
	镊子	普通	1	
	Keil C51 软件	2.0 版以上	1	
	Proteus 软件	7.0 版以上	1	
	STC 下载软件	ISP 下载	1	
器件	51 系列单片机	AT89C51 或 STC89C51/52	1	
	单片机座子	DIP40	1	
	晶振	12MHz	1	
	瓷片电容	22pF	2	
	电解电容	22μF/16V	1	
	电阻	10kΩ	1	
	电阻	220Ω	16	
	电源	直流 400mA/5V 输出	1	
	发光二极管	ϕ3mm	16	
	按键		1	
材料	焊锡		若干	
	面包板	4cm×10cm	1	
	导线	ϕ0.8mm 多芯漆包线	若干	

② 使用 STC 下载工具下载程序到单片机，调试软硬件出现正确控制效果。

思考与练习

1. 选择题。

（1）MCS-51 系列单片机共有（　　　）个并行 I/O 接口。

　　A. 2　　　　　　B. 4　　　　　　C. 6　　　　　　D. 8

（2）MCS-51 系列单片机的并行 I/O 接口中，当作为通用 I/O 端口使用，在输出数据时，必须外接上拉电阻的是（　　　）。

　　A. P0 口　　　　B. P1 口　　　　C. P2 口　　　　D. P3 口

（3）一个 C51 程序，包含（　　　）个主函数。

　　A. 2　　　　　　B. 4　　　　　　C. 1　　　　　　D. 3

（4）一个 C51 程序，总是从（　　　）开始执行的。

　　A. 主函数　　　　B. 子函数　　　　C. 主程序　　　　D. 子程序

（5）在 C51 语言中，引用数组元素时，其数组下标的数据类型允许是（　　　）。

　　A. 整型常量　　B. 整形表达式　　C. 整型常量或整形表达式　　D. 任何类型的表达式

（6）下面是一维数组 s 的初始化，其中不正确的是（　　　）。

　　A. char　s[5]={"abc1"};　　　　　　　B. char　s[5]={ 'a' , 'b' , 'c' };

　　C. char　s[5]="abcdefg";　　　　　　D. char　s[5]="";

2. 填空题。

（1）单片机的 I/O 接口，当外部扩展存储器时，分时复用作数据线和低 8 位地址线的是_____；具有第二功能的端口是_____；能够提供高 8 位地址的是_____；主要用于输入/输出功能的是_____。

（2）MCS-51 系列单片机的并行 I/O 接口中，用编程访问 I/O 接口，可以按照_____寻址操作，还可以按照_____操作。

（3）一个 C51 程序都是由_____个主函数 main 和_____个子函数构成，程序由_____开始执行，最终由_____结束。

（4）在 C51 语言中，字符数组用于存放一组字符或字符串，字符串以_____作为结束符，只存放一般字符的字符数组的赋值与使用和一般的数组完全相同。

3. 连线题。

MCS-51 系列单片机的并行 I/O 接口中，P3 口具有第二功能，请将 P3 口引脚的第二功能连接正确。

P3.0	T0
P3.1	T1
P3.2	RXD
P3.3	$\overline{WR}$
P3.4	$\overline{INT0}$
P3.5	$\overline{RD}$
P3.6	TXD
P3.7	$\overline{INT1}$

4. 什么是数组？数组分类有哪些？请描述一维数组的定义形式？

5. 编一个软件延时函数，假定选用晶振频率为 6MHz，要求延时 0.2s。

6. 硬件设计使得单片机 P1 和 P2 口分别接 8 只发光二极管，采用共阴极接法，共 16 只发光二极管，要求采用两种方法编程实现两个 I/O 接口按照表 3-4 方式依次点亮发光二极管，时间间隔 0.2s。其中，○ ⟶ 指熄灭，● ⟶ 指点亮。

表 3-4　思考与练习 6 表

序号	二极管点亮顺序 ⟶	
	P1 口	P2 口
1	○ ○ ○ ○ ○ ○ ● ●	○ ○ ○ ○ ○ ○ ○ ○
2	○ ○ ○ ○ ● ● ● ●	○ ○ ○ ○ ○ ○ ○ ○
3	○ ○ ○ ● ● ● ● ●	● ● ● ○ ○ ○ ○ ○
4	○ ● ● ● ● ● ● ●	● ● ● ● ● ○ ○ ○
5	● ● ● ● ○ ○ ○ ○	● ● ● ● ● ● ● ●
6	○ ● ● ● ● ● ○ ○	● ● ● ● ● ● ● ●
7	○ ○ ● ● ● ● ● ○	● ● ● ● ● ○ ○ ○
8	○ ○ ○ ● ● ● ○ ○	○ ● ● ● ● ○ ○ ○
9	○ ○ ○ ○ ○ ● ● ○	○ ○ ○ ● ○ ○ ○ ○

项目 4　设计制作产品计数器

4.1　学习目标

① 会描述中断及中断的相关概念。
② 会分析、设置单片机的中断允许控制字 IE、中断优先级控制字 IP。
③ 会编写中断服务函数。
④ 学会 8 段数码管控制，利用数码管显示数字。
⑤ 初步学会使用 LED 点阵显示信息。

4.2　项目描述

（1）项目名称
单片机产品计数器。
（2）项目要求
① 制作一个生产线上统计产品数量的计数器。使用光电传感器检测，AT89C51 作为主控芯片，采用 LED 数码管显示数目。
② 发挥功能
a. 增加 2 个按键，功能分别为开始/暂停和清零。
b. 如果接近开关是测量电动机转速的光电开关，电动机转动 1 圈，传感器发出 10 个脉冲，要将软硬件修改为转动圈数的显示需要进行怎样的处理？
（3）项目分析
计数器在生产线的应用原理图如图 4-1 所示。当工件接近光电传感器时，光电传感器产生一个电平变化，单片机接收到检测电平变化后使计数值增加 1，并在 LED 数码管上显示。

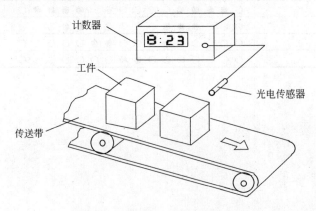

图 4-1　计数器在生产线上的应用

4.3　相关知识

4.3.1　单片机中断系统

4.3.1.1　中断及相关的概念

在日常生活中，中断的例子很常见，如一个人正在看书，有电话或有人敲门都可以打断读书的状态，接了电话或开门后返回继续看书，就是一个中断。

在计算机中，由于计算机内部、外部的原因或软硬件的原因，使 CPU 暂停当前正在执行的程序，而自动转去执行预先安排好的为处理该原因所对应的服务程序，执行完服务程序后，再返回被暂停的位置继续执行原来的程序，这个过程就称为"中断"。实现中断的硬件系统和软件系统称为中断系统。关于中断，有以下概念需要理解。

① 中断源与中断请求：引起中断的原因，或能发出中断申请的来源，称为中断源。中断源要求服务的请求称为中断请求（或中断申请）。

② 主程序和中断服务程序：原来正常运行的程序称为主程序；CPU 响应中断后，转去执行相应的处理程序，该处理程序通常称之为中断服务程序。

③ 断点：主程序被断开的位置（或地址）称为断点。

④ 中断优先级控制：同时有几个中断源申请中断的时候，控制先响应哪一个中断。

⑤ 中断允许和中断屏蔽：CPU 对中断的响应，主要受中断允许和中断屏蔽的控制，如果某个中断源被系统设置为屏蔽状态，则无论中断源是否有中断请求，都不会响应；当中断源被设置为允许状态，有中断请求时，CPU 才会响应，此外，当有高优先级的中断正在响应时，会屏蔽低优先级中断。

⑥ 中断响应和返回：有中断请求，且中断被允许，CPU 响应中断，执行中断服务程序，完成中断服务后返回主程序继续执行，叫中断响应和返回。

注意：以上中断相关的概念，可以和中断的过程结合起来理解和记忆。

中断的过程如图 4-2 所示。

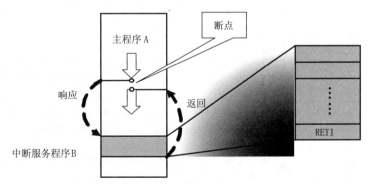

图 4-2　中断过程

4.3.1.2　中断的应用

① 同步工作 CPU 可以启动多个外设同时工作，提高 CPU 的效率。

② 故障、异常处理，如掉电、存储出错、运算溢出的处理。

③ 实时处理、实时监控。

4.3.1.3　MCS-51 中断系统的结构

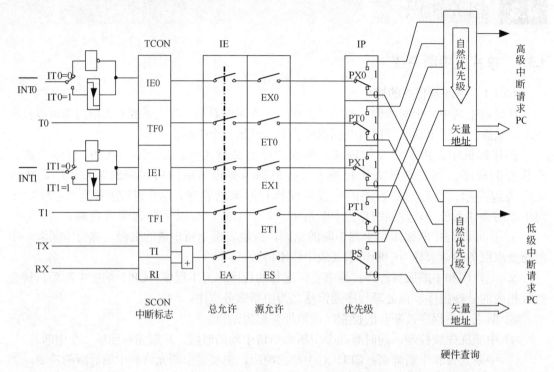

图 4-3　MCS-51 中断系统的结构

如图 4-3 所示，MCS-51 单片机中断系统由 5 个中断源，定时器/计数器中断控制寄存器 TCON、串行口控制寄存器 SCON、中断允许寄存器 IE、中断优先级寄存器 IP、中断查询电路组成。

（1）中断源

MCS-51 单片机有 5 个中断源：两个外部中断源如 $\overline{INT0}$ 和 $\overline{INT1}$；两个定时器/计数器（T0 和 T1）的溢出中断 TF0、TF1；1 个串行口发送 TI 或接收 RI 中断。如表 4-1 所示。

表 4-1　51 单片机的 5 个中断源

编号	中断源		说　　明
1	外部中断 0 请求	$\overline{INT0}$	通过 IT0 位（TCON.0）决定是低电平有效（IT0= 0）还是下降沿有效（IT0 = 1）。由 P3.2 引脚输入，一旦输入信号有效，即向 CPU 申请中断，并建立 IE0（TCON.1）中断标志
2	外部中断 1 请求	$\overline{INT1}$	通过 IT1 位（TCON.2）决定是低电平有效（IT1= 0）还是下降沿有效（IT1 = 1）。由 P3.3 引脚输入，一旦输入信号有效，即向 CPU 申请中断，并建立 IE1（TCON.3）中断标志
3	T0 溢出中断请求	TF0	当 T0 产生溢出时，T0 溢出中断标志位 TF0（TCON.5）置位（由硬件自动执行），请求中断处理
4	T1 溢出中断请求	TF1	当 T1 产生溢出时，T1 溢出中断标志位 TF1（TCON.7）置位（由硬件自动执行），请求中断处理
5	串行口中断请求	RI 或 TI	当单片机串口接收或发送完一个串行数据帧时，内部串行口中断请求标志位 RI（SCON.0）或 TI（SCON.1）置位（由硬件自动执行），请求中断

（2）中断标志

每个中断源有一个中断标志，分别在定时器/计数器中断控制器 TCON 和串行口控制寄存器 SCON 中。中断标志如表 4-2 所示。

表 4-2　中断标志位

中断标志位		位名称	说　明
外部中断 0 标志	IE0	TCON.1	IE0＝1，外部中断 0 向 CPU 申请中断
外部中断 1 标志	IE1	TCON.3	IE1＝1，外部中断 1 向 CPU 申请中断
T0 溢出中断标志	TF0	TCON.5	T0 被启动计数（开始对时钟脉冲或外部脉冲计数）后，从初值开始加 1 计数，计满溢出后由硬件置位 TF0，同时向 CPU 发出中断请求，此标志一直保持到 CPU 响应中断后才由硬件自动清 0。也可由软件查询该标志，并软件清 0
T1 溢出中断标志	TF1	TCON.7	T1 被启动计数（开始对时钟脉冲或外部脉冲计数）后，从初值开始加 1 计数，计满溢出后由硬件置位 TF1，同时向 CPU 发出中断请求，此标志一直保持到 CPU 响应中断后才由硬件自动清 0。也可由软件查询该标志，并由软件清 0
串行口接收中断标志	RI	SCON.0	当串行口允许接收时，每接收完一个串行帧，硬件都使 RI 置位；同样，CPU 在响应中断时不会自动清除 RI，必须由软件清除
串行口发送中断标志	TI	SCON.1	CPU 将数据写入发送缓冲器 SBUF 时，启动发送，每发送完一个串行帧，硬件都使 TI 置位；但 CPU 响应中断时并不自动清除 TI，必须由软件清除

当中断源申请中断，中断标志由硬件置位，中断响应后，必须及时清除 TCON、SCON 中的已响应中断请求标志，否则会引起中断的重复查询和响应。

① 外部中断请求的撤销。

a．对于边沿触发方式：由于触发信号过后就消失，撤销自然也就是自动的。

b．对于电平触发方式：需通过软硬件结合的方法来实现撤销。

② 定时中断请求的撤销：定时中断后，硬件自动清"0"。

③ 串行中断请求的撤销：不能自动清"0"，须用软件的方法在中断服务子程序中进行清"0"。

（3）中断的允许和屏蔽（表 4-3）

MCS-51 单片机的 5 个中断源都是可屏蔽中断，中断系统内部设有一个专用寄存器 IE，用于控制 CPU 对各中断源的允许或屏蔽。IE 寄存器格式如下：

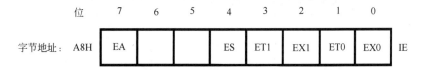

表 4-3　中断允许控制寄存器 IE

中断允许位		位名	说　明
EX0	$\overline{INT0}$ 中断允许位	IE.0	EX0＝1，允许外部中断 0 中断；EX0＝0，屏蔽外部中断 0 中断
ET0	T0 中断允许位	IE.1	ET0＝1，允许 T0 中断；ET0＝0，屏蔽 T0 中断
EX1	$\overline{INT1}$ 中断允许位	IE.2	EX1＝1，允许外部中断 1 中断；EX1＝0，屏蔽外部中断 1 中断
ET1	T1 中断允许位	IE.3	ET1＝1，允许 T1 中断；ET1＝0，屏蔽 T1 中断
ES	串行口中断允许位	IE.4	ES＝1，允许串行口中断；ES＝0 屏蔽串行口中断
EA	总中断允许控制位	IE.7	EA＝1，开放所有中断；EA＝0，屏蔽所有中断

例如：允许外部中断 0 中断，则 IE=0x81；或者 EA=1、EX0=1。

允许 T0 中断，则 IE=0x82；或者 EA=1、ET0=1。

（4）中断优先级

位	7	6	5	4	3	2	1	0	
字节地址：B8H				PS	PT1	PX1	PT0	PX0	IP

MCS-51 单片机有两个中断优先级：高优先级和低优先级。

每个中断源都可以通过设置中断优先级寄存器 IP 确定为高优先级中断或低优先级中断，实现两级嵌套。同一优先级别的中断源可能不止一个，因此，也需要进行优先级排队。同一优先级别的中断源采用自然优先级。

自然优先级顺序（由高到低）：外部中断 0→T0→外部中断 1→T1→串行口中断。

中断优先级寄存器 IP 用于锁存各中断源优先级控制位。IP 中的每一位均可由软件来置 1 或清 0，1 表示高优先级，0 表示低优先级。如表 4-4 所示。

表 4-4　中断优先级寄存器 IP

中断优先级控制位		位名	说　明
PX0	外部中断 0 中断优先控制位	IP.0	PX0＝1，高优先级；PX0＝0，低优先级
PT0	T0 中断优先控制位	IP.1	PT0＝1，高优先级；PT0＝0，低优先级
PX1	外部中断 1 中断优先控制位	IP.2	PX1＝1，高优先级；PX1＝0，低优先级
PT1	定时器 T1 中断优先控制位	IP.3	PT1＝1，高优先级；PT1＝0，低优先级
PS	串行口中断优先控制位	IP.4	PS＝1，高优先级；PS＝0 低优先级

例如：

IP=0x06;//将 T0 中断和外部中断 1 设置为高优先级

（5）中断嵌套

中断系统正在执行一个中断服务时，有另一个优先级更高的中断提出中断请求，这时会暂时终止当前正在执行的级别较低的中断源的服务程序，去处理级别更高的中断源，待处理完毕，再返回到被中断了的中断服务程序继续执行，这个过程就是中断嵌套。中断嵌套如图 4-4 所示。

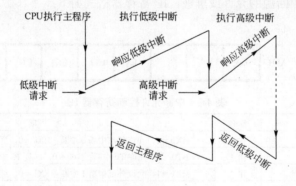

图 4-4　中断嵌套示意图

中断响应优先级原则如下。

① CPU 同时接收到几个中断时，首先响应优先级别最高的中断请求。

② 正在进行的中断过程不能被新的同级或低优先级的中断请求所中断。

③ 正在进行的低优先级中断服务，能被高优先级中断请求所中断。

为了实现上述后两条原则，中断系统内部设有两个用户不能寻址的优先级状态触发器。其中一个置 1，表示正在响应高优先级的中断，它将阻断后来所有的中断请求；另一个置 1，表示正在响应低优先级中断，它将阻断后来所有的低优先级中断请求。

4.3.1.4 中断响应过程

（1）中断响应

中断响应是指 CPU 对中断源中断请求的响应。CPU 并非任何时刻都能响应中断请求，而是在满足所有中断响应条件且不存在任何一种中断阻断情况时才会响应。

CPU 响应中断的条件如下。

① 有中断源发出中断请求。

② 总中断允许位 EA 置 1。

③ 申请中断的中断源允许位置 1。

CPU 响应中断的阻断情况如下。

① CPU 正在响应同级或更高优先级的中断。

② 当前指令未执行完。

③ 正在执行中断返回或访问寄存器 IE 和 IP。

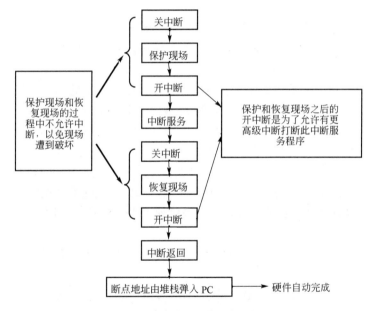

图 4-5 中断响应过程流程图

（2）中断响应时间

中断响应时间是指从中断请求标志位置位到 CPU 开始执行中断服务程序的第一条语句所需要的时间。

① 中断请求不被阻断的情况。外部中断响应时间至少需要 3 个机器周期，这是最短的中断响应时间。一般来说，若系统中只有一个中断源，则中断响应时间为 3～8 个机器周期。

② 中断请求被阻断的情况。如果系统不满足所有中断响应条件，或者存在任何一种中断阻断情况，那么中断请求将被阻断，中断响应时间将会延长。

（3）中断响应的过程

中断响应过程就是自动调用并执行中断函数的过程，如图 4-5 所示，C51 编译器支持在

C 源程序中直接以函数形式编写中断服务程序。中断函数定义形式如下：

void　函数名（）　interrupt　m　[using n]

"m" 为中断类型号，C51 编译器允许 0～31 个中断，m 取值范围为 0～31。表 4-5 给出了 8051 控制器所提供的 5 个中断源所对应的中断类型号和中断服务程序入口地址。

表 4-5　8051 控制器中断源对应的中断类型号和中断服务入口地址

中断源	m	入口地址	说　　明
外部中断 0	0	0003H	入口地址不需要记忆，但是每个中断源对应的 m 取值一定要注意记住。如果在编写对应中断函数的时候这个值不正确，则中断函数找不到入口地址，不能正确被调用
定时器/计数器 0	1	000BH	
外部中断 1	2	0013H	
定时器/计数器 1	3	001BH	
串行口	4	0023H	

"n" 为单片机工作寄存器组（又称通用寄存器组）编号，共四组，取值为 0、1、2、3。注意事项如下。

① 中断函数不能进行参数传递。

② 中断函数没有返回值。

③ 在任何情况下都不能直接调用中断函数。

④ 中断函数使用浮点运算要保存浮点寄存器的状态。

⑤ 如果在中断函数中调用了其他函数，则被调用函数所使用的寄存器必须与中断函数相同，被调函数最好设置为可重入的。

⑥ C51 编译器对中断函数编译时会自动在程序开始和结束处加上相应的内容，具体如下：在程序开始处对 ACC、B、DPH、DPL 和 PSW 入栈，结束时出栈。中断函数未加 "using n" 修饰符的，开始时还要将 R0、R1 入栈，结束时出栈。如中断函数加 "using n" 修饰符，则在开始时将 PSW 入栈后，还要修改 PSW 中的工作寄存器组选择位。

⑦ C51 编译器从绝对地址 "8m+3" 处产生一个中断向量，其中 "m" 为中断号，也即 "interrupt" 后面的数字。该向量包含一个到中断函数入口地址的绝对跳转。

⑧ 中断函数最好写在文件的尾部，并且禁止使用 "extern" 存储类型说明。防止其他程序调用。

⑨ 在设计中断时，要注意的是哪些功能应该放在中断程序中，哪些功能应该放在主程序中。

一般来说中断服务程序应该做最少量的工作，这样做有很多好处。

首先，系统对中断的反应面更宽了，有些系统如果丢失中断或对中断反应太慢，将产生十分严重的后果，这时有充足的时间等待中断是十分重要的。

其次，它可使中断服务程序的结构简单，不容易出错。中断程序中放入的东西越多，它们之间越容易起冲突。

简化中断服务程序意味着软件中将有更多的代码段，但可把这些都放入主程序中。中断服务程序的设计对系统的成败起着至关重要的作用，要仔细考虑各中断之间的关系和每个中断执行的时间，特别要注意那些对同一个数据进行操作的 ISR。

4.3.2　单片机控制 8 段 LED 显示器

在单片机应用系统中，经常用到 LED 数码管作为显示输出设备。LED 数码管显示的信息简单、清晰、亮度高，具有使用电压低、　命长、与单片机接口简单等特点，能满足数字和简单字符的显示,在单片机系统中经常用到。

4.3.2.1　LED 显示器的结构与原理

LED 显示器由数码管按一定的结构组合起来,在单片机应用系统中通常使用的是 8 段式 LED 数码管显示器,它有共阴极和共阳极两种,如图 4-6 所示。

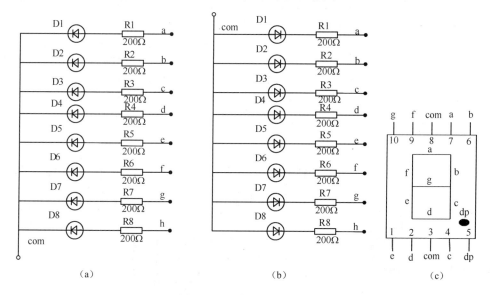

图 4-6　8 段数码管结构图

图 4-6(a)是共阴极结构,8 段发光二极管的阴极连接到一起,阳极分开控制,使用时公共端接地,若要哪个发光二极管亮,则对应的阳极接高电平;图 4-6(b)为共阳极结构,8 段发光二极管的阳极连接到一起,阴极分开控制,使用时公共端接高电平,若要哪个发光二极管亮,则对应的阴极接低电平。从本质上看,**LED 显示器就是 8 个发光二极管封装在一起形成的器件**。

在前面的项目中讲述过单发光二极管、流水灯。从这些项目中可知,采用共阴极结构,单片机控制某个发光二极管点亮,是通过对引脚送"1"实现的,熄灭则送"0"实现;共阳极的时候点亮发光二极管是通过对引脚送"0"实现的,熄灭则送"1"实现。因此,要**控制 LED 数码管显示数字或字符,就变成了控制 8 个发光二极管的亮灭状态**。

图 4-6(c)为引脚图,按照 **dp、g、f、e、d、c、b、a** 的排列顺序向引脚输入 8 位二进制数,就能显示相应的字符"笔画"。数字和常用字符的显示状态对应的二进制数字称为"段码",如表 4-6 所示。在使用的时候如果 LED 数码管是共阳极接法,则使用共阳极段码,共阴极接法则使用共阴极段码。共阴极和共阳极段码互为反码。

表 4-6　数码管字段码编码

显示字符	共阴极字段码	共阳极字段码	显示字符	共阴极字段码	共阳极字段码
0	3FH	C0H	C	39H	C6H
1	06H	F9H	D	5EH	A1H
2	5BH	A4H	E	79H	86H
3	4FH	B0H	F	71H	8EH
4	66H	99H	P	73H	8CH
5	6DH	92H	U	3EH	C1H

显示字符	共阴极字段码	共阳极字段码	显示字符	共阴极字段码	共阳极字段码
6	7DH	82H	T	31H	CEH
7	07H	F8H	Y	6EH	91H
8	7FH	80H	L	38H	C7H
9	6FH	90H	8	FFH	00H
A	77H	88H	"灭"	0	FFH
B	7CH	83H	……	……	……

例如，8 段数码管显示数字"1"，则通过单片机引脚控制点亮 b、c 两段即可，如果是共阴极接法，则段码为 06H，共阳极则段码为 F9H；如要显示数字"5"，则通过单片机引脚控制点亮 a、f、g、c、d 段，如果是共阴极接法，则段码为 6DH，共阳极则段码为 92H。如图 4-7 所示。

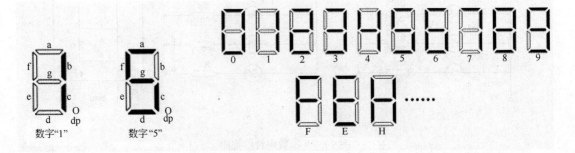

图 4-7　8 段数码管显示数字与对应段的关系图

4.3.2.2　LED 数码管显示器的译码方式和显示方式

译码方式是指由显示字符转换得到对应的字段码的方式。

（1）硬件译码方式

硬件译码方式是指利用专门的硬件电路来实现显示字符到字段码的转换。如芯片 SN74LS47N，向其 A（最低有效位）、B、C、D（最高有效位）管脚输入如表 4-7 所示的 BCD 码（二进制数），就可以得到对应的数字显示。

表 4-7　二进制表达的 BCD 码与十进制数

BCD 码	显示数字	BCD 码	显示数字	BCD 码	显示数字	BCD 码	显示数字
0000	0	0101	3	0110	6	1001	9
0001	1	0100	4	0111	7		
0010	2	0101	5	1000	8		

如果通过单片机的 P1 口控制 A~D 四个引脚，则可以使用以下语句：

P1=0x05;

就可以显示数字 5。

注意：硬件译码由于增加硬件成本，所以较少使用，可作了解。

编程练习：编程实现在图 4-8 所示的 LED 数码管上显示 0~9。

（2）软件译码方式

软件译码方式是指不采用译码芯片，以编程的方法（如查表法）得到要显示字符的段码值，控制数码管显示相应字符。按照连接方式分静态和动态显示两种。软件译码由于没有硬件开销，因而在实际系统中经常使用。

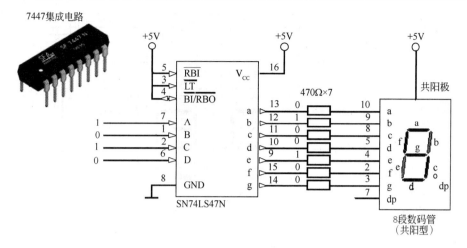

图 4-8 硬件译码电路图

（3）LED 静态显示

LED 静态显示时，其公共端直接接地（共阴极）或接电源（共阳极），各段选线分别与 I/O 口线相连。要显示字符，直接在 I/O 线送相应的字段码。如图 4-9 所示。

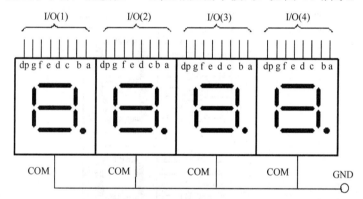

图 4-9 静态显示方式

（4）LED 动态显示方式

LED 动态显示是将所有的数码管的段选线并接在一起，用一个 I/O 口控制，公共端不是直接接地（共阴极）或接电源（共阳极），而是通过相应的 I/O 口线控制。动态显示按位轮流点亮各位数码管，即在某一时段，只让其中一位数码管"位选端"有效，并送出相应的字形显示编码。此时，其他位的数码管因"位选端"无效而都处于熄灭状态；下一时段按顺序选通另外一位数码管，并送出相应的字形显示编码；依此规律循环下去，即可使各位数码管分别间断地显示出相应的字符。这一过程称为动态扫描显示。

4.3.2.3 LED 显示器与单片机的接口

LED 显示器从译码方式上分有硬件译码方式和软件译码方式。从显示方式上分有静态显示方式和动态显示方式（图 4-10）。在使用时可以把它们组合起来。在实际应用时，如果数码管个数较少，通常用硬件译码静态显示；在数码管个数较多时，则通常用软件译码动态显示。

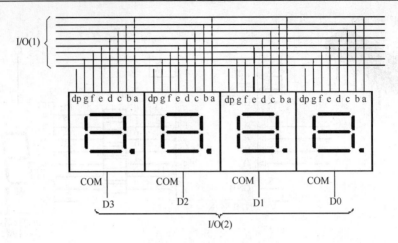

图 4-10 动态显示方式

（1）软件译码静态显示

图 4-11 所示是一个 2 位数码管软件译码静态显示的接口电路图。

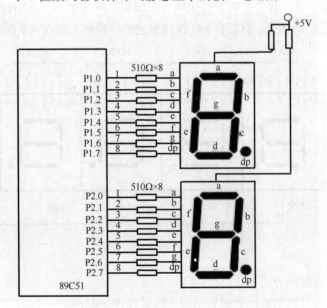

图 4-11 2 位数码管软件译码静态显示接口电路

使用语句"P1=0x80；"可在上面的数码管上显示"8"。

使用语句"P2=0xC0；"可在下面的数码管上显示"0"。

编程练习：编程实现在图 4-11 数码管上显示 0~99，数字每 0.5s 加 1。

（2）软件译码动态显示

【例 4-1】 图 4-12 所示是一个 6 位软件译码动态显示的接口电路图，数码管为共阴极。
P1 口通过一个八同相三态缓冲器/线驱动器 74LS245 驱动后接数码管的字段引脚（a~g,dp），
P2 口的 P2.0~P2.5 连接 1 个 6 门反相驱动器 74LS04 驱动，反相器输出端分别接数码管位选
引脚(Com0~ Com5)。

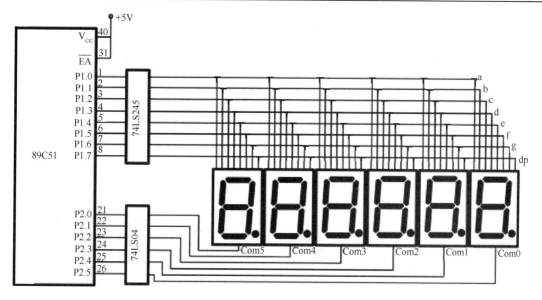

图 4-12　六位数码管动态显示

软件译码动态显示 C51 程序为：

```c
#include   <reg51.h>
#define   uchar   unsigned   char
#define   uint   unsigned   int
uchar code   codevalue[16]={0x3F,0x06,0x5B,0x4F,0x66,0x6D,0x7D,0x07,0x7F,0x6F,
                  0x77,0x7C,0x39,0x5E,0x79,0x71};          //0~F 的字段码表
uchar code   chocode[8]={0xFE,0xFD,0xFB,0xF7,0xEF,0xDF,0xBF,0x7F}; //位选码表
uchar   disbuffer[6]={0,1,2,3,4,5};              //定义显示缓冲区
//***********延时函数***********
void   delay(uint   i)                          //延时函数
{uint   j;
for   (j=0;j<i;j++){}
}
//**********显示函数
void   display(void)
{
uchar   i,p,temp;
for   (i=0;i<6;i++)
    {
    p=disbuffer[i];                          //取当前显示的字符
    temp=codevalue[p];                       //查得显示字符的字段码
    P1=temp;                                 //送出字段码
    temp=~chocode[i];                        //取当前的位选码
    P2=temp;                                 //送出位选码
    delay(20);                               //延时 1ms
```

```
        P2=0x00;                                    //关闭显示
            }
        }

    void    main(void)
    {
        while(1)
        {
        display();                                   //调用显示函数
        }
    }
```

思考：

① 如果要显示"ABCDEF"，如何修改程序？

② 如果要显示一个范围在 0~4.998V 之间的电压值，如何修改程序？

*4.3.3　单片机控制 LED 点阵显示器

　　LED 点阵显示器能够显示文字、图形、图像、动画等，是广告　传、新　传　的有力工具。LED 点阵显示器屏幕根据要求可以做成户外广告　，也可以做成普通的显示，应用十分广泛。实物如图 4-13（a）所示，引脚如图 4-13（b）所示。

　　LED 点阵显示器是把很多 LED 发光二极管按矩阵方式排列在一起，通过对每个 LED 进行发光控制，完成各种字符或图形的显示。最常见的 LED 点阵显示模块有 5×7（5 列 7 行）、7×9（7 列 9 行）、8×8（8 列 8 行）结构。

　　LED 点阵由一个一个的点（LED 发光二极管）组成，总点数为行数与列数之积，引脚数为行数与列数之和。

(a)

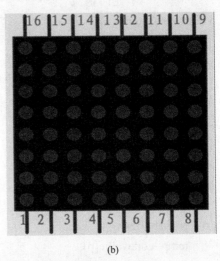
(b)

图 4-13　LED 点阵图

　　8×8 点阵屏的内部电路原理图如图 4-14 所示。点阵屏有两个类型，一类为共阴极[图 4-14（a）]，另一类则为共阳极[图 4-14（b）]，图 4-14 给出了两种类型的内部电路原理及相应的管脚图。

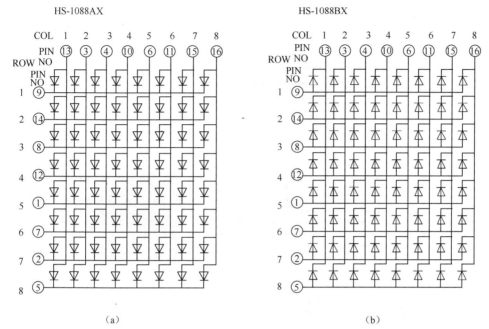

图 4-14　LED 阵列内部结构图

LED 点阵的显示方式是按显示编码的顺序，一行一行地显示。每一行的显示时间大约为 4ms，由于人类的视觉暂留现象，将感觉到 8 行 LED 是在同时显示的。若显示的时间太短，则亮度不够；若显示的时间太长，将会感觉到闪烁。若使用共阳极 LED 点阵，可以采用高电平逐行扫描，低电平输出显示信号，即轮流给行信号输出高电平，在任意时刻只有一行发光二极管是处于可以被点亮的状态，其他行都处于熄灭状态。

例如共阳极屏，如果要显示一个"大"字，则 8×8 的点阵需要点亮的位置如图 4-15 所示（点亮的位置用黑点表示）。

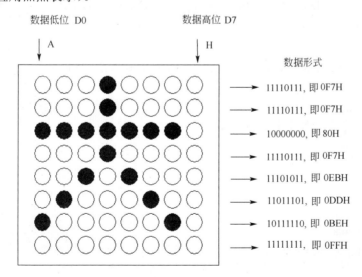

图 4-15　显示"大"字示意图

显示字过程如下：先给第一行送高电平，同时给列送 0xF7，然后给第二行送高电平，同时给列送 0xF7……最后给第 8 行送高电平，同时给列送 0xFF。每行点亮 4ms，利用视觉暂留效果，就可以看到一个稳定的字了。

图 4-16 所示是利用 Proteus 仿真 8×8 点阵，实现显示"大"字。元件清单见图 4-17。

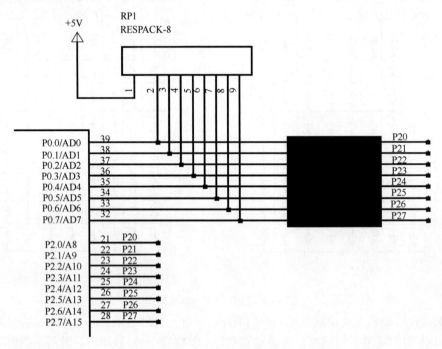

图 4-16　LED 点阵和单片机的接口电路图

参考程序如下：

```
#include <reg51.h>
// "大" 字的字形码
unsigned char code led[]={0xF7,0xF7,0x80,0xF7,0xEB,0xDD,0xBE,0xFF};
//行选择码
unsigned char code hang[]={0x01,0x02,0x04,0x08,0x10,0x20,0x40,0x80};
//函数名：delay
//函数功能：采用软件实现延时约 4ms
//形式参数：无
//返回值：无
void delay()
{
    unsigned char   i;
        for(i=0;i<0x40;i++);
}
void main()
{
```

图 4-17　元件清单

```
unsigned char i;
while(1)
{
    for(i=0;i<8;i++)
      {
          P0=hang[i];
          P2=led[i];
          delay();
          P2=0xFF; //关闭 LED 点阵，防止出现重影
      }
  }
}
```

4.4　项目实施

（1）项目电路图

在电路图中，利用 4 个数码管显示数量，P2 口输出数码管字段码，P1.0~1.3 输出字位码，使用 1Hz 频率计模拟光电传感器，利用外部中断 0 接收频率计发送来的信号。AT89C51 进行计数并显示数目。元件清单见图 4-18，电路图见图 4-19 。

图 4-18　元件清单

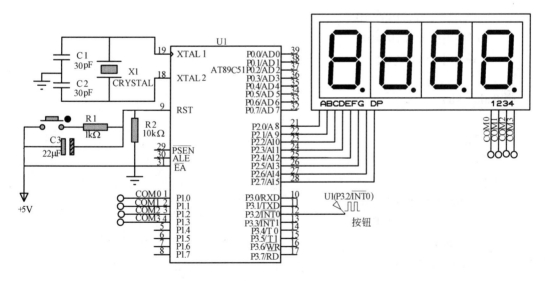

图 4-19　产品计数器电路图

（2）程序设计

利用外部中断接收计数信息，设置一个变量"count"，每次中断把"count"加 1，然后利用数码管显示出"count"的数值。

参考程序如下：

//xm4_1.c　使用外部中断完成单片机产品计数并显示功能

```c
#include<reg51.h>
#define uchar unsigned char
#define uint unsigned int
#define ziwei P1
#define ziduan P2
uchar code Led[]={0xc0,0xF9,0xA4,0xB0,0x99,0x92,0x82,0xF8,0x80,0x90};
uchar code hang[]={0x01,0x02,0x04,0x08};
uchar buffer[4];
uint count;
//函数名：delay
//函数功能：采用软件实现延时约 4ms
//形式参数：无
//返回值：无
void delay()
{
    unsigned char   i;
    for(i=0;i<0x40;i++);
}
void num()
{
    buffer[0]=count/1000;
    buffer[1]=count/100%10;
    buffer[2]=count/10%10;
    buffer[3]=count%10;
}
void xianshi()
{
    uchar i;
    for(i=0;i<4;i++)
    {
        ziwei=hang[i];
        ziduan=Led[buffer[i]] ;
        delay();
        ziwei=0x00;
    }
}
void main()
{
    count=0;
    IT0=1;
    EA=1;
```

```
        EX0=1;
        while(1)
        {
            num();
            xianshi();
        }
    }
    void INT_0() interrupt 0
    {
        count++;
    }
```

（3）仿真调试

① 在 Proteus 电路图上双击单片机加载生成的 HEX 文件，开始进行仿真。

② 修改程序或者电路图的错误并重新仿真验证。

（4）完成发挥功能

① 完成发挥功能 a 和 b 并画出发挥功能的电路图。

② 编写发挥功能 a 和 b 的控制程序。

（5）项目实战

① 准备以下材料、工具（表 4-8），使用万能板搭建硬件电路并测试。

表 4-8　项目设备、工具、材料表

类型	名称	型号	数量	备注
设备	示波器	20MHz	1	
	万用表	普通	1	
工具	电烙铁	普通	1	
	斜口钳	普通	1	
	镊子	普通	1	
	Keil C51 软件	2.0 版以上	1	
	Proteus 软件	7.0 版以上	1	
	STC 下载软件	ISP 下载	1	
器件	51 系列单片机	AT89C51 或 STC89C51/52	1	
	单片机座子	DIP40	1	
	晶振	12MHz	1	
	瓷片电容	22pF	2	
	电解电容	22μF/16V	1	
	电阻	10kΩ	1	
	电阻	220Ω	8	
	电源	直流 400mA/5V 输出	1	
	8 段数码管	共阳极	4	
	按键		1	
材料	焊锡		若干	
	万能板	7cm×9cm	1	
	导线	φ0.8mm 多芯漆包线	若干	

② 使用 STC 下载工具下载程序到单片机，调试软硬件出现正确控制效果。

思考与练习

1. 选择题。

（1）在 89C51 单片机中，控制中断优先级的寄存器是（　　　）。

    A. TCON　　　　　B. IE　　　　　C. IP　　　　　D. SCON

（2）在 89C51 单片机中，含有串行口中断标志的寄存器是（　　　）。

    A. TCON　　　　　B. IE　　　　　C. IP　　　　　D. SCON

（3）在 89C51 单片机中，控制中断允许的寄存器是（　　　）。

    A. TCON　　　　　B. IE　　　　　C. IP　　　　　D. SCON

（4）MCS-51 系列单片机 CPU 关中断语句是（　　　）。

    A. EA=1;　　　　B. ES=1;　　　　C. EA=0;　　　　D. EX0=1;

（5）89C51 基本型单片机具有中断源的个数为（　　　）。

    A. 4 个　　　　　B. 5 个　　　　　C. 6 个　　　　　D. 7 个

（6）当 CPU 响应外部中断 0 的中断请求后，程序计数器 PC 的内容是（　　　）。

    A. 0003H　　　　B. 000BH　　　　C. 0013H　　　　D. 001BH

（7）MCS-51 单片机的外部中断 1 的中断请求标志是（　　　）。

    A. ET1　　　　　B. TF1　　　　　C. IT1　　　　　D. IE1

（8）当 CPU 响应外部中断 0 的中断请求后，中断函数的中断类型号是（　　　）。

    A. 0　　　　　　B. 1　　　　　　C. 2　　　　　　D. 3

（9）MCS-51 单片机在同一级别里除串行口外，级别最低的中断源是（　　　）。

    A. 外部中断 1　　　　　　　　B. 定时器 0

    C. 定时器 1　　　　　　　　　D. 串行口

（10）当外部中断 0 发出中断请求后，中断响应的条件是（　　　）。

    A. ET0=1　　B. EX0=1　　C. IE=0x81　　D. IE=0x61

（11）在单片机应用系统中，LED 数码管显示电路通常有（　　　）显示方式。

    A. 静态　　　　B. 动态　　　　C. 静态和动态　　D. 查询

（12）（　　　）显示方式编程较简单，但占用 I/O 端口线多，其一般适用于显示位数较少的场合。

    A. 静态　　　　　B. 动态　　　　　C. 静态和动态　　D. 查询

（13）LED 数码管若采用动态显示方式，下列说法错误的是（　　　）。

    A. 将各位数码管的段选线并列

    B. 将段线选线用一个 8 位 I/O 端口控制

    C. 将各位数码管的公共端直接接在+5 V 或者 GND 上

    D. 将各位数码管的位选线用各自独立的 I/O 端口控制

（14）共阳极 LED 数码管加反相器驱动时的段显示字符 "6" 段码是（　　　）。

    A. 06H　　　　　B. 7DH　　　　　C. 82H　　　　　D. FAH

（15）一个单片机应用系统用 LED 数码管显示字符 "8" 码是 80H，可以断定该显示系统用的是（　　　）。

    A. 不加反相驱动的共阴极数码管

    B. 加反相驱动的共阴极数码管或不加反相驱动的共阳极数码管

    C. 加反相驱动的共阳极数码管

D．以上都不对

（16）在共阳极数码管使用中，若要仅显示小数点，则其相对应的字段码是（　　）。

A．80H　　　　　B．10H　　　　　C．40H　　　　　D．7FH

2．填空题。

（1）AT98C51 的中断系统由_____、_____、_____、_____等寄存器构成。

（2）AT89C51 的中断源有_____、_____、_____、_____、_____。

（3）外部中断 0 的中断请求号为_____定时器/计数器 0 的中断类型号为_____。

（4）LED 显示器的显示控制方式有_____显示和_____显示两大类。

（5）LED 显示器可以分为_____和_____两大类。

（6）如果定时器/计数器控制寄存器 TCON 中的 IT1 和 IT0 位为 0，则外部中断源请求信号方式为_____。

3．问答题。

（1）什么叫中断？中断有什么特点？

（2）AT89C51 有哪几个中断源?如何设定它的优先级？

（3）外部中断有哪两种触发方式？如何选择和设定？

（4）中断函数的定义形式是怎样的？

（5）简述 LED 显示器的动态显示原理。

4．编程题。

（1）编程实现倒计时的秒表，2 位 LED 数码管显示，延时采用软件延时方法。

（2）查阅资料，使用红外光电传感器、LED 数码管、单片机制作一个会场人数统计显示牌（0~99999）。

项目 5　设计制作交通灯

5.1　学习目标

① 会描述如何使用定时器/计数器进行定时和计数。

② 会分析、设置单片机定时器/计数器方式寄存器 TMOD 和控制寄存器 TCON，计算定时或计数初值并送入 TH0 和 TL0、TH1 和 TL1。

③ 会编写 T0 和 T1 的中断函数和延时函数。

④ 会完成开关型传感器与单片机接口电路的设计和编程。

⑤ 会进行定时器/计数器和中断系统、LED 数码管显示的综合应用，进一步熟悉开发工具。

5.2　项目描述

（1）项目名称

单片机控制交通灯。

（2）项目要求

使用 AT89C51 单片机作为仿真控制器，STC89C51 作为硬件电路控制器，控制十字路口的交通灯，如图 5-1 所示。

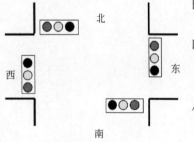

图 5-1　交通灯示意图

① 正常情况下东西方向放行时间为 20s，南北方向放行时间为 30s。

② 特殊情况下，东西方向放行。

③ 紧急车辆通过，则东西、南北方向均红灯。紧急情况优先级高于特殊情况。

④ 发挥功能。

a. 将两个方向通行的时间均调整为 5s。

b. 扩展显示功能，使用 LED 显示器显示东西、南北两个方向的倒计时秒数值。

c. 设计通过计算机控制交通灯，调整交通灯在 0:00～6:00 均显示黄灯，其余的时间正常工作。

（3）项目分析

① 控制交通灯框图如图 5-2 所示。交通灯的控制是学习控制技术常见的项目，主要是定时器、中断系统、发光二极管控制等知识的综合应用。

② 控制过程分析。控制过程的分析可以采用经验法或者时序图方法。所谓经验法就是根据日常积累的经验进行分析，可以采用表格法列出各种状态，分析交通灯的控制过程。而时序图法也是分析有严格时序关系控制过程的常用方法。下面采用经验法进行分析，得出交

通灯的状态表 5-1。

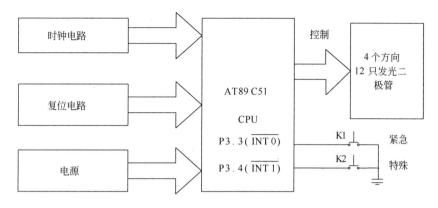

图 5-2　交通灯控制框图

表 5-1　交通灯状态表

东西方向			南北方向			状态说明
红灯	黄灯	绿灯	红灯	黄灯	绿灯	
灭	灭	亮	亮	灭	灭	东西通行，南北禁行 20s
灭	灭	闪烁	亮	灭	灭	东西绿灯闪烁 3s，南北禁行 3s
灭	亮	灭	亮	灭	灭	东西黄灯 2s，南北禁行 2s
亮	灭	灭	灭	灭	亮	南北通行，东西禁行 30s
亮	灭	灭	灭	灭	闪烁	南北绿灯闪烁 3s，东西禁行 3s
亮	灭	灭	灭	亮	灭	南北黄灯 2s，东西禁行 2s

　　要控制十字路口的交通灯，如图 5-1 所示，一共要控制 12 只发光二极管的亮灭。如果不加分析，则需要占用 12 个 I/O 端口。经过分析，东西两个方向的信号灯状态是一致的，南北方向的信号灯状态也完全一致，所以使用 6 条 I/O 线就能够完成灯的控制。发光二极管采用共阳极接法，送"0"亮，送"1"灭。各引脚分配及控制数据如表 5-2 所示。

表 5-2　交通灯 I/O 引脚分配和控制数据表

东西方向			南北方向			P1 口	状态说明
红灯 (P1.5)	黄灯 (P1.4)	绿灯 (P1.3)	红灯 (P1.2)	黄灯 (P1.1)	绿灯 (P1.0)		
1	1	0	0	1	1	F3H	东西通行，南北禁行 20s
1	1	0,1 交替	0	1	1	F3H→FBH	东西绿灯闪 3s，南北禁行 3s
1	0	1	0	1	1	EBH	东西黄灯 2s，南北禁行 2s
0	1	1	1	1	0	DEH	南北通行，东西禁行 30s
0	1	1	1	1	0,1 交替	DEH→DFH	南北绿灯闪 3s，东西禁行 3s
0	1	1	1	0	1	DDH	南北黄灯 2s，东西禁行 2s

　　按键 K1、K2 分别模拟紧急情况和特殊情况，K1、K2 均没有按下为正常通行状态，按下 K1 则执行紧急情况，K1 接外部中断 0，按下 K2 则执行特殊情况，K2 接外部中断 1。默认情况下，外部中断 0 比外部中断 1 的优先级高。

5.3　相关知识

5.3.1　单片机定时器/计数器

在单片机系统中，常常会有定时控制需求，也经常要对外部事件进行计数。

定时，就是设定好一个时间。例如在学校里，每节课 45min。这个设定的时间随着一节课的开始而逐步减小，直到 45min 时间过去，下课铃响。再如，生活中使用微波炉加热牛奶，定时 30s，随着加热启动，微波炉开始倒计时，时间到停止加热。如果使用单片机控制微波炉的加热时间，就是单片机计算单位时间（1s、1ms、1μs）的个数，当计数完成，把单位时间乘以计数次数就得到定时的时间。

计数，就是计算某段时间内事件发生的次数。例如生产线上产品计数、会场人数统计、汽车转速测量、人体呼吸频率、心跳频率等都是计数的应用。如项目 5 中将要介绍的利用霍尔开关测速就是计算每分钟霍尔开关接通的次数。

在 AT89C51 单片机内部集成有两个可编程的定时器/计数器——T0 和 T1，它们既可以用于定时，也可以用于对外部脉冲进行计数。此外，T1 还常用作串行接口的波特率发生器。

（1）定时器/计数器概述

图 5-3 所示是定时器/计数器的结构框图。由图 5-3 知，定时器/计数器（T0、T1）主要由两对 8 位寄存器（TH0、TL0 和 TH1、TL1）、方式寄存器 TMOD 和控制寄存器 TCON 组成。其中，TH0、TL0 专门用于存放定时器/计数器 0 的计数值；TH1、TL1 用于存放定时器/计数器 1 的计数值；TMOD 用于设置 T0、T1 的工作方式；TCON 中的 TR0、TR1 用于控制 T0、T1 的运行；P3.4、P3.5 引脚用于输入在计数器方式下的外部计数脉冲信号。

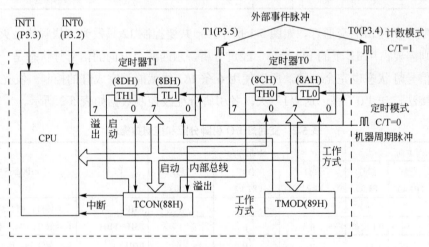

图 5-3　定时器/计数器结构框图

T0、T1 用作定时器时，对机器周期进行计数，每经过一个机器周期计数器加 1，直到计数器计满溢出。由于一个机器周期由 12 个时钟周期组成，所以计数频率为时钟频率的 1/12。所以定时器的定时时间不仅与计数器的初值即计数长度有关，而且还与系统的时钟频率大小有关。

T0、T1 用作计数器时，计数器对来自输入引脚 T0（P3.4）和 T1（P3.5）的外部信号计数。在每一个机器周期的 S5P2 时刻对 T0（P3.4）或 T1（P3.5）上信号采样一次，如果上一个机器周期采样到高电平,下一个机器周期采样到低电平,则计数器在下一个机器周期的 S3P2 时刻加 1 计数一次。需要两个机器周期才能识别一个计数脉冲,所以外部计数脉冲的频率应小于振荡频率的 1/24。

定时器/计数器是加法计数器,每来一个计数脉冲,加法器中的内容加 1 个单位,当由全 1 加到全 0 时计满溢出,因而,如果要计 N 个单位,则首先应向计数器置初值为 X,且有:

初值 X=最大计数值(满值)M–计数值 N

在不同的计数方式下,最大计数值(满值)不一样,一般来说,当定时器/计数器工作于 R 位计数方式时,它的最大;计数值(满值)为 2 的 R 次幂。

例如:方式 1 为 $2^{16}=65536$

方式 2 和方式 3 均为 $2^8=256$。

下面举例说明初值的计算。假设晶振为 12MHz,机器周期为 1μs。

在方式 1 下计数 1000 次,则初值 X=65536–1000=64536。

在方式 1 下定时 10ms,则初值 X=65536–10ms/1μs=55536。

在方式 0 下计数 100 次,则初值 X=256–100=156。

在方式 0 下定时 100μs,则初值 X=256–100μs/1μs=156。

如果计数的次数超过最大计数值(满值)怎么办?解决的方法是对定时器/计数器的溢出信号计数,可以采用另外一个定时器/计数器或者使用编程的方法来计数,从而实现长延时或更多的计数次数。

(2)定时器/计数器的控制寄存器

AT89C51 单片机定时器/计数器的工作情况由两个特殊功能寄存器控制。TMOD 用于设置其工作方式,TCON 用于控制其启动和中断申请。

① 定时器/计数器工作方式控制寄存器 TMOD。

TMOD 用于设定定时器/计数器的工作方式,其格式如表 5-3 所示。

表 5-3　TMOD 的格式

高 4 位控制 T1				低 4 位控制 T0			
门控位	计数/定时方式选择	工作方式选择		门控位	计数/定时方式选择	工作方式选择	
GATE	$C/\overline{T}$	M1	M0	GATE	$C/\overline{T}$	M1	M0

- M1M0——工作方式选择位,见表 5-4。

表 5-4　工作方式选择位的功能

M1M0	工作方式	功能
0　0	方式 0	13 位定时器/计数器
0　1	方式 1	16 位定时器/计数器
1　0	方式 2	两个 8 位定时器/计数器,初值自动装入
1　1	方式 3	两个 8 位定时器/计数器,仅适用 T0

- $C/\overline{T}$——计数/定时方式选择位。

$C/\overline{T}$=1:计数工作方式,对外部事件脉冲计数,用作计数器。

$C/\overline{T}$=0:定时工作方式,对片内机器周期脉冲计数,用作定时器。

- GATE ——门控位。

GATE=0：运行只受 TCON 中运行控制位 TR0/TR1 的控制。

GATE=1：运行同时受 TR0/TR1 和外中断输入信号的双重控制。只有当 $\overline{INT0}$ / $\overline{INT1}$ =1 且 TR0/TR1=1，T0/T1 才能运行。

TMOD 字节地址 89H，不能位操作，设置 TMOD 须用字节操作指令。

例如："TMOD=0x01;"表示把 T0 设置为定时状态，工作于方式 1。

"TMOD=0x60;"表示把 T1 设置为计数状态，工作于方式 2。

② 定时器/计数器控制寄存器 TCON。见表 5-5。

表 5-5　TCON 的格式

TCON	T1 中断标志	T1 运行标志	T0 中断标志	T0 运行标志	$\overline{INT1}$ 中断标志	$\overline{INT1}$ 触发方式	$\overline{INT0}$ 中断标志	$\overline{INT0}$ 触发方式
位名称	TF1	TR1	TF0	TR0	IE1	IT1	IE0	IT0
位地址	8FH	8EH	8DH	8CH	8BH	8AH	89H	88H

各位含义如下。

● TF1：T1 中断（溢出）标志位。当 T1 计满数产生溢出时，由硬件自动置 TF1=1。在中断允许时，向 CPU 发出 T1 的中断请求，进入中断服务程序后，由硬件自动清 0。在中断屏蔽时，TF1 可作查询测试用，此时只能由软件清 0。

TR1：T1 运行标志位。由软件置 1 或清 0 来启动或关闭 T1。当 GATE=1，且 $\overline{INT1}$ 为高电平时，TR1 置 1 启动 T1；当 GATE=0 时，TR1 置 1 即可启动 T1。

TF0：T0 中断标志位。其功能及操作情况同 TF1。

TR0：T0 运行标志位。其功能及操作情况同 TR1。

（3）定时器/计数器工作方式

定时器/计数器 0 有四种工作方式，而定时器/计数器 1 只有三种工作方式。不同的工作方式其内部的结构有所不同，功能上也有差别。

① 工作方式 0。当 M1M0 为 00 时，定时器/计数器工作于方式 0，它是一个 13 位定时器/计数器，由 TL0 低 5 位和 TH0 高 8 位组成，TL0 低 5 位计数满时不向 TL0 第 6 位进位，而是向 TH0 进位，13 位计满溢出，TF0 置 "1"。最大计数值为 2^{13} = 8192。如图 5-4 所示。

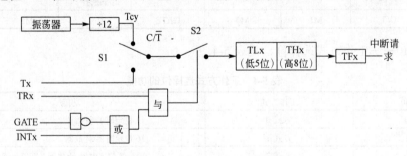

图 5-4　T0、T1 方式 0 结构图

$C/\overline{T}$=1 时，则为计数模式，有 N=8192–初值。

$C/\overline{T}$=0 时，则为定时模式，有 T=（8192–初值）×机器周期。

方式 0 仅仅是为了让 AT89C51 兼容上一代产品而设计的，确定其计数初值高 8 位和低 5 位比较麻烦，实际应用中常由 16 位的方式 1 代替。

② 工作方式 1。当 M1M0 为 01 时，定时器/计数器工作于方式 1，方式 1 的结构与方式

0 相同，只是把 13 位变成 16 位。

在方式 1 下，16 位的加法计数器被全部用上，TL0（或 TL1）作低 8 位，TH0（或 TH1）作高 8 位。计数时，当 TL0（或 TL1）计数满时向 TH0（或 TH1）进位，当 TH0（或 TH1）也计数满时，使 TF0（或 TF1）置位，向 CPU 提出中断申请。可以通过中断或者查询的方式来处理溢出信号 TF0（或 TF1）。由于是 16 位计数器，最大计数值为 $2^{16}=65536$。

$C/\overline{T}=1$ 时，则为计数模式，有 $N=65536$–初值。

$C/\overline{T}=0$ 时，则为定时模式，有 $T=(65536$–初值$)\times$机器周期。

对于 12MHz 频率的单片机，最长的计时时间为 $65536\mu s=65.536ms$。

当定时器/计数器计数满溢出后，计数器的计数过程并不会结束，当有计数脉冲来时同样会进行加 1 计数，只是这时计数器从 0 开始计数，即是满值计数。如果要重新实现 N 个单位计数，则需要重新装入初值。

③ 工作方式 2。当 M1M0 为 10 时，定时器/计数器工作于方式 2，方式 2 的结构图如图 5-5 所示。

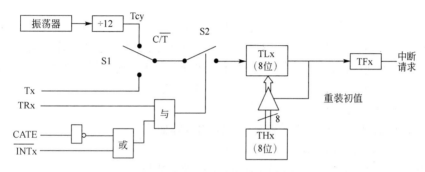

图 5-5 T0、T1 方式 2 结构图

方式 2 下，16 位的定时器/计数器只用了 8 位来计数，用的是 TL0（或 TL1）的 8 位来进行计数，而 TH0（或 TH1）用于保存初值，最大计数值为 $2^8=256$，当 TL0（或 TL1）计满时则溢出，一方面使 TF0（或 TF1）置位，另一方面溢出信号又会触发图 5-5 上的三态门，使三态门导通，TH0（或 TH1）的值就自动装入 TL0（或 TL1）。

$C/\overline{T}=1$ 时，为计数模式，有 $N=256$–初值。

$C/\overline{T}=0$ 时，为定时模式，有 $T=(256$–初值$)\times$机器周期。

对于 12MHz 频率的单片机，最长的计时时间为 $256\mu s$。

这种方式的优点是定时初值可自动恢复；缺点是计数范围小，适用于需要重复定时而定时范围不大的应用场合。

由于方式 2 计满后，溢出信号会触发三态门自动地把 TH0（或 TH1）的值装入 TL0（或 TL1）中，因而如果要重新实现 N 个单位的计数，不用重新置入初值。

④ 工作方式 3。方式 3 只有定时器/计数器 0 才有，当 M1M0 两位为 11 时，定时器/计数器 0 工作于方式 3，方式 3 的结构如图 5-6 所示。

方式 3 下，定时器/计数器 0 被分为两个部分 TL0 和 TH0。其中，TL0 可作为定时器/计数器使用，占用 T0 的全部控制位（GATE、$C/\overline{T}$、TR0 和 TF0）；而 TH0 固定只能作定时器使用，对机器周期进行计数，这时它占用 T1 的 TR1 位、TF1 位和 T1 的中断资源。

由于 TF1、TR1 被 T0 的 TH0 占用，计数器溢出时，只能将输出信号送至串行口，即用作串行口波特率发生器。

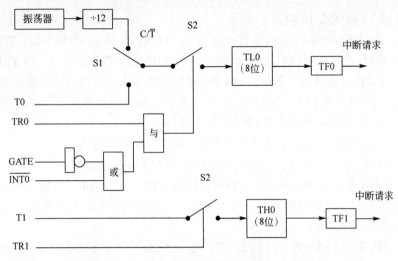

图 5-6　T0 方式 3 结构图

　　定时器/计数器的四种工作方式，其实就是为了让定时器/计数器更加具有通用性，适用于对的情况。通常使用的是方式 1 和方式 2，根据具体的要求，选择使用相应的工作方式。方式 0 已经基本不使用，方式 3 在 T1 作串行口波特率发生器时可以提供 2 个 8 位的计数器，在特殊情况下可以采用。所以应重点掌握方式 1 和方式 2。

　　（4）定时器/计数器的应用

　　定时器/计数器是一个可编程的器件，其应用步骤如下。

　　① 定时器/计数器的初始化。

　　● **选择工作方式**。通过对寄存器 TMOD 进行设置选择。

　　● **给定时器/计数器赋初值**。

　　● **根据需要设置中断控制字的中断控制位**。

　　● **启动定时器/计数器**。

　　② 编制定时器/计数器溢出中断服务程序或溢出查询程序。

　　【例 5-1】　试用 T1 方式 2 编制程序，在 P1.0 引脚输出周期为 400μs 的脉冲方波，已知 f_{OSC}=12MHz。

　　解　①设置 TMOD。

　　0 0 10 0000 B=20H

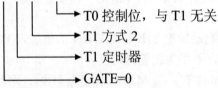

　　② 计算定时初值。输出周期为 400μs 的脉冲方波，可以每 200μs 把 P1.0 引脚上的电平翻转，所以定时的时间为 200μs。

　　200μs=（256–初值）×1μs

　　初值=256–200

　　TH1=256–200;

　　TL1=256–200;

③ 编制程序如下。

采用中断的方式：

```
#include   <reg51.h>
sbit   P1_0=P1^0;
void   main()
{
    TMOD=0x20;           //T1 工作于方式 2
    TH1=256-200;         //送初值
    TL1=256-200;
    EA=1;                //设置总中断允许
    ET1=1 ;              //设置允许 T1 中断
    TR1=1;               //启动 T1
    while(1);            //等待 T1 中断
}
void   time1_int(void)   interrupt   3   //T1 中断服务程序
{
   P1_0= ~ P1_0;
}
```

采用查询的方式：

```
#include   <reg51.h>
sbit   P1_0=P1^0;
void   main()
{
    TMOD=0x20;
    TH1=256-200;
    TL1=256-200;
    TR1=1;
    while（1）
    {
        if(TF1)   //查询计数溢出
        {
        TF1=0;
        P1_0=! P1_0;
        }
    }
}
```

注意比较中断和查询模式编程的思路。

【例 5-2】 已知晶振 12MHz，要求利用 T0 使图 5-7 中发光二极管 LED 进行秒闪烁。

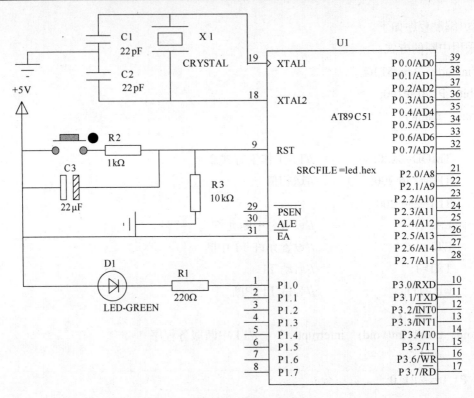

图 5-7　LED 闪烁电路图

解　发光二极管进行秒闪烁，即一秒钟一亮一暗，亮 500ms，暗 500 ms。晶振 12MHz，每机器周期为 1μs，T0 方式 1 最大定时只能 65.536ms。 取 T0 定时 50ms，计数 10 次，即可实现 500ms 定时。

① 设置 TMOD。

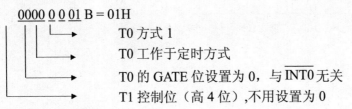

　　　　0000 0 0 01 B = 01H

　　　　　T0 方式 1

　　　　　T0 工作于定时方式

　　　　　T0 的 GATE 位设置为 0，与 $\overline{INT0}$ 无关

　　　　　T1 控制位（高 4 位），不用设置为 0

② 计算定时初值。

50ms=（65536-初值）×1μs

初值=65536-50000

TH0=（65536-50000）/256

TL0=（65536-50000）%256

③ 编制程序如下。

方法 1：采用中断函数模式。

```
#include   <reg51.h>
sbit   P1_0=P1^0;
char   i;
void   main()
```

```
{
    TMOD=0x01;
    TH0=(65536-50000)/256;
    TL0=(65536-50000)%256;
    EA=1;
    ET0=1;
    i=0;
    TR0=1;
    while(1);
}
void   time0_int(void)   interrupt 1    //中断服务程序
{
    TH0=(65536-50000)/256;
    TL0=(65536-50000)%256;
    i++;
    if (i==10)              //计数 10 次，实现 10*50ms=500ms 延时
    {
        P1_0=! P1_0;
        i=0;
    }
}
```

方法 2：采用自定义定时函数模式，在函数中采用查询方式处理定时器溢出。

```
#include <reg51.h>
sbit   P1_0=P1^0;
unsigned char   t0;
TMOD=0x01;
//函数名：delay0_5s1
//函数功能：用 T0 的方式 1 编制 0.5s 延时程序，假定系统采用 12MHz 晶振，定
//时器 1、工作方式 1 定时 50ms，再循环 10 次即可定时到 0.5s
//形式参数：无
//返回值：无
void delay0_5s1()
{
    for(t0=0; t0<10; t0 ++)     //采用全局变量 t0 作为循环控制变量
    {
        TH0=(65536-50000)/256;              //设置定时器初值
        TL0=(65536-50000)%256;
        TR0=1;                              //启动 T0
        while(!TF0);             //查询计数是否溢出，即定时 50ms 时间到，TF0=1
        TF0=0;              //50ms 定时时间到，将定时器溢出标志位 TF0 清零
    }
```

```
    }
    void  main()
    {
        P1_0=1;
        while(1)
        {
         P1_0=0;delay0_5s1();
         P1_0=1;delay0_5s1();
        }
    }
```

④ 动手练习。

用定时器 0 方式 1 查询方式实现本控制	用定时器 1 方式 1 中断方式实现本控制

5.3.2　开关型传感器与单片机接口

开关型传感器如接近开关、光电开关、霍尔开关、行程开关等在控制领域广泛应用，如家电遥控器、转速检测、物体感应、计数、智能机器人避障等。下面介绍其中两种常见的传感器：光电开关和霍尔开关与单片机的接口。

5.3.2.1　光电开关

（1）光电开关工作原理

光电开关是通过把光强度的变化转换成电信号的变化来实现控制的。光电开关在一般情况下由三部分构成，它们分为：发射器、接收器和检测电路。如图 5-8 所示。

（2）光电开关分类和工作方式

① 槽型光电开关。把一个发射器和一个接收器面对面地装在一个槽的两侧的是槽型光电开关。发射器能发出红外光或可见光，在无阻碍情况下，接收器能收到光。但当被检测物体从槽中通过时，光被遮挡，光电开关便动作，输出一个开关控制信号，切断或接通负载电流，从而完成一次控制动作，槽型开关的检测距离因为受整体结构的限制一般只有几厘米。如图 5-9 所示。

② 对射型光电开关。若把发射器和接收器分离开，就可使检测距离加大。由一个发射器和一个接收器组成的光电开关就称为对射分离式光电开关，简称对射型光电开关。它的检

测距离可达几米乃至几十米。使用时把发射器和接收器分别装在检测物通过路径的两侧，检测物通过时阻挡光路，接收器就动作输出一个开关控制信号。如图 5-10 所示。

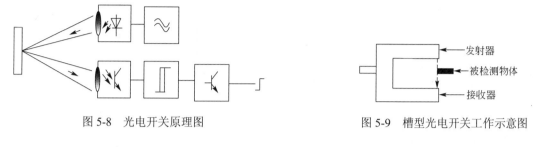

图 5-8　光电开关原理图　　　　　　　　　图 5-9　槽型光电开关工作示意图

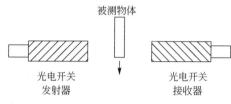

图 5-10　对射型光电开关工作示意图

③ 反光板反射型光电开关（镜反射型）。把发射器和接收器装入同一个装置内，在它的前方装一块反光板，利用反射原理完成光电控制作用的称为反光板反射型（或反射镜反射型）光电开关。正常情况下，发射器发出的光被反光板反射回来被接收器收到；一旦光路被检测物挡住，接收器收不到光时，光电开关就动作，输出一个开关控制信号。其工作原理图如图 5-11（a）所示。

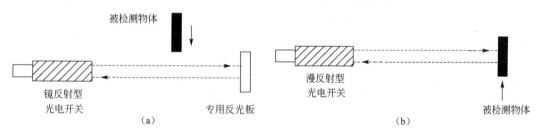

图 5-11　反射型光电开关工作示意图

④ 扩散反射型光电开关（漫返射型）。它的检测头里也装有一个发射器和一个接收器，但前方没有反光板。正常情况下发射器发出的光接收器是收不到的。当检测物通过时挡住了光，并把光部分反射回来，接收器就收到光信号，输出一个开关信号。其工作原理图如图 5-11（b）所示。

（3）红外光电开关

红外对管，其中一个为红外线发射管，另一个为接收管。不同型号的器件有不同的工作电压、电流、波长，如 QED422 型发射管的正向压降为 1.8V，偏置电流为 100mA。当向发射管提供工作电压它就能持续发射出波长为 880nm 的红外线（不可见）。

红外接收管通常工作在反向电压状态，S1 断开，发射管无红外线发射时，接收管截止，于是输出端 V_{out}=5V；S1 闭合，发射管发射红外线，如果发射管与接收管对齐时，接收管导通而 V_{out} 接近 0。将 V_{out} 连接到单片机引脚，判断引脚电平状态，即可判断开关状态。如图 5-12 所示。

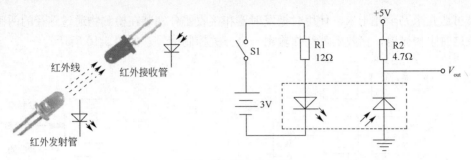

图 5-12 　光电传感器

5.3.2.2 　霍尔开关

（1）霍尔开关简介

霍尔传感器是对磁敏感的传感元件，有线性霍尔传感器和开关型霍尔传感器两种大的类型，也有可编程的霍尔传感器，可以工作在开关和线性两种状态。常用于开关信号采集的有 CS3020、CS3040 等，这种传感器是一个三端器件，外形与三极管相似，只要接上电源、地，即可工作，输出通常是集电极开路（OC）门输出，工作电压范围宽，使用非常方便。如图 5-13 所示是 CS3020 的外形图，将有字面对准自己，三个引脚从左向右分别是 V_{CC}、地、输出。

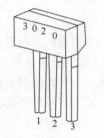

图 5-13 　CS3020 外形图

使用霍尔传感器获得脉冲信号，其机械结构也可以做得较为简单，如果是齿轮，则将传感器靠近齿轮即可有信号输出，否则可在转轴的圆周上粘上一粒磁钢，让霍尔开关靠近磁钢就有信号输出，转轴旋转时，就会不断地产生脉冲信号输出。如果在圆周上粘上多粒磁钢，可以实现旋转一周，获得多个脉冲输出。在粘磁钢时要注意，霍尔传感器对磁场方向敏感，粘之前可以先手动接近一下传感器，如果没有信号输出，可以换一个方向再试。这种传感器不怕灰尘、油污，在工业现场应用广泛。如图 5-14 所示。

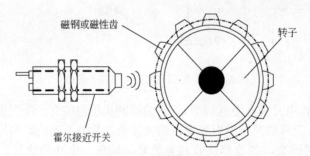

图 5-14 　测速原理图

（2）硬件电路设计

测速的方法决定了测速信号的硬件连接。测速实际上就是测频，因此，频率测量的一些原则同样适用于测速。

通常可以用计数法、测脉宽法和等精度法来进行测试。所谓计数法，就是给定一个闸门时间，在闸门时间内计数输入的脉冲个数；测脉宽法是利用待测信号的脉宽来控制计数门，对一个高精度的高频计数信号进行计数。由于闸门与被测信号不能同步，因此，这两种方法都存在±1 误差的问题，第一种方法适用于信号频率高时使用，第二种方法则在信号频率低时使用。等精度法则对高、低频信号都有很好的适应性。

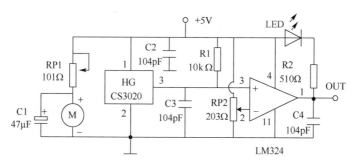

图 5-15　测速电路原理图

图 5-15 是测速电路的信号获取部分，在电源输入端并联电容 C2 用来滤去电源尖啸，使霍尔元件稳定工作。HG 表示霍尔元件，采用 CS3020，在霍尔元件输出端（引脚 3）与地并联电容 C3 滤去波形尖峰，再接一个上拉电阻 R1，然后将其接入 LM324 的引脚 3。用 LM324 构成一个电压比较器，将霍尔元件输出电压与电位器 RP2 比较得出高低电平信号给单片机读取。C4 用于波形整形，以保证获得良好数字信号。LED 便于观察，当比较器输出高电平时不亮，低电平时亮。

微型电动机 M 可采用调速型，通过电位器 RP1 分压，实现提高或降低电动机转速的目的。C1 电容使电动机的速度不会产生突变，因为电容能存储电荷。

电压比较器的功能：比较两个电压的大小（用输出电压的高或低电平，表示两个输入电压的大小关系）。

- 当"＋"输入端电压高于"－"输入端时，电压比较器输出为高电平。
- 当"＋"输入端电压低于"－"输入端时，电压比较器输出为低电平。

比较器还有整形的作用，利用这一特点可使单片机获得良好稳定的输出信号，不至于丢失信号，能提高测速的精确性和稳定性。

（3）程序设计

测量转速，使用霍尔开关，被测轴安装有 1 粒磁钢，即转轴每转一周，产生 1 个脉冲（如果安装磁钢后不平衡或者为了提高测量分辨率，则安装多粒磁钢），转速计算公式：

$$N = \frac{f}{n} \times 60$$

式中　f——信号频率；

　　　N——被测轴的转速；

　　　n——旋转体磁钢粒数（或磁性齿数）。

【例 5-3】某旋转体转子上有 6 粒磁钢（或 6 个齿轮），与霍尔元件相连的计数器在 1min 内收到 60000 个脉冲信号，试求该旋转体的转速？

解　因为转子上有 6 粒磁钢，所以 $n=6$。

又因为

$$f=60000/1=60000 \text{ 个/min}=1000 \text{ 个/s}$$

所以

$$N=60 \times f/n=60 \times 1000/60=1000\text{r/s}$$

要求用 C 语言编制程序将转速值（转/分）显示在数码管上。

//P3.5 口接转速脉冲

```
#include <reg51.H>    //单片机内部专用寄存器定义
#define uchar unsigned char
#define uint unsigned int      //数据类型的宏定义
uchar code LK[10]={0xC0,0xF9,0xA4,0xB0,0x99,0x92,0x82,0xF8,0x80,0x90,};
                                        //数码管 0~9 字形码
uchar LK1[4]={0xFE,0xFD,0XFB,0xF7};          //位选码
uint data z,counter;                       //定义无符号整型全局变量
//========================================================
void init(void)     //定义名为 init 的初始化子函数
    {                 //init 子函数开始，分别赋值
      TMOD=0X51;    //GATE  C/T̄  M1  M0  GATE  C/T̄  M1  M0  计数器 T1 和定
时器 T0
                    //0    1    0    1    0    0    0    1
      TH1= TL1=0;                 //计数器初始值
      TH0=(65536-60000)/256;    //定时器 T0，定时 60ms
      TL0=(65536-60000)%256;
      EA=1; ET0=1;          //IE=0X00;  //EA - ET1 ES ET1 EX1 ET0 EX0
      TR1=1;                    //1  0  0  0  0  0  1  0
      TR0=1;
      TF0=1;
    }
//========================================================
void delay(uint k)    //延时程序
    {
      uint data i,j;
        for(i=0;i<k;i++)
          for(;j<124;j++) {;}
    }
//========================================================
void display(void)       //数码管显示
    {
     P1=LK[z/1000];       P2=LK1[0];  delay(10);
     P1=LK[(z/100)%10];  P2=LK1[1];  delay(10);
     P1=LK[(z%100)/10];  P2=LK1[2];  delay(10);
     P1=LK[z%10];        P2=LK1[3];  delay(10);
    }
//========================================================
```

```
    void main(void)        //主程序开始
    {
        uint temp1,temp2;
        init();                    //调用 init 初始化子函数
        while(1) {
                temp1=TL1;temp2=TH1;
                counter=(temp2<<8)+temp1;      //读出计数器值并转化为十进制
                z=counter;
                display();
                }                            //无限循环语句结束
        }                                    //主程序结束
//================================================
void timer0(void) interrupt 1    using 1
{
    TH0=(65536-60000)/256;        //定时器 T0 定时 60ms
    TL0=(65536-60000)%256;
    z=counter *1000 ; //算速度值（1min=60s，1s=1000ms，求 60000ms 内脉冲数）
    TH1= TL1=0;        //每 60ms 清一次计数器
}
```

练习：试根据以上的程序，画出仿真电路图，并进行调试。

5.4　项目实施

（1）硬件仿真电路图设计

以 AT89C51 为控制器，加上电容、电阻、发光二极管等器件构成单片机控制交通灯的控制电路，器件名称如图 5-16 所示，电路原理图如图 5-17 所示。（注意：为简化文字，图中用 A 向代表东西方向，B 向代表南北方向。）

（2）程序设计

① 程序设计思路。发光二极管闪烁的实质是一亮一灭，在电路图中，发光二极管采用共阳极接法，在单片机的引脚端送 "0" 亮，送 "1" 灭。编写程序控制亮灭的时间间隔就形成了闪烁的效果。时间的控制采用软件延时的方法来实现。延时函数 delay（unsigned char i）可以实现 0～255ms 的延时。

② 程序编写。

a. 建立项目文件，选择 CPU 型号并保存。

b. 建立 C51 源程序，输入以下程序，存盘为 xm5_1.c，并将其加入到项目文件中。

图 5-16　元器件列表

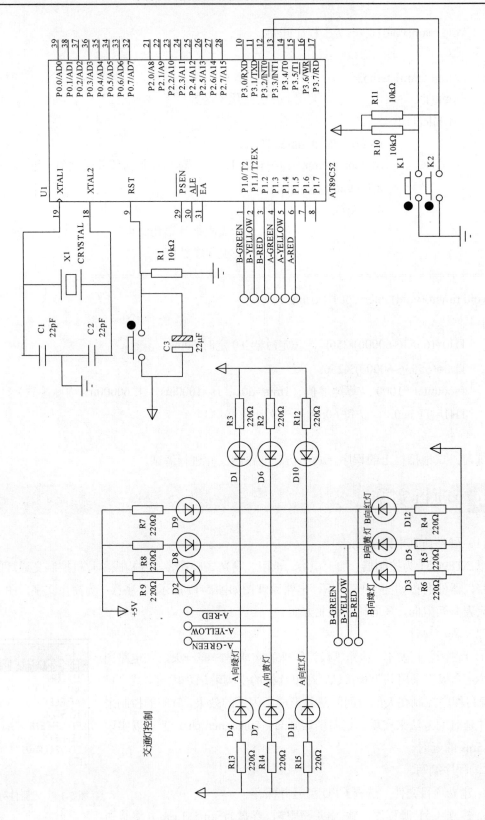

图 5-17　单片机交通灯控制原理图

```
//程序：xm5_1.c
//功能：交通灯控制程序
#include <reg51.h>
unsigned char t0,t1;        //定义全局变量，用来保存延时时间循环次数
void delay0_5s1()           //函数的说明，参考前例题
{
    for(t0=0;t0<10;t0++) //采用全局变量 t0 作为循环控制变量
    {
        TH1=(65536-50000)/256;              //设置定时器初值
        TL1=(65536-50000)%256;
        TR1=1;                              //启动 T1
        while(!TF1);            //查询计数是否溢出，即定时 50ms 时间到，TF1=1
        TF1=0;                 //50ms 定时时间到，将定时器溢出标志位 TF1 清零
    }
}
//函数名：delay_t1
//函数功能：实现 0.5~128s 延时
//形式参数："unsigned char t;"
//            延时时间为 0.5s×t
//返回值：无
void delay_t1(unsigned char t)
{
    for(t1=0;t1<t;t1++)        //采用全局变量 t1 作为循环控制变量
        delay0_5s1();
}
//函数：int_0
//函数功能：外部中断 0 中断函数，紧急情况处理，当 CPU 响应外部中断 0 的中断请求
时，自动执行该函数，实现两个方向红灯同时亮 10s
//形式参数：无
//返回值：无
void int_0() interrupt 0    //紧急情况中断
{
    unsigned char i,j,k,l,m;
    i=P1; j=t0;k=t1;l=TH1; m=TL1;    //保护现场，暂存 P1、t0、t1、TH1、TL1
    P1=0xDB;                         //两个方向都是红灯
    delay_t1(20);                    //延时 10s
    P1=i; t0=j;t1=k; TH1=l; TL1=m;   //恢复现场，恢复 P1、t0、t1、TH1、TL1 的值
}
//函数：int_1
//函数功能：外部中断 1 中断函数，特殊情况处理，当 CPU 响应外部中断 1 的中断请求
```

时，自动执行该函数，实现 A 道放行 5s

```
    //形式参数：无
    //返回值：无
    void int_1() interrupt 2    //特殊情况中断
    {
        unsigned char i,j,k,l,m;
        EA=0;                           //关中断
        i=P1; j=t0; k=t1; l=TH1; m=TL1;  //保护现场，暂存 P1、t0、t1、TH1、TL1
        EA=1;                           //开中断
        P1=0xf3;                        //A 道放行
        delay_t1(10);                   //延时 5s
        EA=0;                           //关中断
        P1=i; t0=j; t1=k; TH1=l; TL1=m;  //恢复现场，恢复进入中断前 P1、t0、t1、TH1、TL1
        EA=1;                           //开中断
    }
    void main()                        //主函数
    {
        unsigned char k;
        TMOD=0x10;                      //T1 工作在方式 1
        EA=1;                           //开放总中断允许位
        EX0=1;                          //开外部中断 0 中断允许位
        IT0=1;                          //设置外部中断 0 为下降沿触发
        EX1=1;                          //开外部中断 1 中断允许位
        IT1=1;                          //设置外部中断 1 为下降沿触发
        while(1) {
                P1=0xF3;               //A 向（东西）绿灯亮，B 向（南北）红灯亮 20s
                delay_t1(40);          //延时 20s
                for(k=0;k<3;k++)
                    {                  //A 向（东西）绿灯闪烁 3 次（即 3s）
                    P1=0xF3;   //A 向（东西）绿灯亮 0.5s，B 向（南北）红灯亮 0.5s
                    delay0_5s1();      //延时 0.5s
                    P1=0xFB;   //A 向（东西）绿灯灭 0.5s，B 向（南北）红灯亮 0.5s
                    delay0_5s1();      //延时 0.5s
                    }
                P1=0xEB;       //A 向（东西）黄灯亮，B 向（南北）红灯亮，延时 2s
                delay_t1(4);
                P1=0xDE;       //A 向（东西）红灯亮，B 向（南北）绿灯亮 30s
                delay_t1(60);          //延时 30s
                for(k=0;k<3;k++)      //B 向（南北）绿灯闪烁 3 次（即 3s）
                    {
                        P1=0xde;   //B 向（南北）绿灯灭 0.5s，A 向（东西）红灯亮 0.5s
```

                    delay0_5s1();   //延时 0.5s
                    P1=0xdf;   //B 向（南北）绿灯灭 0.5s，A 向（东西）红灯亮 0.5s
                    delay0_5s1();   //延时 0.5s
                }
                P1=0xdd;   //A 向（东西）红灯亮，B 向（南北）黄灯亮，延时 2s
                delay_t1(4);
        }
}

c. 进行项目文件设置，设置晶振频率为 12MHz 和勾选"CREATE   HEX"。

d. 编译项目文件，修改程序中的语法错误和逻辑错误，重新生成"HEX"文件。

（3）仿真调试

① 在 Proteus 电路图上双击单片机加载生成的 HEX 文件，开始进行仿真。

② 修改程序或者电路图的错误并重新仿真验证。

（4）完成发挥功能

① 完成发挥功能 a 和 b。

② 思考发挥功能 c。

（5）实战训练

① 准备以下材料、工具（表 5-6），使用万能板搭建硬件电路并测试。

表 5-6   项目设备、工具、材料表

类型	名称	型号	数量	备注
设备	示波器	20MHz	1	
	万用表	普通	1	
工具	电烙铁	普通	1	
	斜口钳	普通	1	
	镊子	普通	1	
	Keil C51 软件	2.0 版以上	1	
	Proteus 软件	7.0 版以上	1	
	STC 下载软件	ISP 下载	1	
器件	51 系列单片机	AT89C51 或 STC89C51/52	1	
	单片机座子	DIP40	1	
	晶振	12MHz	1	
	瓷片电容	22pF	2	
	电解电容	22μF/16V	1	
	电阻	10kΩ	3	
	电阻	220Ω	12	
	电源	直流 400mA/5V 输出	1	
	发光二极管	ϕ3mm 红黄绿各 4 个	12	
	按键		3	
材料	焊锡		若干	
	万能板	7cm×9cm	1	
	导线	ϕ0.8mm 多芯漆包线	若干	

② 使用 STC 下载工具下载程序到单片机，调试软硬件出现正确控制效果。

思考与练习

1. 选择题。

（1）MCS-51 单片机的定时器 T0 用于定时方式时（　　）。

    A. 对内部时钟频率计数，一个时钟周期加 1

    B. 对内部时钟频率计数，一个机器周期加 1

    C. 对外部时钟频率计数，一个时钟周期加 1

    D. 对外部时钟频率计数，一个机器周期加 1

（2）MCS-51 单片机的定时器/计数器 1 用作计数方式时计数脉冲是（　　）。

    A. 外部计数脉冲由 T1（P3.5）输入　　　　B. 外部计数脉冲由内部时钟频率提供

    C. 外部计数脉冲由 T0（P3.4）输入　　　　D. 由外部计数脉冲计数

（3）MCS-51 单片机的定时器/计数器 1 用于定时，采用工作方式 1，则工作方式控制字为（　　）。

    A. 01H　　　　　　B. 05H　　　　　　C. 10H　　　　　　D. 50H

（4）MCS-51 单片机的定时器/计数器 1 用作计数，采用工作方式 2，则工作方式控制字为（　　）。

    A. 60H　　　　　　B. 02H　　　　　　C. 06H　　　　　　D. 20H

（5）MCS-51 单片机的定时器/计数器 0 用作定时，采用工作方式 1，则初始化编程为（　　）。

    A. TMOD=0X01;　　　　　　　　　B. TMOD=0X50;

    C. TMOD=0X10 ;　　　　　　　　　D. TCON=0X02;

（6）启动 T0 开始定时/计数是使 TCON 的（　　）。

    A. TF0 位置 1　　B. TR0 位置 1　　C. TR0 位置 0　　D. TR1 位置 0

（7）MCS-51 单片机的 T0 停止定时/计数的语句是（　　）。

    A. TR0=0　　　　B. TR1=0　　　　C. TR0=1　　　　D. TR1=1

（8）在定时器/计数器的计数初值计算中，若设最大计数值为 M，对于工作方式 1 下的 M 值为（　　），对于工作方式 2 下的 M 值为（　　）。

    A. M=8192　　　　B. M=256　　　　C. M=16　　　　D. M=65536

2. 填空题。

（1）MCS-51 系列单片机的定时器的内部结构由以下四部分组成：①_____，②_____，③_____，④_____。

（2）MCS-51 系列单片机的定时器/计数器，若只用软件启动，与外部中断无关，应使 TMOD 中的_____。

（3）MCS-51 系列单片机的 T0 做计数方式时，用工作方式 1（16 位），则工作方式控制字为_____。

（4）定时器/计数器工作方式寄存器 TMOD 的作用是_____。

（5）定时器/计数器控制寄存器 TCON 的作用是_____。

（6）T0 的中断类型号为_____；T1 的中断类型号为_____。

（7）假设主频 12MHz。则使用 T0 方式 1 定时最大时间为_____；方式 2 定时最大时间为_____；方式_____定时的时间长。

（8）使用 T1 计数，则方式 1 最大计数值为_____；方式 2 最大计数值为

_____。如果计数 100 次，方式 1 的初值为_____；方式 2 的初值为_____。

（9）MCS-51 系列单片机的定时器/计数器是_____1 计数器。

3．问答题。

（1）MCS-51 单片机的定时器/计数器的定时和计数功能有什么不同？分别应用在什么场合？

（2）MCS-51 单片机的定时器/计数器四种工作方式的特点有哪些？如何进行选择和设定？

4．编程题。

（1）编写使用软件延时 1s 的函数。

（2）编写使用 T0 延时 1s 的函数。

（3）编程实现倒计时的秒表，2 位 LED 数码管显示，延时采用硬件延时方法。

项目6 设计制作数字电压表

6.1 学习目标

① 会根据测量精度要求和 A/D 转换器主要性能指标进行 A/D 转换器选型。
② 学会 A/D 转换器与单片机的接口方法
③ 进一步熟悉 8 段数码管动态显示的编程方法

6.2 项目描述

（1）项目名称
设计制作数字电压表。
（2）项目要求
① 基本要求。使用 AT89C51 单片机作为仿真控制器，STC89C52 作为硬件电路控制器，设计制作数字直流电压表，要求测量的直流电压范围为 0～5V，以数码管显示测量值，要求保留 2 位小数。
② 发挥功能。在数字直流电压表的基础上设计多路数据采集系统，要求能循环采集 8 路直流电压，也可以通过按键选择采集 8 路中任意一路电压，以 6 位数码管显示，2 位显示测量的通道数，4 位显示通道对应的测量值，电压值保留 2 位小数。
（3）项目分析
由于被测量的直流电压是模拟信号，而单片机只能处理二进制信息，即数字信号，因此要完成直流电压的测量及计算，需要采用 A/D 转换器。A/D 转换器是一种能将模拟量转换成数字量的器件。而要将测量的数值显示出来，则可采用在项目 4 所介绍的 8 段数码管来实现。数字直流电压表的结构如图 6-1 所示。

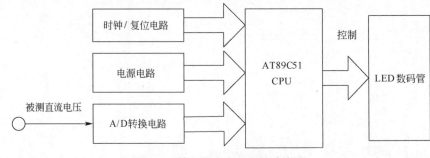

图 6-1 数字直流电压表的结构图

6.3 相关知识

当单片机用于数据采集时，采集对象通常都是连续变化的量（如压力、温度、速度等），而单片机本身所能处理的只能是离散的数字量,因此需要把连续变化的模拟量转换成数字量,才能接入单片机进行处理。由于这些对象常常又是非电量(如压力、温度、速度等),因此还需要利用传感器将非电量的被测物理量转换成电信号后,再通过模/数转换器(A/D 转换器,简称为 ADC)才能把模拟量(电信号)转换成数字量。传感器的相关知识在"传感器技术及应用"课程中有详细介绍,感兴趣的同学也可以自己先学习一些基础的传感器应用知识。

模/数转换器(A/D 转换器,简称为 ADC)是一种将模拟量转换成数字量的器件。

根据 A/D 转换电路的工作原理不同,A/D 转换器可分为计数器型 A/D 转换器、逐次逼近型 A/D 转换器、双积分式 A/D 转换器和电压-频率(V/F)变换型 A/D 转换器。

根据 A/D 转换器与单片机的接口方式不同,A/D 转换器可分为串行输出 A/D 转换器和并行输出 A/D 转换器两种。

按 A/D 转换器输入模拟量的极性分,有单极型和双极型两种。

根据 A/D 转换的二进制位数不同,A/D 转换器可分为 8 位、10 位、12 位、16 位、24 位A/D 转换器。

6.3.1　A/D 转换器主要性能指标及选型原则

6.3.1.1　A/D 转换器主要性能指标

(1)分辨率

分辨率是指 A/D 转换器对输入模拟量的辨别能力,即转换后输出的数字量最低有效位所能代表的输入模拟电压的变化量。A/D 转换器的分辨率通常用数字量的位数来表示,如 8 位、10 位、12 位、16 位、24 位等。

例如,8 位的 A/D 转换器 ADC0809,当参考电压输入端接入的电压为 5V,其分辨率为 $5/2^8$=20mV,这表明当输入模拟电压增加 20mV 时,转换后的数字量才能增加 1。

24 位的 A/D 转换器 AD7713,当参考电压输入端接入的电压为 5V,其分辨率为 $5/2^{24}$=0.0003mV,这表明当输入模拟电压增加 0.0003mV 时,转换后的数字量就能增加 1。

注意:A/D 转换器的位数越大则表示分辨率越高,灵敏度越高。

(2)量程

量程是指 A/D 转换器的输入电压范围,有单极型和双极型两种,如 0～5V、0～±5V 等。

(3)转换时间

转换时间是指 A/D 转换器完成一次模/数转换所需要的时间,一般以"μs"为单位。

(4)量化误差(非线性误差)

量化误差通常是以输出误差的最大值的形式给出,它表示 A/D 转换器实际输出的数字量和理论输出数字量之间的差别,通常以最低有效位的倍数表示。例如进行量化时引起的误差为≤±1/2LSB,就表明实际输出的数字量和理论上应得到的输出数字量之间的误差小于最低位的半个字。

6.3.1.2　A/D 转换器的选型原则

在实际应用系统开发过程中,如果需要采集模拟信号进行处理,则需要用到 A/D 转换器,在选用 A/D 转换器芯片型号时需要考虑以下几个因素。

① 根据输入的模拟信号的电压范围和极性进行选择。

② 根据应用系统的误差要求,从 A/D 转换器的分辨率和量化误差两个性能指标进行选择。

③ 根据输入的模拟信号的变化速度,从 A/D 转换器的转换时间这一性能指标进行选择。

④ 根据微处理器的接口特性，合理考虑 A/D 转换器的输出状态，即采用串行输出 A/D 转换器还是并行输出 A/D 转换器。

⑤ 在满足条件的情况下，尽量选用设计者熟悉的型号进行开发设计。

6.3.2 ADC0808/ADC0809 芯片介绍

（1）ADC0808/ADC0809 内部结构

ADC0808/ADC0809 是 8 位逐次逼近型 A/D 转换器，具有 8 路模拟量输入通道，模拟量输入的电压范围为 0～5V，A/D 转换的转换时间为 100μs。ADC0808/ADC0809 采用 CMOS 工艺制造，可以与单片机直接接口。它的内部结构如图 6-2 所示。

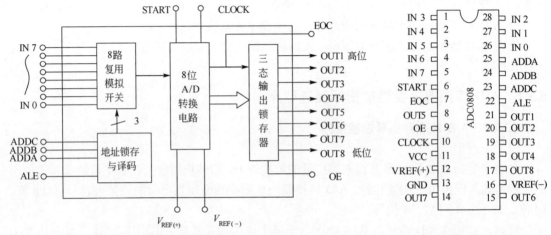

图 6-2　ADC0808/ADC0809 内部结构图　　　　图 6-3　ADC0808/ADC0809 的引脚排列

（2）ADC0808/ADC0809 引脚功能介绍

ADC0808/ADC0809 引脚的排列如图 6-3 所示，各引脚的功能如下。

- IN7～IN0：8 路模拟量输入端。
- START：A/D 转换的启动信号。当 START 来个正脉冲，在下降沿时启动 A/D 转换。
- EOC：转换结束信号。当 A/D 转换结束后，EOC 引脚输出高电平，此信号可用作 A/D 转换是否结束的检测信号，或向单片机发出申请中断的信号。
- OE：输出允许信号。当此信号为高电平有效时，允许从 A/D 转换器的锁存器中读取数字量。
- CLOCK：工作时钟输入引脚，频率范围为 10～1280kHz，典型值为 640 kHz。
- ALE：地址锁存允许。ALE 来一个正脉冲，在上升沿时锁存由 ADDC、ADDB 和 AADA 引脚所确定的地址值，从而选择相应的模拟量输入通道。
- ADDC、ADDB、ADDA：3 位地址输入线，用于选择 8 路模拟通道中的一路，选择情况见表 6-1。

表 6-1　3 位地址线与模拟量输入通道数的对应关系表

ADDC	ADDB	ADDA	对应的模拟量输入引脚
0	0	0	IN0
0	0	1	IN1
0	1	0	IN2

续表

ADDC	ADDB	ADDA	对应的模拟量输入引脚
0	1	1	IN3
1	0	0	IN4
1	0	1	IN5
1	1	0	IN6
1	1	1	IN7

- OUT1～OUT8：8 位数字量输出端。OUT1 为最高有效位 MSB，OUT8 为最低有效位 LSB。
- VREF（+）、VREF（−）：参考电压输入端。对于一般单极型模拟量输入信号，VREF（+）为 5V，VREF（−）为 0V。
- VCC：电源输入端，接+5V。
- GND：接地端。

（3）ADC0808/ADC0809 的工作过程

① 初始化，ALE、START、OE 均为低电平。

② AODC、ADDB、ADDA，ALE 来一个正脉冲，在上升沿时锁存地址值，选择输入通道。

③ START 来个正脉冲，在下降沿时启动 A/D 转换。

④ 等待转换结束。EOC=0 时一直等待，直到 EOC 变为 1。

⑤ EOC=1 时，使 OE 为 1，输出转换结果。

ADC0808/ADC0809 的时序如图 6-4 所示。

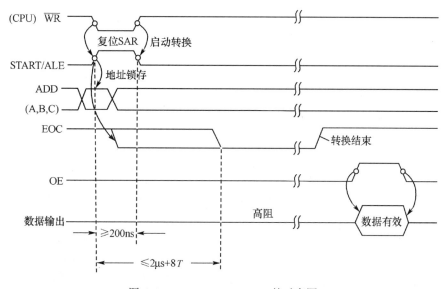

图 6-4　ADC0808/ADC0809 的时序图

6.3.3　TLC549 芯片介绍

根据 A/D 转换器与单片机的接口方式不同，A/D 转换器可分为串行输出 A/D 转换器和并行输出 A/D 转换器两种。在 6.3.2 节所介绍的 ADC0808/ADC0809 属于并行输出型 A/D 转换器，并行输出型 A/D 转换器与单片机接口时需要占用较多的硬件资源，从节省单片机的硬件资源角度考虑，在实际的单片机应用系统的设计中，可以选用串行输出型的 A/D 转换器。

（1）TLC549 芯片简介

TLC549 是德州仪器公司（TI）推出的单路模拟输入的 8 位串行 A/D 转换器。该芯片通过 SCLK、$\overline{CS}$、SDO 三根信号线能方便地采用三线串行接口方式与各种微处理器连接，构成各种廉价的测控应用系统。

TLC549 的主要特性如下。

- 采用 CMOS 技术，输出完全兼容 TTL 和 CMOS 电路。
- 供电电源范围：3～6V。
- 8 位 A/D 转换结果。
- 转换时间：最大 17μs。
- 输入/输出时钟：小于 1.1MHz。
- 低功耗：最大 15mW。
- 工作温度范围：0～70℃；−40～85℃。

（2）TLC549 芯片的内部结构及引脚功能

TLC549 芯片的内部结构如图 6-5 所示。

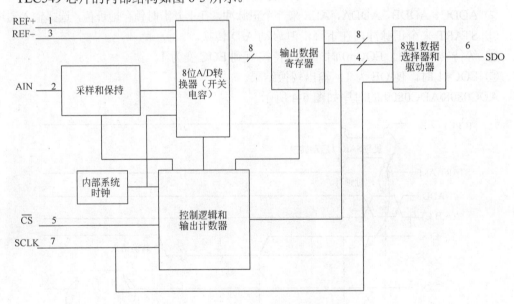

图 6-5　TLC549 的内部结构框图

TLC549 芯片共有 8 个引脚，引脚排列如图 6-6 所示，各引脚功能如下。

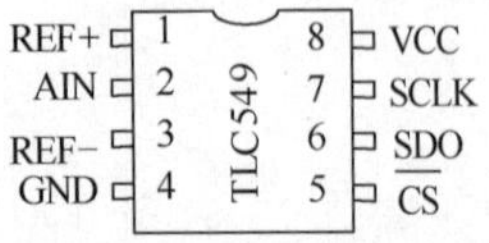

图 6-6　TLC549 引脚图

- REF+：正基准电压输入，$2.5V \leqslant V_{REF+} \leqslant V_{CC}+0.1$。
- REF−：负基准电压输入端，$-0.1V \leqslant V_{REF-} \leqslant 2.5V$，且要求 $V_{REF+} - V_{REF-} \geqslant 1V$。
- VCC：系统电源，3～6V。
- GND：接地端。
- $\overline{CS}$：芯片选择输入端，要求输入高电平 $V_{IN} \geqslant 2V$，输入低电平 $V_{IN} \leqslant 0.8V$。
- SDO：转换结果数据串行输出端，与 TTL 电平兼容，输出时高位在前低位在后。
- AIN：模拟信号输入端，0～V_{CC}，当 AIN 端电压大于等于 REF+端电压时，转换结果为全"1" (0FFH)，AIN 端电压小于等于 REF-端电压时，转换结果为全"0" (00H)。

● SCLK：外接输入/输出时钟输入端，同同步芯片的输入/输出操作，无需与芯片内部系统时钟同步。

（3）TLC549 芯片的工作原理

当 TLC549 芯片的 $\overline{CS}$ 为高电平时，数据输出端（SDO）处于高阻状态，且 SCLK 无效，$\overline{CS}$ 控制功能允许在同时使用多片 TLC549 时，共用 I/O CLOCK（I/O 时钟），以减少多路（片）A/D 并用时的 I/O 控制端口。

当 TLC549 芯片的 $\overline{CS}$ 为低电平时，TLC549 进入 A/D 转换工作状态，工作过程如下。

① 将 $\overline{CS}$ 设置为低电平。在 SCLK 端连续输入 8 个时钟信号，在每个时钟的下降沿，从 TLC549 芯片的 SDO 端依次输出转换结果的 D7～D0 位。注意：SCLK 下降沿产生后，400ns 后新的位被写到数据线上，在编写程序时需要在 SCLK 为低电平后至少延时 400ns。

② 在 SCLK 端连续输入 8 个时钟信号，$\overline{CS}$ 设置为高电平。

TLC549 的时序如图 6-7 所示。

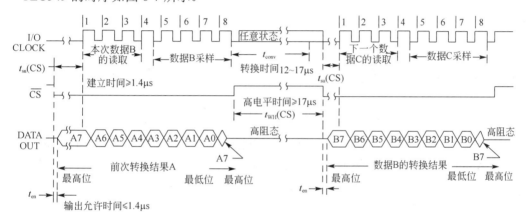

图 6-7　TLC549 的工作时序图

（4）应用举例

① 设计要求。利用 TLC549 采集 0～5V 的直流电压，并将 A/D 转换的结果以二进制数的形式显示出来。

② 硬件电路。根据设计要求，可以得到图 6-8 所示的仿真图，AT89C51 和 TLC549 的供电电压均为+5V。

③ 源程序。

```c
#include<reg51.h>
#define uchar unsigned char
sbit TLC549_SCLK=P3^2;    //定义 P3.2 引脚位名称为 TLC549_SCLK
sbit TLC549_SDO=P3^0;     //定义 P3.0 引脚位名称为 TLC549_SDO
sbit TLC549_CS=P3^1;      //定义 P3.1 引脚位名称为 TLC549_CS
uchar  TLC549_data( )     //TLC549 的 A/D 转换程序
{
    uchar result;         //定义 result 存放 A/D 转换结果
    uchar i=0,j;
    TLC549_CS=1;          //TLC549 的 CS 引脚输出高电平，为 A/D 转换做准备
```

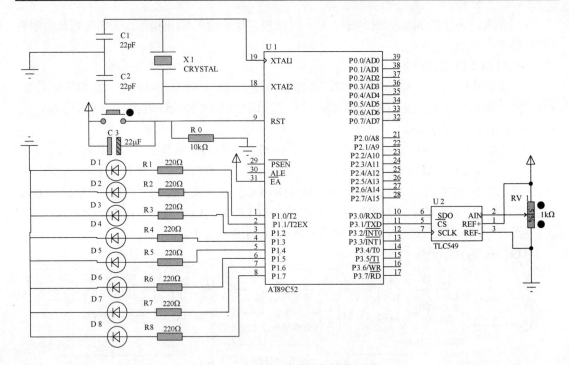

图 6-8　TLC549 与单片机的接口图

```
TLC549_CS=0;        //TLC549 的 CS 引脚输出低电平，开始一个 A/D 转换周期
result=0;           //A/D 转换结果清零
TLC549_SDO=1;       //51 单片机读数据时得先把管脚置 1
for(i=0;i<8;i++)
{
  if(TLC549_SDO==1)result=result|(0x80>>i);//从高位到低位依次获取 A/D 转换的结果
  TLC549_SCLK=1;
  TLC549_SCLK=0; //输出 TLC549 的下降沿，从 SDO 端送出一位 A/D 转换结果
  for(j=0;j<2;j++);    //下降沿产生后，400ns 后新的位被写到数据线上，所以需延时
}
  TLC549_CS=1;        //一个周期结束后，TLC549 的 CS 端设置为高电平
  return result;      //返回 A/D 转换结果
}


void main()
{
    while(1)
    {
P1=TLC549_data();       //将 A/D 转换结果用 P1 口所接的发光二极管显示
    }
}
```

程序运行结果:程序运行时,调节电位器 RV1 使得 TLC549 的 AIN 端输入电压范围为 0～

5V，8 位发光二极管的显示状态随着输入电压的变化而变化。发光二极管的显示状态（即 A/D 转换的数字量）与输入的模拟电压的关系如下：

$$\frac{输入模拟量V_i}{输出的数字量D_o}=\frac{V_{REF+}-V_{REF-}}{2^8}$$

6.3.4　模拟量输出型传感器与单片机的接口技术

在实际的单片机应用系统中，被测参数如压力、流量、温度、液面高度等，一般都是随时间连续变化的非电物理量，通过传感器或敏感元件等检测元件和变送器，把它们转换为模拟电流或电压。由于单片机只能识别数字量，故必须通过 A/D 转换器将测量的模拟量转换成数字信号，才能送入单片机进行处理。图 6-9 所示为被测模拟量与单片机的接口框图，对于小信号(电流或电压)，必须经过放大器进行放大。一般小信号放大环节可选择测量放大器。为了减少经过通道的耦合干扰，可采用隔离放大器。如果传感器安放的现场与单片机系统相距较远，则可选用小信号双线发送器芯片。

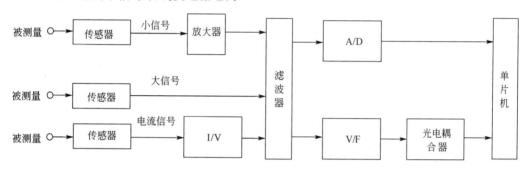

图 6-9　被测模拟量与单片机的接口框图

信号滤波是为了提高信噪比，除了硬件有源或无源滤波外，也可以通过软件实现数字滤波。对于大信号输出传感器，可以省去小信号放大。若是大电流输出，只需经简单的 I/V 转换即可；若是大信号电压，可以经 A/D 转换，也可以经 V/F 转换送入单片机，但后者的响应速度较慢。

输入通道的信号处理除了信号放大、滤波外，还有诸如零点校正、线性化处理、误差修正和补偿以及标度变换等信号处理任务，但这些任务通常利用软件完成。

本节以基于 LM35 的温度计设计为例说明模拟量输出型传感器与单片机的接口方法及编程方法。

6.3.4.1　温度传感器 LM35 简介

LM35 是 National Semiconductor 生产的温度传感器，其输出的电压值与摄氏温度成正比，转换公式如下：

$$V_o=10(mV/℃)×T(℃)$$

LM35 主要特性如下。

① 工作电压：直流 4～30V。

② 输出电压：−1.0～+6V。

③ 精度：0.5℃（在+25℃时）。

④ 比例因数：线性+10.0mV/℃。

⑤ 校准方式：直接用摄氏温度校准。

⑥ 额定使用温度范围：–55～+150℃。

LM35 虽然有多种不同的封装形式，但其主要的功能引脚有 3 个：+Vs（正电源输入端）、GND（接地端）、V_{OUT}（电压输出端）。LM35 有单电源供电和正负双电源供电两种供电模式。正负双电源的供电模式可实现负温度的测量。两种供电模式如图 6-10 所示。

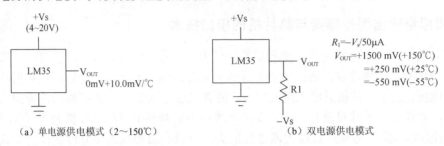

（a）单电源供电模式（2～150℃）　　　　　　（b）双电源供电模式

图 6-10　LM35 的供电方式

6.3.4.2　基于 LM35 的温度计的硬件电路设计

设计要求：利用 LM35 测量室温（假设温度均为零上摄氏度），并以摄氏度为单位显示测量的室温值，显示温度最小单位为 1℃。

设计思路：测量的室温均为零上摄氏度，则 LM35 可采用单电源供电模式。根据 LM35 的特性可知，LM35 输出的电压值为毫伏级电压，属于小信号，因此应采用放大器对 LM35 输出的电压值进行放大后才接入 A/D 转换器的模拟量输入通道。单片机采集 A/D 转换的数字量进行处理并用数码管显示。基于 LM35 的温度计的硬件仿真图如图 6-11 所示。

6.3.4.3　基于 LM35 的温度计的程序设计

（1）编程思路

整个程序的控制流程如下。

①单片机控制 TLC549 采集温度，并接收 TLC549 转换后的数字量。

②单片机对接收到的数字量进行处理。

③单片机控制数码管显示温度值。

在程序设计过程中，为了准确地显示测量的温度值，必须按照硬件电路图找出 A/D 转换输出的数字量与被测量（温度）之间的关系。

LM35 输出的电压与温度的关系为：

$$V_{o} = 10(\text{mV}/^{\circ}\text{C}) \times T(^{\circ}\text{C})$$

由 μA741 组成的放大电路，其输入与输出的关系为：

$$V_{o} = 5V_{i}$$

TLC549 输入模拟量与输出的数字量之间的关系为：

$$\frac{\text{输入模拟量} V_{i}}{\text{输出的数字量} D_{o}} = \frac{V_{\text{REF}+} - V_{\text{REF}-}}{2^{8}}$$

由此得出单片机接收到的数字量与被测的温度之间的关系为：

$$温度\ T(^{\circ}\text{C}) = 数字量\ D_{o} \times 20/51$$

（2）程序设计

```
#include<reg51.h>
#define uchar unsigned char
#define uint unsigned int
```

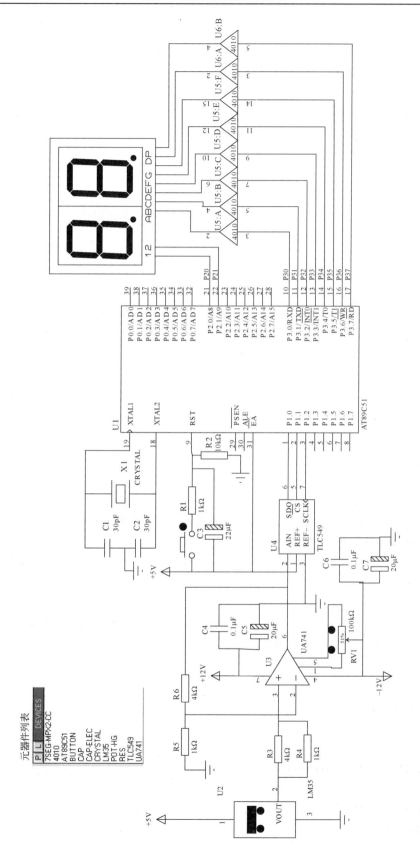

图 6-11　基于 LM35 的温度计的硬件仿真图

```
sbit TLC549_SDO=P1^0; //定义 P1.0 引脚位名称为 TLC549_SDO
sbit TLC549_CS=P1^1; //定义 P1.1 引脚位名称为 TLC549_CS
sbit TLC549_SCLK=P1^2; //定义 P1.2 引脚位名称为 TLC549_SCLK

#define outbit   P2//outbit 为数码管的公共端控制量
#define outseg   P3//outseg 为数码管的段码端控制量
#define len 2    //len 为数码管的个数

uchar ledbuf[len]; //显示缓冲,存储显示字符的字段码
uchar    code    segmap[17]={0x3F,0x06,0x5B,0x4F,0x66,0x6D,0x7D,0x07,0x7F,0x6F,0x77,
0x7C,0x39,0x5E,0x79,0x71,0x00};

 uchar   TLC549_data( )//TLC549 的 A/D 转换程序
{
    uchar result;//定义 result 存放 A/D 转换结果
    uchar i=0,j;

    TLC549_CS=1;//TLC549 的 CS 引脚输出高电平，为 A/D 转换做准备
    TLC549_CS=0; //TLC549 的 CS 引脚输出低电平，开始一个 A/D 转换周期
    result=0;//A/D 转换结果清零
    TLC549_SDO=1;//51 单片机读数据时得先把管脚置 1
    for(i=0;i<8;i++)
    {
      if(TLC549_SDO==1)
      result=result|(0x80>>i);//从高位到低位依次获取 A/D 转换的结果
      TLC549_SCLK=1;
      TLC549_SCLK=0;     //输出 TLC549 的下降沿，从 SDO 端送出一位 A/D 转换结果
      for(j=0;j<2;j++);//下降沿产生后，400ns 后新的位被写到数据线上，所以需延时
    }
    TLC549_CS=1;        //一个周期结束后，TLC549 的 CS 端设置为高电平
    return result;        //返回 A/D 转换结果
}
//延时子程序
void Sleep(uchar count)
{
  uchar i;
  while(count-- != 0) for(i=0;i<255;i++);
}
//LED8 段码显示函数
void DispLed()
{
```

```
uchar i, pos=0x01; //从左往右显示，公共端控制暂存变量 pos 设置为 0x01
outbit=0xFF;          //全灭
for(i=0; i<len; i++)   //扫描 2 个 LED
 {
    outseg = ledbuf[i]; //输出当前的段码值
    outbit=~pos;          //输出公共端的控制值，选通一个数码管
    Sleep(1);          //延时
    pos<<=1;          //公共端控制暂存变量 pos 左移一位，为选通下一个数码管做准备
    outbit=0xFF;       //关闭所有数码管
  }
}
void main()
{
   uint tt;
   uchar a,b;
   uchar i;
     while(1)
   {
     tt=TLC549_data();//读取 A/D 转换结果
     tt=tt*20/51;       //计算温度值，保存在 tt 中
     a=tt/10;          //计算温度的十位
     b=tt%10;          //计算温度的个位
     ledbuf[0]=segmap[a];//获取十位的段码值
     ledbuf[1]=segmap[b]; //获取个位的段码值
     for(i=0;i<100;i++)DispLed();//显示温度值
   }
}
```

6.4　项目实施

（1）项目的总体设计

本项目要求使用 AT89C51 单片机作为仿真控制器，STC89C52 作为硬件电路控制器，设计制作数字电压表，要求测量的直流电压范围为 0～5V，以 3 位数码管显示测量值，即保留 2 位小数。

（2）电路设计

在项目实施阶段，主要采用 ADC0808 实现电压量的采集，用共阴极数码管显示测量的结果，AT89C51 实现电压采集处理以及数码管的实现控制。器件名称如图 6-12 所示，仿真电路图如图 6-13 所示。

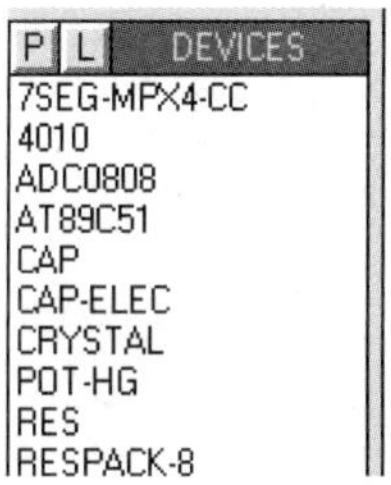

（3）程序设计

① 程序设计思路。

数字电压表的功能是采集 0～5V 的直流电压，并用数码管显示电压值，整个程序设计流

```
P L    DEVICES
7SEG-MPX4-CC
4010
ADC0808
AT89C51
CAP
CAP-ELEC
CRYSTAL
POT-HG
RES
RESPACK-8
```

图 6-12　元器件列表

程为：单片机启动 ADC0808 对直流电压进行采集，并将模拟量转换成数字量。如图 6-14 所示。输入模拟量与输出的数字量之间的关系为：

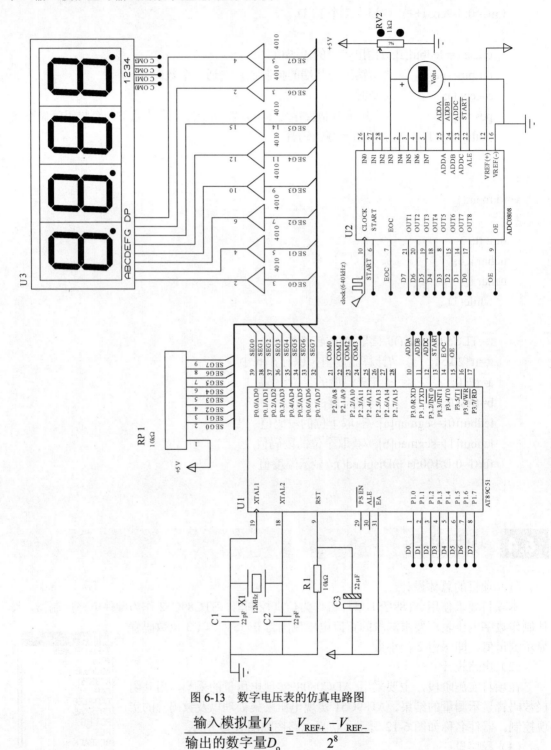

图 6-13　数字电压表的仿真电路图

$$\frac{输入模拟量V_i}{输出的数字量D_o}=\frac{V_{REF+}-V_{REF-}}{2^8}$$

② 源程序。

#include<reg51.h>

```
#include<intrins.h>
#define uchar unsigned char
#define uint unsigned int

#define adout P1        //定义 adout（P1）接收 A/D 转换器转换成的数字量

sbit start=P3^3;        //定义 start 为 ADC0808 的 START 信号
sbit eoc=P3^4;          //定义 eoc 为 ADC0808 的 EOC 信号
sbit oe=P3^5;           //定义 oe 为 ADC0808 的 OE 信号

sbit addc=P3^2;         //addc、addb 和 adda 为 ADC0808 的
                        //地址 ADDC、
sbit addb=P3^1;         //ADDB 和 ADDA 引脚
sbit adda=P3^0;

#define outbit   P2     //outbit 为数码管的公共端控制量
#define outseg   P0     //outseg 为数码管的段码端控制量
#define len 4           //len 为数码管的个数

uchar ledbuf[len];  //显示缓冲,存储显示字符的字段码
uchar code segmap[17]
={0x3F,0x06,0x5B,0x4F,0x66,0x6D,0x7D,0x07,0x7F,0x6F,0x77, 0x7C,0x39,0x5E,0x79,0x71,
0x00};

//延时子程序
void Sleep(uchar count)
{
  uchar i;
  while(count-- != 0) for(i=0;i<255;i++);
}
//LED8 段码显示函数
void DispLed()
{
uchar i, pos=0x01;    //从左往右显示，公共端控制暂存变量 pos 设置为 0x01
outbit=0xFF;              //全灭
  for(i=0; i<len; i++)     //扫描 4 个 LED
  {
     outseg = ledbuf[i]; //输出当前的段码值
     outbit=~pos;         //输出公共端的控制值，选通一个数码管
     Sleep(1);            //延时
```

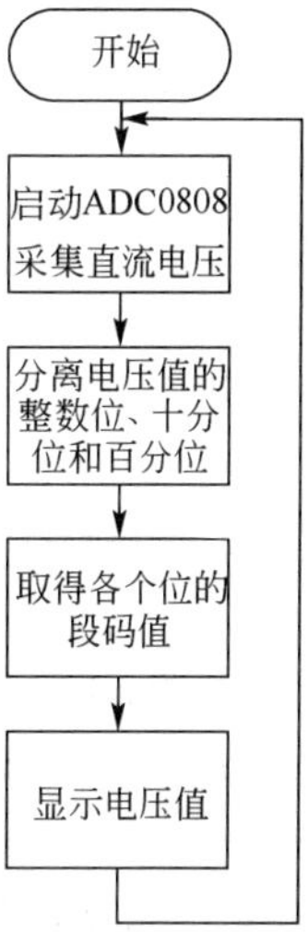

图 6-14 数字电压表的程序流程图

```
        pos<<=1;      //公共端控制暂存变量 pos 左移一位，为选通下一个数码管做准备
        outbit=0xFF;          //关闭所有数码管
    }
}

//ADC0808 采集电压 A/D 转换程序
uchar adc0808(uchar channel)
{
    uchar adresult;       //adresult 存放 A/D 转换结果
    adout=0xFF;           //adout 作为输入端，在输入前需向相应的寄存器写入"1"
    eoc=1;                //各个控制信号初始化
    start=0;
    eoc=1;
    oe=0;

  switch(channel)    //给 ADDC、ADDB 和 ADDA 赋值，选定模拟输入通道数
  {
    case   0:addc=0;addb=0;adda=0;break;
    case   1:addc=0;addb=0;adda=1;break;
    case   2:addc=0;addb=1;adda=0;break;
    case   3:addc=0;addb=1;adda=1;break;
    case   4:addc=1;addb=0;adda=0;break;
    case   5:addc=1;addb=0;adda=1;break;
    case   6:addc=1;addb=1;adda=0;break;
    case   7:addc=1;addb=1;adda=1;break;
    default:addc=0;addb=0;adda=0;break;
  }

    start=1;
    _nop_();
    _nop_();
    start=0;              //start 和 ale 来一个正脉冲，启动 A/D 转换

    while(eoc==0);        //等待 A/D 转换结束
    oe=1;                 //A/D 转换结束，OE 设置为高电平
    adresult=adout;       //输出 A/D 转换的数字量
    return(adresult);     //返回 A/D 转换的数字量
}

  void main()
  {
```

```
        uint ad;
        uchar a,b,c;                          //a 保存整数位，b 保存十分位，c 保存百分位
        uchar j;
        while(1)
        {

                ad=adc0808(3);           //启动 ADC0808 采集直流电压
                a=ad/51;                     //计算电压值的整数位 a、十分位 b 和百分位 c
                b=(ad%51)*10/51;
                c=(((ad%51)*10)%51)*10/51;
                ledbuf[0]=0x00;          //取得各个位的段码值，存放在 ledbuf 数组
                ledbuf[1]=segmap[a]|0x80;
                ledbuf[2]=segmap[b];
                ledbuf[3]=segmap[c];
                for(j=0;j<100;j++)DispLed();          //调用显示程序显示测量结果


        }
}
```

（4）仿真调试

① 在 Proteus 电路图上双击单片机加载生成的 HEX 文件，开始进行仿真。

② 修改程序或者电路图的错误并重新仿真验证。

（5）完成发挥功能

① 在图 6-13 的基础上，增加 7 个电位器，并将数码管改成 6 位共阴极数码管，完成多路数据采集系统的电路设计。

② 在上述程序的基础上，修改 len 值为 6，并修改主程序 main，其他程序可不做修改，从而完成多路数据采集系统的程序编写。

（6）实战训练

① 准备如表 6-2 所示的材料、工具，使用万能板或者制作 PCB 板完成硬件电路的制作。在电路板的制作过程中，需要注意以下问题。

a. 在仿真阶段，ADC0808 的 CLOCK 接入一个由 DCLOLK 产生的 500kHz 的时钟信号，而在制作电路板时，可以用 AT89C51 的 ALE 引脚接入 D 触发器构成一个二分频电路产生的时钟信号代替 DCLOLK 产生的 640kHz 的时钟信号。如图 6-15 所示。

b. 在制作电路板时，ADC0808 的 IN3 引脚上所接的电位器应去掉，改为导线或表笔，与接地端共同构成数字电压表的测试输入端。

c. 如图 6-13 所示的电路图，可以将数码管的段选端使用 P1、P2、P3 口中的一个进行驱动，去掉上拉电阻排。将 4010 去掉，改用 4 只三极管驱动 4 位数码管的位选端，可以降低电路的复杂程度，当然程序也要做相应的修改。

② 使用 STC 下载工具下载程序到单片机，借助万用表测量输入的模拟电压，与本项目显示的结果进行比较，从而完成本项目的软硬件的调试。

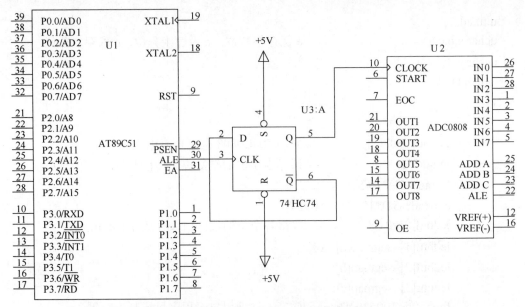

图 6-15　ADC0808 的 DCLOCK 引脚的接法

表 6-2　项目设备、工具、材料表

类型	名称	数量	型号	备注
设备	示波器	1	20MHz	
	万用表	1	普通	
工具	电烙铁	1	普通	
	斜口钳	1	普通	
	剥线钳	1	普通	
	镊子	1	普通	
	Keil C51 软件	1	2.0 版以上	
	Proteus 软件	1	7.0 版以上	
	STC 下载软件	1	ISP 下载	
器件	51 系列单片机	1	AT89C51 或 STC89C51/52	根据下载方法选型
	单片机座子	1	DIP40	
	晶振	1	12MHz	两输入端无源晶振
	瓷片电容	2	22pF	
	电解电容	1	22μF/16V	
	电阻	1	10kΩ	
	电阻	4	1kΩ	驱动数码管位选端
	三极管	4	PNP9012	
	A/D 转换芯片	1	ADC0808	
	A/D 芯片座子	1	DIP28	
	排阻	1	集成 8 个电阻	不使用 P0 口驱动段选端的话可以不用
	D 触发器	1	74HC74	
	数码管	1		3 位或 4 位的数码管
	电源	1	直流 400mA/5V 输出	
材料	焊锡	若干		
	万能板	1	9cm×15cm	或自制 PCB 板
	导线	若干	φ0.8mm 多芯漆包线	或网线

思考与练习

1. 什么是 A/D 转换器？其主要性能指标有哪些？

2. 选用 A/D 转换器芯片需要遵循哪些原则？

3. 若 8 位 A/D 转换器的参考电压输入端的电压为 +10V，则其分辨率为多少？

4. 简述 ADC0808 的工作过程。

5. 用 8 位逐次逼近比较式 A/D 转换器转换电压，已知参考电压为 5V，被测的电压为 3V，则 A/D 转换器输出的数字量为多少？

6. 用 8 位逐次逼近比较式 A/D 转换器转换电压，已知参考电压为 5V，若 A/D 转换器输出的数字量为 96H，则被测的电压为多少？

7. 用 TLC549 完成数字电压表的软硬件设计。

项目 7　设计制作信号发生器

7.1　学习目标

① 学习 D/A 转换器的基本知识。
② 学会 MCS-51 单片机与 DAC0832 的接口。
③ 学习 DAC0832 的三种不同的工作方式。
④ 学习 TLC5615 的基本应用方法。

7.2　项目描述

（1）项目名称

信号发生器的制作

（2）项目要求

① 基本要求。利用 AT89C51 单片机与数/模转换芯片 DAC0832 及集成运放 LM324 组成波形发生器，通过转换开关选择波形——锯齿波、三角波、正弦波，通过编程实现各种波形，并用示波器观察输出波形的频率及幅度。

② 发挥功能。

a. 利用单片机的定时器产生方波信号。

b. 利用串行芯片 TLC5615 产生锯齿波。

（3）项目分析

信号发生器的实现方法如下。

方法一：采用分立元件实现非稳态的多谐振荡器，然后根据需要加入积分电路等构成正弦、矩形、三角等波形发生器。这种方法输出频率范围窄，电路参数设定复杂，其频率大小的测量往往需要通过硬件电路的切换来实现，操作不方便。

方法二：采用函数信号发生器 ICL8038 集成模拟芯片，它是一种可以同时产生方波、三角波、正弦波的专用集成电路。但是这种模块产生的波形都不是纯净的波形，会寄生一些高次谐波分量，采用其他的措施虽可滤除一些，但不能完全滤除掉。

方法三：采用单片机和 DAC0832 或其他 D/A 转换器生成波形，由于是软件滤波，所以不会有寄生的高次谐波分量，生成的波形比较纯净。它的特点是性价比高，在低频范围内稳定性好、操作方便、体积小、耗电少。在本项目的设计中采用方法三进行设计。其框图如图 7-1 所示。

单片机所能直接处理和分析的量都是数字量，有时对输出电路的控制及操作需要用模拟量来完成，这就需要将数字量通过 D/A 转换器转换成相应的模拟量，完成这种转换的器件称为 D/A 转换器。

利用 D/A 转换器输出的模拟量与数字量成正比，通过程序控制单片机向 D/A 转换器送出随时间呈一定规律变化的数字信号，D/A 转换器输出端就可以输出随时间按一定规律变化的模拟量，即产生波形。D/A 转换器在实际中经常作为波形发生器使用，通过它可以产生各种各样的波形。在本项目实施中，将采用单片机结合 D/A 转换器来实现波形发生器。

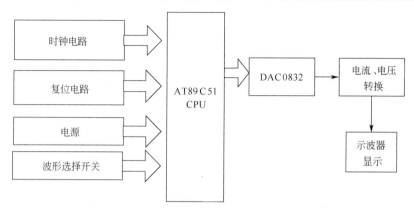

图 7-1　信号发生器框图

7.3　相关知识

D/A 转换器是把输入的数字量转换为与之成正比的模拟量的器件，其输入的是数字量，输出的是模拟量。下面从 D/A 转换器的性能指标及选型、分类以及典型的 D/A 转换器介绍等三个方面进行说明。

7.3.1　D/A 转换器主要性能指标及选型

在设计 D/A 转换器与单片机接口之前，一般要根据 D/A 转换器的技术指标选择 D/A 转换器芯片。

7.3.1.1　D/A 转换器的主要性能指标

（1）分辨率

分辨率是指 D/A 转换器所能产生的最小模拟量的增量，是数字量最低有效位（LSB）所对应的模拟值。这个参数反应 D/A 转换器对模拟量的分辨能力。分辨率的表示方法有很多种，一般用最小模拟值变化量与满量程信号值之比来表示。例如，8 位的 D/A 转换器的分辨率为满量程信号值的 1/256，12 位的 D/A 转换器的分辨率为满量程信号值的 1/4096。

（2）精度

精度用于衡量 D/A 转换器在数字量转换成模拟量时，所得模拟量的精确程度。它表明了模拟输出实际值与理论值之间的偏差。

（3）线性度

线性度是指 D/A 转换器的实际转换特性与理想转换特性之间的误差。一般来说，D/A 转换器的线性误差应小于 ±1/2LSB。

（4）温度灵敏度

这个参数表明 D/A 转换器具有受温度变化影响的特性。

（5）建立时间

建立时间是指从数字量输入端发生变化开始，到模拟输出稳定在额定值的 ±1/2LSB 时所需要的时间。它是描述 D/A 转换器转换速率快慢的一个参数。

7.3.1.2　D/A 转换器的分类

D/A 转换器种类繁多、性能各异。按输入数字量的位数可以分为 8 位、10 位、12 位和 16 位等；按输入的数码可以分为二进制方式和 BCD 码方式；按传送数字量的方式可以分为并行方式和串行方式；按输出形式可以分为电流输出型和电压输出型，电压输出型又有单极型和双极型之分；按与单片机的接口可以分为带输入锁存的和不带输入锁存。

常用的有 DAC0830 系列、DAC82 系列、DAC1020/AD7520 系列、DAC1220/AD7521 系列、ADC1208 系列、DAC1230 系列和 DAC708/709 系列。

7.3.2　DAC0832 D/A 转换器

7.3.2.1　DAC0832 芯片概述

DAC0832 是 8 位的 D/A 转换器芯片。由于 DAC0832 与单片机接口方便，转换控制容易，价格便宜，所以在实际工作中广泛应用。

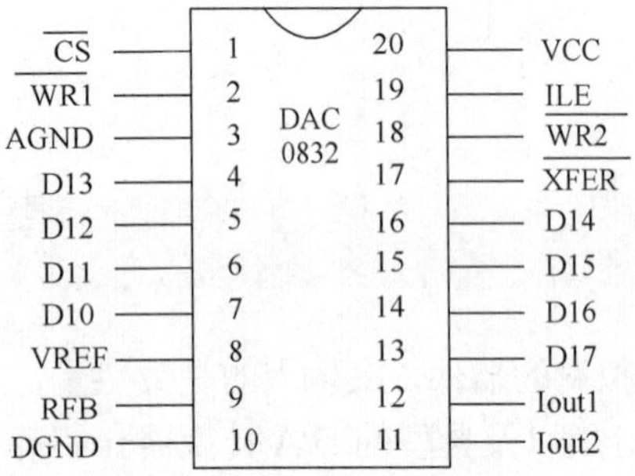

DAC0832 是一种电流型 D/A 转换器，数字输入端具有双重缓冲功能，有单缓冲、双缓冲或直通输入方式；由单电源供电，在 5～15V 范围内均可正常工作；基准电压的范围为 ±10V；电流建立时间 1μs；CMOS 工艺，低功耗（仅为 20mW）。

图 7-2　DAC0832 引脚图

7.3.2.2　DAC0832 芯片的引脚

DAC0832 芯片为 20 引脚、双列直插封装，引脚排列如图 7-2 所示。它的各引脚功能说明如表 7-1 所示。

表 7-1　DAC0832 引脚信号说明

引脚	功　能
DI7～DI0	8 位数字量的输入端
$\overline{\text{CS}}$	片选信号，低电平有效
ILE	数据锁存允许信号，高电平有效
$\overline{\text{WR1}}$、$\overline{\text{WR2}}$	写信号 1、2，低电平有效
$\overline{\text{XFER}}$	数据传送控制信号，低电平有效
Iout1、Iout2	电流输出 1、2
RFB	反馈电阻端
VREF	基准电压输入端。电压范围–10～+10V
DGND	数字地
AGND	模拟地

7.3.2.3　DAC0832 的工作方式

DAC0832 内部主要由 8 位输入寄存器、8 位 DAC 寄存器、8 位 D/A 转换器和控制逻辑电路组成。8 位输入寄存器接收从外部发来的 8 位数字量，锁存于内部的锁存器中；8 位 DAC 寄存器从 8 位输入寄存器中接收数据，并能把接收到的数据锁存于它内部的锁存器；8 位 D/A 转换器对 8 位 DAC 寄存器发送来的数据进行转换，转换的结果通过 Iout1 和 Iout2 输出。8 位输入寄存器和 8 位 DAC 寄存器都分别有自己的控制端 $\overline{\text{LE1}}$ 和 $\overline{\text{LE2}}$。它的内部结构如图 7-3 所示。

通过改变控制引脚 ILE、$\overline{\text{WR1}}$、$\overline{\text{WR2}}$、$\overline{\text{CS}}$ 和 $\overline{\text{XFER}}$ 的连接方法，DAC0832 具有直通

方式、单缓冲方式和双缓冲方式三种工作方式。

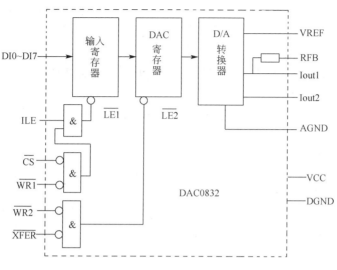

图 7-3 DAC0832 内部结构

（1）直通方式

当引脚 ILE 直接接电源，$\overline{WR1}$、$\overline{WR2}$、$\overline{CS}$、$\overline{XFER}$ 直接接地时，DAC0832 工作在直通方式下，此时，8 位输入寄存器、8 位 DAC 寄存器都直接处于导通状态，当 8 位数字量一到达 DI0～DI7，就立即开始进行 D/A 转换，输出端得到转换的模拟量。这种方式处理简单。

（2）单缓冲方式

通过连接 ILE、$\overline{WR1}$、$\overline{WR2}$、$\overline{CS}$、$\overline{XFER}$ 引脚，使得两个锁存器中的一个处于直通状态，另一个处于受控状态，或者两个同时被控，DAC0832 就工作于单缓冲方式。如图 7-4 所示。

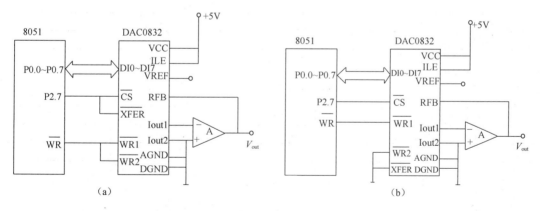

图 7-4 单缓冲方式

（3）双缓冲方式

把 DAC0832 的两个锁存器都连接成受控锁存方式。如图 7-5 所示。

7.3.3 TLC5615 D/A 转换器

（1）TLC5615 芯片概述

TLC5615 是具有串行接口的数/模转换器，其输出为电压，最大输出电压是基准电压值的

2 倍。带有上电复位功能，即把 DAC 寄存器复位至全零。其性能比早期电流型 DAC 要好，只需要通过 3 根串行总线就可以完成 10 位数据的串行输入，易于和工业标准的微处理器或微控制器（单片机）接口，适用于电池供电的测量仪表、移动电话，也适用于数字失调与增益调整以及工业控制场合。

TLC5615 是带有缓冲基准输入（高阻抗）的 10 位电压输出 DAC，具有基准电压 2 倍的输出电压范围，且输出电压是单调变化的，器件用单 5V 电源工作，具有上电复位功能，它的数字控制通过 3 线串行总线，器件接收 16 位数据以产生模拟输出。数字输入端特点是带有施密特触发器，具有高噪声抑制能力。

（2）TLC5615 芯片的引脚

TLC5615 芯片为 8 引脚、双列直插式封装。图 7-6 所示为其引脚图，各引脚说明见表 7-2。

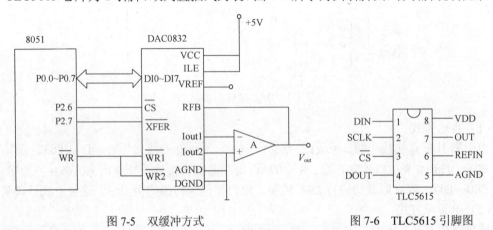

图 7-5　双缓冲方式　　　　　　　　图 7-6　TLC5615 引脚图

表 7-2　TLC5615 引脚说明

引脚	功　能
DIN	串行数据输入
SCLK	串行时钟输入
$\overline{CS}$	片选信号，低电平有效
DOUT	用于菊花链（daisy chaining）的串行数据输出
AGND	模拟地
REFIN	参考输入端
OUT	DAC 模拟电压输出端
VDD	正电源（5V）

（3）TLC5615 芯片的工作原理

TLC5615 的内部框图如图 7-7 所示，它主要由以下几部分组成。

① 10 位的 DAC 电路。

② 一个 16 位移位寄存器，接收串行移入的 16 位二进制数字量，并且有一个用于级联的数据输出端 DOUT。

③ 并行输出的 10 位 DAC 寄存器，为 10 位 DAC 电路提供转换的二进制数据。

④ 电压跟随器为参考电压端 REFIN 端提供很高的输入阻抗，大约 10MΩ。

⑤ 电压放大器输出最大值为参考电压（REFIN 端）的 2 倍的电压量。

⑥ 具有上电复位电路和控制电路。

TLC5615 具有以下两种工作方式。

① 12 位数据序列工作方式。16 位移位寄存器分为高 4 位虚拟位、10 位数据位、低 2 位填充位。在单片 TLC5615 工作时，只需向 16 位移位寄存器按先后输入 10 位有效位和低 2 位填充位，高 4 位虚拟位数据任意。

② 级联方式，即 16 位数据序列，可以将本片的 DOUT 端接入下一级的 DIN 端，需要将 16 位移位寄存器按先后输入高 4 位虚拟位、10 位有效位和低 2 位填充位，由于增加了 4 个虚拟位，所以需要 16 个时钟脉冲。无论工作在哪种方式下，输出电压为：

$$V_{OUT}=2V_{REFIN}\times N/1024$$

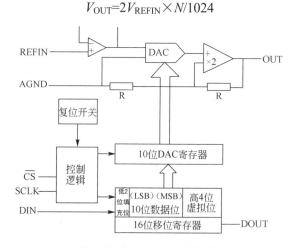

图 7-7　TLC5615 内部结构

（4）TLC5615 的工作时序

片选信号 $\overline{CS}$ 为低电平时，串行输入数据才能送入 16 位移位寄存器。当 $\overline{CS}$ 为低电平时，在每一个 SCLK 时钟的上升沿将 DIN 的数据移入 16 位移位寄存器；接着，$\overline{CS}$ 的上升沿将 16 位移位寄存器的 10 位有效数据所存在 10 位 DAC 寄存器中，供 DAC 电路进行转换。当片选信号 $\overline{CS}$ 为高电平时，串行输入数据不能送入移位寄存器。

注意：$\overline{CS}$ 的上升沿和下降沿都必须发生在 SCLK 为低电平的期间。TLC5615 时序图如图 7-8 所示。时序图中各种时序说明见表 7-3。

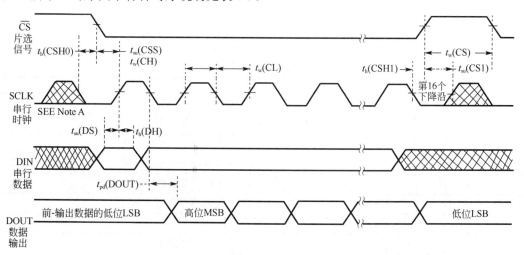

图 7-8　TLC5615 时序图

7.4　项目实施

（1）硬件仿真电路图设计

采用单片机的 P0 口和 P2 口来实现单片机与 DAC0832 芯片间的单缓冲方式连接，由于 DAC0832 输出的是电流形式的模拟量，因此需要通过集成运算放大器 LM324 将电流转换为电压，以便输出电压波形。所用到的元件列表如图 7-9 所示，电路如图 7-10 所示。

图 7-9　仿真元件列表

（2）程序设计

① 程序设计思路。在对 I/O 口扩展或访问外部设备时，P2 口对应高地址、P0 口对应低地址，一般 P2 用于控制信号，P0 口作为数据通道。通过图 7-10 可以看到单片机与 DAC0832 的接线方式，若需要选中 DAC0832，$\overline{CS}$ 就为低电平，即 P2.7 也为低电平，这就决定了 DAC0832 用 XBYTE 定义的是外部地址，为 0x7FFF。若 $\overline{CS}$ 与 P2.6 相连接，则地址为 0xBFFF。

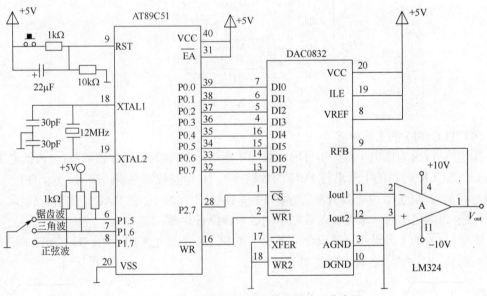

图 7-10　单片机与 DAC0832 构成的波形发生器

表 7-3　时序符号说明表

符号类型	说　　明
t_{su}(DS)	DIN 到 SLK 高电平建立时间
t_h(DH)	DIN 到 SLK 高电平保持时间
t_{su}(CCS)	$\overline{CS}$ 低电平到 SCLK 高电平建立时间
t_{su}(CSI)	$\overline{CS}$ 高电平到 SCLK 高电平建立时间
t_h(CSH0)	SCLK 低电平到 $\overline{CS}$ 低电平保持时间
t_h(CSH1)	SCLK 低电平到 $\overline{CS}$ 高电平保持时间
t_w(CS)	片选信号最小脉宽
t_w(CL)	SCLK 信号低电平脉冲宽度
t_w(CH)	SCLK 信号高电平脉冲宽度

利用 DAC0832 实现波形发生器，P1 口读取波形选择开关的状态，分别产生锯齿波、三角波、正弦波，主程序流程图如图 7-11（a）所示。其中产生锯齿波的编程思路为：先输出 8 位二进制最小值 "0"，然后按加 1 规律递增，当输出数据达到最大值 255 时，再回到 0 重复上一过程，程序流程图如图 7-11（b）所示。产生正弦波是通过查表方式实现的：把一个周期的正弦波分成 255 份，把输出从–1~1 的范围按比例放大至 00H～FFH 的范围，即把产生波形输出的二进制数据以数值的形式预先存放在程序存储器中，再按顺序依次取出送至 D/A 转换器。

② 程序编写。

//xm7_1.c 利用单片机控制 DA0832 产生方波、锯齿波和正弦波三种波形

#include <reg51.h>

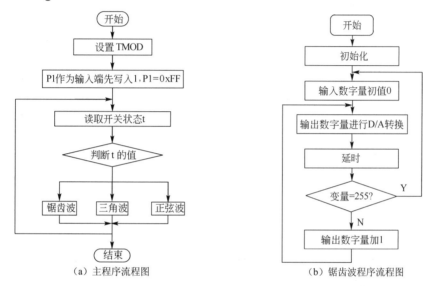

（a）主程序流程图　　　　　　　（b）锯齿波程序流程图

图 7-11　波形发生器程序流程图

#include <absacc.h>　　　　　　//绝对地址访问头文件
#define DAC0832 XBYTE[0x7FFF]　　//DAC0832 的地址为 0x7FFF
#define uchar unsigned char
#define uint　unsigned int
//正弦波一周期内采样 256 次，把输出按比例放大至 00H~FFH 范围
uchar code sin[]={
0x80,0x83,0x86,0x89,0x8D,0x90,0x93,0x96,0x99,0x9C,0x9F,0xA2,0xA5,0xA8,0xAB,0xAE,
0xB1,0xB4,0xB7,0xBA,0xBC,0xBF,0xC2,0xC5,0xC7,0xCA,0xCC,0xCF,0xD1,0xD4,0xD6,0xD8,
0xDA,0xDD,0xDF,0xE1,0xE3,0xE5,0xE7,0xE9,0xEA,0xEC,0xEE,0xEF,0xF1,0xF2,0xF4,0xF5,
0xF6,0xF7,0xF8,0xF9,0xFA,0xFB,0xFC,0xFD,0xFD,0xFE,0xFF,0xFF,0xFF,0xFF,0xFF,0xFF,
0xFF,0xFF,0xFF,0xFF,0xFF,0xFF,0xFE,0xFD,0xFD,0xFC,0xFB,0xFA,0xF9,0xF8,0xF7,0xF6,
0xF5,0xF4,0xF2,0xF1,0xEF,0xEE,0xEC,0xEA,0xE9,0xE7,0xE5,0xE3,0xE1,0xDF,0xDD,0xDA,
0xD8,0xD6,0xD4,0xD1,0xCF,0xCC,0xCA,0xC7,0xC5,0xC2,0xBF,0xBC,0xBA,0xB7,0xB4,0xB1,
0xAE,0xAB,0xA8,0xA5,0xA2,0x9F,0x9C,0x99,0x96,0x93,0x90,0x8D,0x89,0x86,0x83,0x80,
0x80,0x7C,0x79,0x76,0x72,0x6F,0x6C,0x69,0x66,0x63,0x60,0x5D,0x5A,0x57,0x55,0x51,

```
0x4E,0x4C,0x48,0x45,0x43,0x40,0x3D,0x3A,0x38,0x35,0x33,0x30,0x2E,0x2B,0x29,0x27,
0x25,0x22,0x20,0x1E,0x1C,0x1A,0x18,0x16,0x15,0x13,0x11,0x10,0x0E,0x0D,0x0B,0x0A,
0x09,0x08,0x07,0x06,0x05,0x04,0x03,0x02,0x02,0x01,0x00,0x00,0x00,0x00,0x00,0x00,
0x00,0x00,0x00,0x00,0x00,0x00,0x01,0x02,0x02,0x03,0x04,0x05,0x06,0x07,0x08,0x09,
0x0A,0x0B,0x0D,0x0E,0x10,0x11,0x13,0x15,0x16,0x18,0x1A,0x1C,0x1E,0x20,0x22,0x25,
0x27,0x29,0x2B,0x2E,0x30,0x33,0x35,0x38,0x3A,0x3D,0x40,0x43,0x45,0x48,0x4C,0x4E,
0x51,0x55,0x57,0x5A,0x5D,0x60,0x63,0x66,0x69,0x6C,0x6F,0x72,0x76,0x79,0x7C,0x80};
void delay();                //延时函数
void juchi();                //锯齿波函数
void sanjiao();              //三角波函数
void zhengxian();            //正弦波函数
void main()
{
  uchar t;
  TMOD=0x10;                 //设置定时器工作方式，T1 工作方式 1
  P1=0xFF;                   //作为输入端 P1 口应先写入 1
  while(1)
  { t=P1;                    //读取波形挡位开关
    switch(t)
    {
        case 0xDF: juchi();        break;
        case 0xBF: sanjiao();      break;
        case 0x7F: zhengxian();    break;
        default: break;
    }
  }
}
void delay()                 //T1 定时器定时 1ms
{
TH1=0xFC;   TL1=0x18;        //定时器初值设定
TR1=1;                       //启动定时器
while(!TF1);                 //查询是否溢出
TF1=0;                       //将溢出标志位清零
}
void juchi()
{uchar i;
  for(i=0;i<255;i++)         //形成锯齿波，最大值为 255
  {
    DAC0832=i;               //D/A 转换输出
    delay();                 //延时
  }
```

```
    }
    void sanjiao()
    {
      uchar i;
      for(i=0;i<255;i++)           //形成三角波，i 增加到最大值为 255
      {
        DAC0832=i;               //D/A 转换增量输出
        delay();                 //延时
      }
      for(i=255;i>0;i--)           //形成三角波，i 减小至最小值 0
      {
        DAC0832=i;               //D/A 转换减量输出
        delay();                 //延时
      }
    }
    void zhengxian()
    {
     uchar i;
     for(i=0;i<255;i++)           //形成正弦波，i 增加到最大值为 255
     {
      DAC0832=sin[i];            //D/A 转换增量输出
      delay();                   //延时
     }
    }
```

思考：如何修改程序可以调整输出波形的频率？若需要调整输出波形幅度，又应该如何修改电路？

（3）仿真调试

仿真波形使用数字示波器进行观察。在 Protues 工具条中点到"Virtual Instrument Mode"按钮，然后选择"Oscilloscope"一项，添加至 Vout 端。仿真运行后，查看波形，可在"Debug"菜单中找到"Digital Oscilloscope"一项。

将波形开关选择到锯齿波挡位，产生的锯齿波仿真波形如图 7-12 所示。思考：为何产生的波形是反相后的？将波形选择开关分别选至三角波、正弦波挡，仿真可以得到三角波波形如图 7-13 所示，正弦波如图 7-14 所示。

（4）发挥功能

① 利用单片机的定时器产生方波信号。

方波信号可以利用单片机的定时器编程输出，并且可以通过定时的不同获得不同频率的方波，不需再接外围电路，如图 7-15 所示。用单片机的 P2.0 口输出 500μs 的方波，只需 P2.0 每 250μs 取反一次即可；当晶振频率为 12MHz，机器周期 1μs，定时器/计数器 0 工作在方式 2，可以设初值 $X=256-250=6$；可以采用查询方式处理，也可采用中断处理方式，本程序采用查询方式。

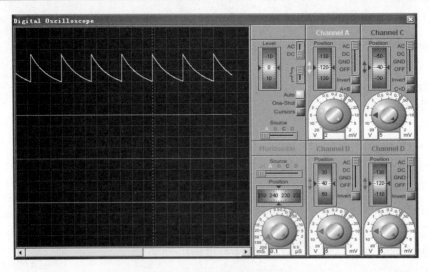

图 7-12　锯齿波波形仿真图

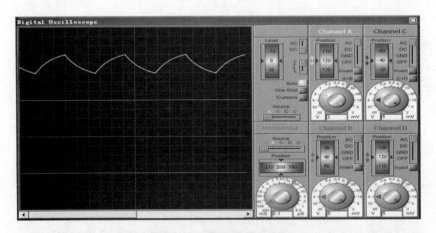

图 7-13　三角波波形仿真图

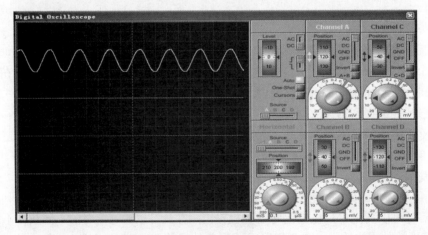

图 7-14　正弦波波形仿真图

参考程序如下：

//xm7_2.c 利用单片机的并口产生方波

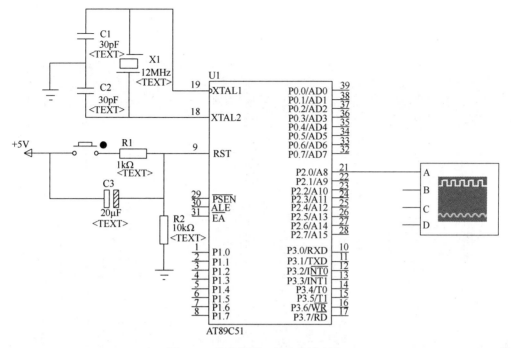

图 7-15　单片机并口输出方波电路

```c
#include <reg51.h>
sbit P2_0=P2^0; //定义位变量
void main()
{
TMOD=0x02;                 //设置 T0，工作方式 2
TH0=6;   TL0=6;            //设置初值
TR0=1;                     //启动 T0
while(1)
{
if(TF0==1)                 //查询是否溢出
  {TF0=0;                  //溢出标志清零
   P2_0=!P2_0;}            //P2.0 取反，输出方波
 }
}
```

仿真运行后，得到的波形如图 7-16 所示。

思考：程序如何修改可改变方波的频率？如何产生锯齿波和三角波？

② 利用串行芯片 TLC5615 产生锯齿波。

串行芯片 TLC5615 与 DAC0832 相比较而言，最大的优点是节约了 I/O 端口数量。由于 TLC5615 输出量为电压量，所以外围电路也相对简单些，硬件电路如图 7-17 所示。

参考程序如下：

```c
//xm7_3.c 使用 TLC5615 实现锯齿波发生器
#include <reg52.h>
#include <intrins.h>
```

```
#define uint unsigned int
#define uchar unsigned char
```

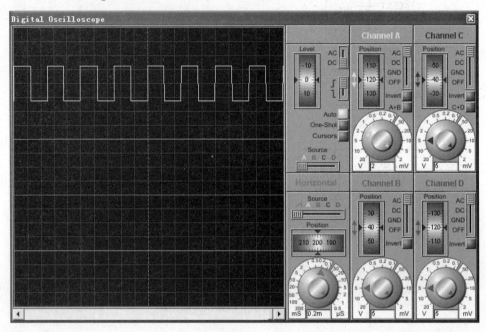

图 7-16　利用定时器产生方波波形

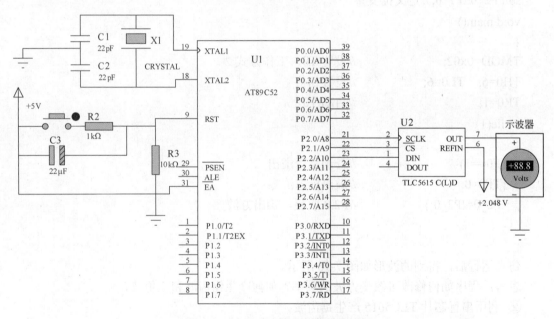

图 7-17　TLC5615 实现锯齿波发生器

```
sbit sclk=P2^0;                    //串行时钟输入端
sbit cs =P2^1;                     //片选信号
sbit din =P2^3;                    //串行数据输入端
void delay( )                      //延时函数
```

```
    {
      uchar i;
      for(i=10;i>0;i--);
    }
    void DA(uint dat)              //D/A 转换函数
    {
      uint temp;
      temp=dat<<4 ;                //取 10 位有效数据
      cs=1;
      din=1;
      sclk=0;
      cs=0;                        //cs 为低电平时，sclk 上升沿将 din 数据移入 16 位移位寄存
       for(i=0;i<12;i++)           //器有 2 位为填充位
          {
            if(temp & 0x8000);
            din=1;                 //将第 1 位数送入，CY 是 PSW 中的进位标志位
            else din=0;
            temp<<1;
            sclk=1;
            _nop_();
             sclk=0;
          }
      cs=1;            //上升沿将 16 位移位寄存器的 10 位有效数据所存在 10 位 DAC 寄存
                       //器中 cs 的上升沿和下降沿都必须发生在 sclk 为低电平的期间
    }
    void main( )
    {
     uint j;
     while(1)
     {
     for(j=0;j<0x03FF;j++)        //10 位串行输入，最大值 0x03FF
     {
       DA(j<<2);
       delay();
     }
     }
    }
```

经过仿真运行后，得到波形如图 7-18 所示。

思考：用 TLC5615 芯片如何产生三角波？

（5）实战训练

① 准备以下材料、工具（表 7-4），使用面包板搭建硬件电路并测试。

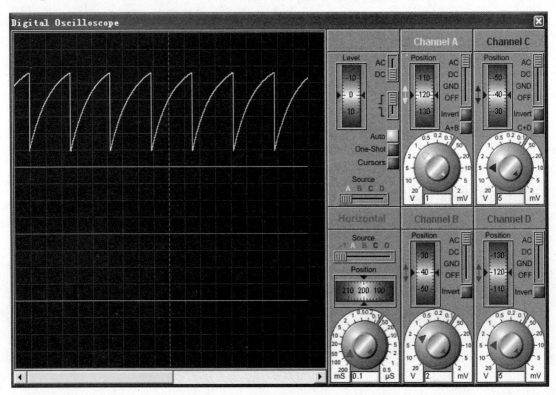

图 7-18　TLC5615 产生的锯齿波

表 7-4　项目设备、工具、材料表

类型	名称	数量	型号	备注
设备	示波器	1	20MHz	
	电源	1	直流 400mA/5V 输出	
	万用表	1	普通	
工具	电烙铁	1	普通	
	斜口钳	1	普通	
	镊子	1	普通	
	Keil C51 软件	1	2.0 版以上	
	Proteus 软件	1	7.0 版以上	
	STC 下载软件	1	ISP 下载	
器件	51 系列单片机	1	AT89C51 或 STC89C51/52	据下载方法选型
	单片机座子	1	DIP40	
	晶振	1	12MHz	
	瓷片电容	2	30pF	
	电解电容	1	22μF/16V	
	按键	1		
	电阻	1	10kΩ	
		4	1kΩ	

续表

类型	名称	数量	型号	备注
器件	开关	1	3 挡选择开关	
	D/A 转换芯片	1	DAC0832	
	20 脚插座	1		
	集成运算放大器	1	LM324	
	14 脚插座	1		
	焊锡	若干		
材料	面包板	1	9cm×15cm	或实验板
	导线	若干	φ0.8mm 多芯漆包线	或网线

② 使用 STC 下载工具下载程序到单片机，调试软硬件，用示波器观察输出波形。

思考与练习

1. 选择题。

（1）DAC0832 是一种（　　　）的芯片。

    A. 8 位模拟量转换成数字量　　　　B. 8 位数字量转换成模拟量

    C. 16 位模拟量转换成数字量　　　　D. 16 位数字量转换成模拟量

（2）DAC0832 的工作方式有（　　　）。

    A. 直通工作方式　　　　　　　　　B. 单缓冲工作方式

    C. 双缓冲工作方式　　　　　　　　D. 直通、单缓冲、双缓冲工作方式

（3）多片 DAC0832 转换器必须采用（　　　）接口方式。

    A. 直通　　　　B. 单缓冲　　　　C. 双缓冲　　　　D. 都可以

2. 填空题。

（1）D/A 转换器的作用是将_____量转换成_____量。

（2）DAC0832 利用_____、_____、_____、_____、_____控制信号可以构成三种不同的工作方式。

3. 简答题。

（1）D/A 转换器的主要性能指标有哪些？

（2）TLC5615 的工作时序是什么？

（3）TLC5615 主要由哪几部分组成？

4. 编程题。

利用串行转换芯片 TLC5615 产生三角波的功能，硬件电路如图 7-15 所示。

项目 8 设计制作密码锁

8.1 学习目标

① 学会独立式键盘和矩阵式键盘按键识别程序编写。
② 初步了解 I^2C 总线工作原理和工作过程。
③ 学习使用串行存储芯片 CAT24C02 进行数据存储和读取。
④ 学会使用液晶显示器 LCD1602。

8.2 项目描述

（1）项目名称
设计制作密码锁。
（2）项目要求
① 基本功能 密码锁工作原理为主人外出，门上锁后，系统开始工作，用户输入正确的 4 位密码自动开锁，输入错误则报警；报警方式为声音报警。
② 密码锁具有设置密码功能，在设置密码时，按下修改密码键，输入旧密码，当旧密码正确时，进入密码设置功能，需连续输入两次新密码以做校验，设置完成后按确认键，完成密码修改，系统开始工作。
③ 发挥功能。
a. 增加密码的位数为 4~10 位。
b. 实现附加功能：如果用户输入密码的时间超过 40s，电路将报警 80s，若电路连续报警三次，电路将锁定键盘 5min，以防止他人的非法操作。
c. 增加低功耗状态，当按键在 2min 之内没有任何操作时，液晶屏自动进入黑屏节能状态。
（3）项目分析
电子密码锁主要应用于住宅、保密部门档案保管室、银行金库等地方，用来防止外人非法进入。本例设计一个简单的电子密码锁，用于保密性不是很高的住宅门锁，能够实现输入正确的密码开门，输入错误的密码则报警。采用 AT89C51 作为主控芯片，包括键盘、密码存储电路、显示电路、声音报警电路、开锁电路。电子密码锁的硬件结构如图 8-1 所示。

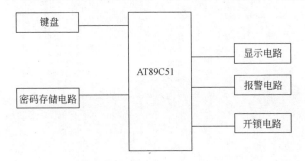

图 8-1 电子密码锁硬件结构图

8.3 相关知识

8.3.1 键盘接口技术

8.3.1.1 键盘的工作原理

键盘是单片机应用系统中使用最广泛的一种数据输入设备。在单片机应用系统中，一般都是通过键盘向单片机输入指令、数据，实现人机交互。键盘是一组按键的组合。按键通常是一种常开型按钮开关，常态下键的两个触点处于断开状态，按下键时它们才闭合（短路）。如图 8-2 所示就是一个按键实物图。

（1）按键的判断

按键在接入单片机时的结构如图 8-3 所示。在按键被按下的时候，键的两个触电接通，P2.0 从高电平变化到低电平，单片机就是通过判断引脚电平的变化来确定按键是否按下。

图 8-2 按键实物图

如果"sbit P20=P2^0;"则判断按键是否按下的语句是"if(P20==0){;}"。

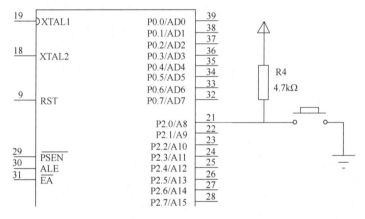

图 8-3 按键和单片机接口

（2）按键消除抖动

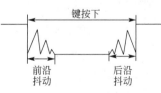

图 8-4 按键闭合和断开时的抖动

通常按键是一个机械式开关，开关闭合的时候不会马上稳定地接通，断开的时候也不会立即断开，在按键被按下或松开的瞬间，其输出电压会产生波动，称为键的抖动，见图 8-4。

抖动的时间长短由按键的机械特性决定，一般为 5~10ms，这种抖动对于人来说感觉不到，但是对于时钟频率是 12MHz、1ms 可以执行 500~1000 条指令的单片机来说，时间就显得非常长了，所以必须消除抖动。只能在非抖动时间段判断按键是否按下。消抖方法有硬件消抖和软件消抖（延时）两种。

① 硬件消抖法。在键盘中附加消除抖动电路，从而消除抖动。图 8-5 所示电路是由 R-S 触发器构成的单脉冲电路。开关处于闭合时，输出端状态是低电平；开关处于断开时，输出端状态是高电平。R-S 触发器在高低电平的转换过程中没有抖动，以此来消除抖动。

② 软件消抖法。键按下的时间与操作者的按键动作有关，约为十分之几移到几秒不等，而键抖动时间与按键的机械特性有关，一般为 5～10ms 不等。软件消抖是利用延时来跳过抖动的过程，当判断有按键按下后，先执行一段大于 10ms 的延时程序后再去判断是否有按键按下，如果再次判断有按键按下，那么就是真正的有按键按下，这样自然就跳过了抖动时间而消除抖动了。

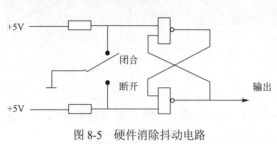

图 8-5　硬件消除抖动电路

硬件消抖需要增加消除抖动电路，导致键盘电路复杂，成本增加。而软件消抖则不需要增加硬件电路，成本更低，但是软件消抖占用了 CPU 的时间。实际设计的时候常用软件消抖方式。

8.3.1.2　独立式键盘与单片机接口

通常键盘有编码键盘和非编码键盘两种。编码键盘通过硬件电路产生被按按键的键码和一个选通脉冲。选通脉冲可作为 CPU 的中断请求信号。这种键盘使用方便，所需程序简单，但硬件电路复杂，在单片机中较少采用。

非编码键盘按组成结构又可分为独立式键盘和矩阵式键盘。独立式键盘就是各按键相互独立，每个按键各接一根 I/O 接口线，每根 I/O 口线上的按键都不会影响其他的 I/O 口线。只需要检测每一根 I/O 接口线上的电平状态，就可以判断出哪个按键被按下了。

独立式键盘的电路简单，软件编制容易，但是每个按键占用一条 I/O 线，当按键数量较多时，I/O 口利用率不高，适用于所需按键较少的场合。如图 8-6 所示。

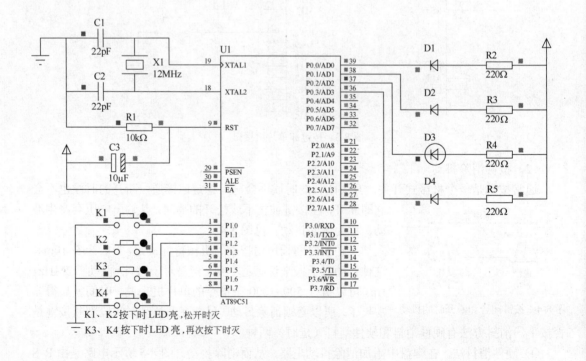

图 8-6　独立式控制移位操作

//4 个按键 K1～K4 状态显示

```c
#include <reg52.h>
#define uchar unsigned char
#define uint unsigned int
sbit LED1 = P0^0;
sbit LED2 = P0^1;
sbit LED3 = P0^2;
sbit LED4 = P0^3;
sbit K1 = P1^0;
sbit K2 = P1^1;
sbit K3 = P1^2;
sbit K4 = P1^3;
void DelayMS(uint x)
{
    unit t;
    while(x--) for(t=124;t>0;t--);
}
void main()
{
    P0=0xFF;
    P1=0xFF;
    while(1)
    {
        LED1 = K1;         LED2 = K2;   //K1、K2 按下灯亮，松开灭
        if(K3==0)                       //K3、K4 按下灯亮，再按一次灭
        {
            DelayMS(10);
            if(K3==0)
            {
                while(K3==0)
                LED3=!LED3;
            }
        }
        if(K4==0)
        {
            DelayMS(10);
            if(K4==0)
            {
                while(K4==0)
                LED4=!LED4;
            }
        }
    }
}
```

8.3.1.3　矩阵式键盘与单片机接口

矩阵式键盘又称为行列式键盘，用 I/O 线组成行、列结构，按键设置在行和列的交叉点上。在图 8-7 中，使用 P1 口 8 跟 I/O 线可以组成一个 4×4 的行列式键盘，共有 16 个按键，可以大大地增加按键的数量。当按键按下的时候，把对应的行线和列线接通，利用合适的方法可以判断出是哪个按键被按下了。例如，当 P1.0 送 "0"（相当于接地），则当 3 号键按下，会引起 P1.4 引脚由高电平变为低电平。

一个 4×4 键盘共有 16 个按键，需要对每一个按键进行编号以方便编程时使用。图 8-7 对每个按键进行了编号（0～15），这个编号称之为键号。图中的键号跟行号和列号的关系如下：

键号=行号×4+列号

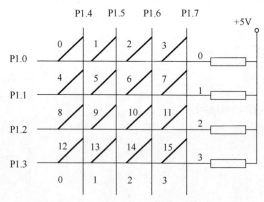

图 8-7　4×4 键盘接线图

矩阵式键盘扫描子程序工作过程如图 8-8 所示。

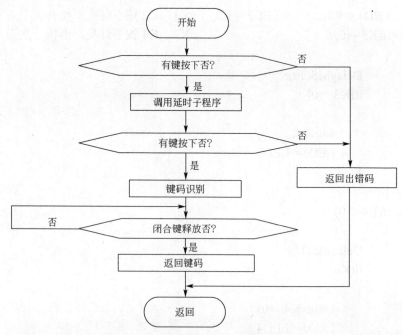

图 8-8　矩阵式键盘扫描子程序流程图

矩阵式键盘的工作过程分为两步：第一步首先检测是否有按键按下；第二步识别是哪个按键按下了，即识别键号。

检测是否有按键按下的方法是：将列线输出全为 0，判断行线的状态，若无按键按下，则行线全为 1，若有一个按键按下，则总会有一根行线电平被拉至低电平，行线不全为 1。

程序如下：

```
/********************************
*函数名称：TestKey()
*函数功能：判断矩阵式键盘是否有按键按下
*说明：若有按键按下，返回 0x00
        若无按键按下，返回 0xFF。
********************************/
#define KeyPort    P1
usigned char TestKey()
{
    unsigned char temp;
    KeyPort=0x0F;              //列线输出全为 0
    temp=KeyPort&0x0F;         //读取行线的数值
    if(0x0F==temp)             //若行线全为 1，无按键按下，返回 0xFF
        return 0xFF;
    else                       //若行线不全为 1，有按键按下，返回 0x00
        return 0x00;
}
```

识别按键键码有两种实现方法：逐行扫描法和线反转法。

（1）逐行扫描法

依次从第一至最末行线上发出低电平信号；如果该行线所连接的键没有按下的话，则列线所接的端口得到的是全"1"信号；如果有键按下的话，则得到非全"1"信号。然后根据"0"信号线所处的位置，就可以判断出哪个按键按下了。

程序如下：

```
/********************************************************
* 名称：Key_Tab()
* 功能：P1 外接 4×4 按键，按照查表法读出键值
* 返回：按键值 0~15，如无键按下，返回 0xFF
********************************************************/
#include <reg51.h>
#define uint unsigned int
#define uchar unsigned char
#define     KeyPort    P1
uchar code K_Tab[4][4] = { 0xEE, 0xDE, 0xBE, 0x7E, 0xED, 0xDD, 0xBD, 0x7D,
                           0xEB, 0xDB, 0xBB, 0x7B, 0xE7, 0xD7, 0xB7, 0x77};
uchar Key_Tab(void)
{
 uchar temp1 = 0x01, temp2, i, j;
   temp1 = 0x01;             //扫描码置初值，首先扫描第 0 行
if(!TestKey())              //是否有按键按下
{
delay(10);                  //有，则延时 10ms，原函数见项目 1
```

```c
    if(!TestKey())              //确实有按键按下
{                               //进行键值识别
    for(i = 0; i < 4; i++)
        {                                      //扫描低 4 位
            KeyPort = ~temp1;                  //输出一行 0
            temp2 =KeyPort;                    //马上读入数据
            if((temp2 & 0xF0) != 0xF0)
                {                              //如果此行有键按下
                  for(j = 0; j < 4; j++)       //就扫描高 4 位
                    if(temp2 == K_Tab[i][j])   //查表
                      {
                        while((KeyPort & 0xF0)!=0xF0);   //查到了就等待按键释放
                        return    i * 4 + j;    //返回按键的键值
                      }
                }
            else temp1 <<=1 ; //该行无键按下,扫描码移动一位,准备扫描下一行
        }
    }
        else     return 0xFF;   //无按键按下,返回 0xFF
    }
    else   return 0xFF;   //无按键按下,返回 0xFF
}
```

（2）线反转法

线反转法也是识别闭合键的一种常用方法,该法比行扫描速度快,但在硬件上要求行线与列线外接上拉电阻。

先将行线作为输出线,列线作为输入线,行线输出全"0"信号,读入列线的值,那么在闭合键所在的列线上的值必为 0;然后从列线输出全"0"信号,再读取行线的输入值,闭合键所在的行线值必为 0。这样,当一个键被按下时,必定可读到一对唯一的行列值,再由这一对行列值可以求出闭合键所在的位置。

程序如下:

```c
/***********************************************************
* 名称：KeyScan()
* 功能：P1 外接 4×4 按键, 按照线反转法读出键值
* 输出：按键值 0～15, 如无键按下, 返回 0xFF
***********************************************************/
#include <reg51.h>
#define uint unsigned int
#define uchar unsigned char
#define   KeyPort    P1
uchar KeyScan(void)
{
  uchar temH, temL, key;
if(!TestKey())     //是否有按键按下
```

```
{
delay(10);                    //有，则延时 10ms，原函数见项目 1
    if(!TestKey())            //确实有按键按下
        {                     //进行键值识别
        KeyPort= 0xF0;        //低 4 位输出 0
        temH = KeyPort&0xF0;  //读入，高 4 位含有按键信息
        KeyPort= 0x0F;        //反转输出 0
        temL = KeyPort&x0F;   //读入，低 4 位含有按键信息
        switch(temH)
            {   //列号暂存在 key 中
                case 0xE0: key = 0; break;
                case 0xD0: key = 1; break;
                case 0xB0: key = 2; break;
                case 0x70: key = 3; break;
                default: return 0xFF;    //出错，返回 0xFF
            }
        switch(temL)                //键号=行号*4+列号
            {                       //按键在
            case 0x0E: return key;      //第 0 行，0*4+key
            case 0x0D: return key + 4;  //第 1 行，1*4+key
            case 0x0B: return key + 8;  //第 2 行，2*4+key
            case 0x07: return key + 12; //第 3 行，3*4+key
            default: return 0xFF;       //出错，返回 0xFF
            }
        }
    else    return 0xFF;              //无按键按下，返回 0xFF
    }
else    return 0xFF;                  //无按键按下，返回 0xFF
}
```

最后需要注意一点，AT89C51 单片机的 P1 口内部接有上拉电阻，电路中不需要额外接上拉电阻；如果使用 P0 口，则端口引脚需要在电路外部接上拉电阻到+5V 电压上，否则可能会导致识别错误的情况。

练习：在图 8-7 的基础上，加上 2 个 LED 数码管，显示按键的键值，画出仿真电路图并编程调试。

8.3.2　CAT24C02 应用

8.3.2.1　I²C 总线简介

采用串行总线技术可以使系统的硬件设计大大简化、系统的体积减小、可靠性提高，同时使系统的更改和扩充极为容易。

常用的串行扩展总线有：单总线（1-Wire BUS）、I²C 总线、SPI（Serial Peripheral Interface）总线、CAN 总线及 Microwire/PLUS 等。下面仅讨论 I²C 总线。

I^2C（Inter-Integrated Circuit）总线是一种由 Philips 公司开发的两线式串行总线，用于连接微控制器及其外围设备。I^2C 总线产生于 20 世纪 80 年代，最初为音频和视频设备开发，如今主要在服务器管理中使用，其中包括单个组件状态的通信。例如管理员可对各个组件进行查询，以管理系统的配置或掌握组件的功能状态，如电源和系统风扇；可随时监控内存、硬盘、网络、系统温度等多个参数，增加了系统的安全性，方便了管理。

I^2C 总线最主要的优点是其简单性和有效性。由于接口直接在组件上，因此 I^2C 总线占用的空间非常小，减少了电路板的空间和芯片管脚的数量，降低了互联成本。总线的长度可达 25 英尺，并且能够以 10kbps 的最大传输速率支持 40 个组件。I^2C 总线的另一个优点是它支持多主控（Multimastering），其中任何能够进行发送和接收的设备都可以成为主总线。一个主控能够控制信号的传输和时钟频率。当然，在任何时间点上只能有一个主控。

I^2C 总线是由数据线 SDA 和时钟 SCL 构成的串行总线，可发送和接收数据。在 CPU 与被控 IC 之间、IC 与 IC 之间进行双向传送，最高传送速率 100kbps。各种被控制电路均并联在这条总线上，但就像电话机一样只有拨通各自的号码才能工作，所以每个电路和模块都有唯一的地址，在信息的传输过程中，I^2C 总线上并接的每一模块电路既是主控器（或被控器），又是发送器（或接收器），这取决于它所要完成的功能。CPU 发出的控制信号分为地址码和控制量两部分，地址码用来选址，即接通需要控制的电路，确定控制的种类；控制量决定该调整的类别（如对比度、亮度等）及需要调整的量。这样，各控制电路虽然挂在同一条总线上，却彼此独立，互不相关。

I^2C 总线在传送数据过程中共有三种类型信号，它们分别是：开始信号、结束信号和应答信号。

① 开始信号：SCL 为高电平时，SDA 由高电平向低电平跳变，开始传送数据。

② 结束信号：SCL 为高电平时，SDA 由低电平向高电平跳变，结束传送数据。

③ 应答信号：接收数据的 IC 在接收到 8 位数据后，向发送数据的 IC 发出特定的低电平脉冲，表示已收到数据。CPU 向受控单元发出一个信号后，等待受控单元发出一个应答信号，CPU 接收到应答信号后，根据实际情况作出是否继续传递信号的判断。若未收到应答信号，判断为受控单元出现故障。

这些信号中，起始信号是必需的，结束信号和应答信号都可以不要。

目前，很多半导体集成电路上都集成了 I^2C 接口，很多外围器件如存储器、监控芯片、时钟芯片也提供 I^2C 接口。下面学习 I^2C 存储芯片 CAT24C×× 与单片机的接口。

8.3.2.2　I^2C 总线 EEPROM 芯片与单片机接口

（1）串行 EEPROM 芯片 CAT24C×× 系列概述

CAT24C×× 系列是美国 CATALYST 公司出品的，包含 1～256Kb，支持 I^2C 总线数据传送协议的串行 CMOS EEPROM 芯片，可用电擦除，可编程自定义写周期，自动擦除时间不超过 10ms，典型时间为 5ms。

CAT24CXX 系列包含 CAT24C01 / 02 / 04 / 08 / 16 / 32 / 64 / 128 / 256 共 9 种芯片，容量分别为 1、2、4、8、16、32、64、128、256（Kb）。串行 EEPROM 一般具有两种写入方式，一种是字节写入方式，另一种是页写入方式。允许在一个写周期内同时对 1 个字节到一页的若干字节的编程写入，一页的大小取决于芯片内页寄存器的大小。其中，CAT24C01 具有 8 字节数据的页写能力，CAT24C02 / 04 / 08 / 16 具有 16 字节数据的页写能力，CAT24C32/64 具有 32 字节数据的页写能力，CAT24C128 / 256 具有 64 字节数据的页写能力。CAT24C01/02/04/08/16/32/64、CAT24C128、CAT24C256 管脚排列图分别如图 8-9（a）、（b）、 （c）所示。

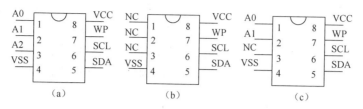

图 8-9　CAT24C××的引脚图

- SCL：串行时钟线。这是一个输入管脚，用于形成器件所有数据发送或接收的时钟。
- SDA：串行数据/地址线。这是一条双向传输线，用于传送地址和所有数据的发送或接收。它是一个漏极开路端，因此要求接一个上拉电阻到 VCC 端（速率为 100kHz 时电阻为 10kΩ，400kHz 时为 1kΩ）。对于一般的数据传输，仅在 SCL 为低电平期间 SDA 才允许变化。SCL 为高电平期间，留给开始信号（START）和停止信号（STOP）。
- A0、A1、A2：器件地址输入端。这些输入端用于多个器件级联时设置器件地址，当这些脚悬空时默认值为 0（CAT24C01 除外）。
- WP：写保护。如果 WP 管脚连接到 VCC，所有的内容都被写保护（只能读）。当 WP 管脚连接到 VSS 或悬空，允许对器件进行正常的读/写操作。
- VCC：电源线。
- VSS：地线。

（2）CAT24C××的器件地址

CAT24C××的器件地址为 8 位，高 4 位固定为 1010，接下来的 3 位用来定义器件的片选地址位或者作为存储器的页地址选择位，用来定义哪个器件以及器件的哪个部分被主控制器访问。片选地址必须与硬件输入引脚 A2、A1、A0 相对应。器件地址最后一位是读写控制位，为"1"表示对器件进行读操作，为"0"表示对器件进行写操作。在主控制器发送起始信号后，CAT24C××接收随后发出来的地址并用此地址跟自己的地址进行比较，只有地址相同的器件才发送一个应答信号，其他器件不做任何响应，同时也不响应随后发送的数据。见表 8-1。

表 8-1　CAT24C××的器件地址

型号	控制码	片选			读/写	总线访问的器件
CAT24C01	1010	A2	A1	A0	1/0	最多 8 个
CAT24C02	1010	A2	A1	A0	1/0	最多 8 个
CAT24C04	1010	A2	A1	a8	1/0	最多 4 个
CAT24C08	1010	A2	a9	a8	1/0	最多 2 个
CAT24C16	1010	a10	a9	a8	1/0	最多 1 个
CAT24C32	1010	A2	A1	A0	1/0	最多 8 个
CAT24C64	1010	A2	A1	A0	1/0	最多 8 个
CAT24C128	1010	×	×	×	1/0	最多 1 个
CAT24C256	1010	0	A1	A0	1/0	最多 4 个

在本项目中，使用 CAT24C02 存储密码，接下来重点介绍 CAT24C02 的读写操作，其他系列的芯片读写时序有少许的差异，具体可以参考数据手册。

（3）CAT24C02 的写操作

CAT24C02 的写有两种方法：一种是字节写，每次写一个字节；另一种是以页为单位，每页长度为 64B。它还具有写保护操作。下面对这三种操作进行说明。

① 字节写。在字节写模式下，主器件发送起始命令给 CAT24C02，方法是单片机的 I/O 口控制 SCL 为高电平时，向 SDA 端输出一个由高到低的电平跳变。CAT24C02 接收到这个信号后被单片机"唤醒"，开始工作。

单片机接着发器件地址信息给从器件（8 位），高 4 位固定（1010），低 4 位是存储器的地址选择位（参见表 8-1）。8 位器件地址信息最低位为 R/$\overline{\text{W}}$，此位为 1 是读操作，为 0 是写操作。

单片机把器件地址写到 CAT24C02 的 SDA 端后，CAT24C02 将返回一个确认信号"ACK（低电平，即图 8-10 中从左到右的第一个应答信号）"，收到应答信号后，说明地址接收成功，单片机将要写入的数据地址发送到 CAT24C02，单片机收到从器件的应答信号后再送数据到相应的数据存储区地址，CAT24C02 再响应一个应答信号，单片机产生一个停止信号（方法是单片机的 I/O 口控制 SCL 为高电平时，向 SDA 端输出一个由高到低的电平跳变），然后 CAT24C02 启动内部写周期，在内部写周期期间，CAT24C02 不再响应主器件任何请求。写操作时序如图 8-10 所示，每个方格代表 1 位二进制数据。

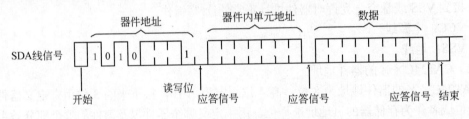

图 8-10 写操作时序图

② 页写。在页写模式下，CAT24C02 一次可以写入 16 个字节数据。页写的启动模式和字节写相同，不同的是在主控制器发送了一个字节后并不产生停止信号，而是继续传送下一个字节。在接收到一页字节数据和主控制器发送的停止信号后，CAT24C02 启动内部写周期将数据写到数据区。如图 8-11 所示。

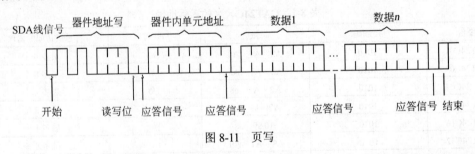

图 8-11 页写

③ 写保护。写保护操作特性可使用户避免由于不当操作而造成对存储区域内部数据的改写，当 WP 管脚接高电平时，整个寄存器区全部被保护起来而变为只可读取。

（4）CAT24C02 的读操作

CAT24C02 读操作的初始化方式和写操作一样，不过要把 R/$\overline{\text{W}}$ 位置 1。读操作有三种方式：当前地址读、随机地址读、连续读。

① 当前地址读。CAT24C02 在接收到从器件地址后（R/$\overline{\text{W}}$ 位置 1），首先发送一个应答

信号，然后把内部地址指针自动加 1，读取地址指针指向单元的数据并发送到总线上去。如果上次读/写操作地址是 N，则此次读取的数据地址就是 $N+1$ 。主控制器在接收到数据后可以不发送应答信号，但是一定要发送停止信号。CAT24C02 当前地址读时序图见图 8-12。

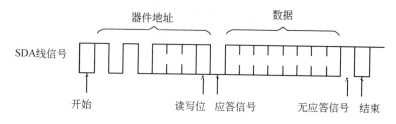

图 8-12　CAT24C02 当前地址读时序图

② 随机地址读。随机地址读允许主控制器对 CAT24C02 的任意地址进行读操作。主控制器首先发送起始信号、从器件地址（R/$\overline{\text{W}}$ 位置 0）和从器件内部地址，执行一个伪写操作。在 CAT24C02 应答之后，主控制器重新发送起始信号和从器件地址，此时 R/$\overline{\text{W}}$ 位置 1，CAT24C02 响应并发送应答信号，然后输出所要求的一个字节数据，主控制器不发送应答信号但产生一个停止信号。CAT24C02 随机地址读时序见图 8-13。

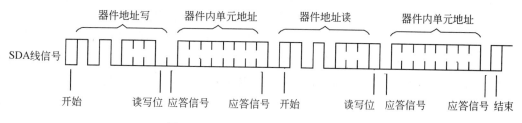

图 8-13　CAT24C02 随机地址读时序图

③ 顺序地址读。顺序地址读操作可通过当前地址读或者随机地址读操作启动。在 CAT24C02 发送完一个字节数据后，主控制器不产生停止信号，而是产生一个应答信号来响应，告知 CAT24C02 主控制器要求更多的数据，对应于主控制器产生的每个应答信号，CAT24C02 将再次发送一个数据。当主控制器不发送应答信号而是发送停止信号时结束此操作。CAT24C02 顺序地址读操作时序见图 8-14 。

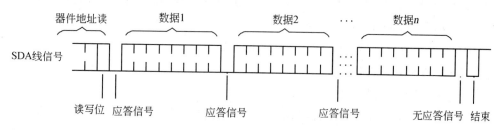

图 8-14　CAT24C02 顺序地址读操作时序图

8.3.3　液晶显示器 LCD1602 应用

8.3.3.1　LCD 显示器基础知识

液晶显示器 LCD(Liquid Crystal Display)是一种利用液晶的扭曲/向列效应制成的新型显

示器。液晶显示器的结构如图 8-15 所示。

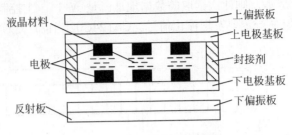

图 8-15　液晶显示器基本结构

在上、下玻璃电极之间封入列向型液晶材料，液晶分子平行排列，上、下扭曲 90°，外部入射光线通过上偏振板后形成偏振光，通过平行排列的液晶材料后被旋转 90°，再通过与上偏振板垂直的下偏振板，被反射板反射回来，呈透明状态；当上、下电极加上一定的电压后，电极部分的液晶分子转成垂直排列，失去旋光性，从上偏振板入射的偏振光不被旋转，光无法通过下偏振板返回，因而呈黑色。根据需要，将电极做成各种文字、数字、图形，就可以获得各种状态显示。

液晶显示器具有体积小、厚度薄、重量轻、耗能少、工作电压低，且无辐射、无闪烁并能直接与 CMOS 集成电路匹配等优点，在单片机系统中得到了广泛的应用。

字符型液晶显示模块是一种专门用于显示字母、数字、符号等的点阵式液晶显示模块，它由若干个 5×7 或者 5×10 的点阵字符位组成，每个点阵字符位可以显示一个字符。现在的 LCD 显示器将 LCD 控制器、驱动器、RAM、ROM 等和液晶显示器制作成一块电路板，称为液晶显示模块 LCM，使用的时候只需要向 LCM 送入相应的命令和数据就可以显示所需要的信息。

液晶显示器按其功能可分为三类：笔段式液晶显示器、字符点阵式液晶显示器和图形点阵式液晶显示器。接下来将要讨论比较简单的字符点阵式液晶显示器 LCD1602。

① LCD1602 外观及引脚。目前市面上常用的字符液晶显示模块有 16 字×1 行、16 字×2 行、20 字×2 行等。这些 LCM 虽然显示的字数不一样，但都具有相同的 I/O 模式。接下来将以 16 字×2 行字符显示器 LCD1602 为例，详细介绍字符型液晶模块的使用。

LCD1602 可以显示 2 行，每行 16 个字符，共计 32 个字符，每个字符使用 5×7 或 5×10 的点阵，其外观形状如图 8-16 所示。

LCD1602 采用标准的 16 脚接口，各引脚情况如下。

● 第 1 脚：VSS，电源地。

● 第 2 脚：VDD，+5V 电源。

● 第 3 脚：VEE，液晶显示对比度调节，使用的时候可以使用 10kΩ 的滑动变阻器调节。

● 第 4 脚：RS，数据/命令选择端，高电平时选择数据寄存器，低电平时选择指令寄存器。

● 第 5 脚：R/$\overline{W}$，读/写选择端，高电平时进行读操作，低电平时进行写操作。当 RS 和 R/$\overline{W}$ 共同为低电平时，可以写入指令或者显示地址；当 RS 为低电平、R/$\overline{W}$ 为高电平时，可以读忙信号；当 RS 为高电平、R/$\overline{W}$ 为低电平时，可以写入数据。

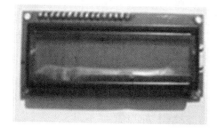 

图 8-16 LCD1602 的外观

- 第 6 脚：E，使能端，当 E 端由高电平跳变成低电平时，液晶模块执行命令。
- 第 7~14 脚：DB0~DB7，为 8 位双向数据线。
- 第 15 脚：BLA，背光源正极，和 16 脚配合调节背光亮度。
- 第 16 脚：BLK，背光源负极。

② LCD1602 内部结构。液晶显示模块 LCD1602 的内部结构可以分成三部分：一为 LCD 控制器，二为 LCD 驱动器，三为 LCD 显示装置，如图 8-17 所示。

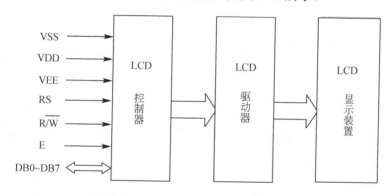

图 8-17 LCD1602 内部结构

控制器采用 HD44780，驱动器采用 HD44100。HD44780 集成电路的特点如下。
- 可选择 5×7 或 5×10 点阵字符。
- HD44780 不仅作为控制器而且还具有驱动 40×16 点阵液晶像素的能力，在外部加一 HD44100 外扩展多 40 路/列驱动，则可驱动 16 字×2 行 LCD。
- HD44780 内藏显示缓冲区 DDRAM、字符发生存储器（ROM）及用户自定义的字符发生器 CGRAM。

HD44780 有 80 个字节的显示缓冲区 DDRAM，用来寄存待显示的字符代码。DDRAM 分两行，地址分别为 00H~27H、40H~67H，它实际显示位置的排列顺序跟 LCD 的型号有关。液晶显示模块 LCD1602 的显示地址与实际显示位置的关系如图 8-18 所示。

LCD																	
16字×2行																	
00	01	02	03	04	05	06	07	08	09	0A	0B	0C	0D	0E	0F	10	……	27
40	41	42	43	44	45	46	47	48	49	4A	4B	4C	4D	4E	4F	50	……	67

图 8-18 LCD1602 显示地址与实际显示位置关系图（十六进制数）

HD44780 设有一个内部地址指针 AC，用来指示出当前要操作的 DDRAM 地址。AC 具有自动加 1 的功能，当向 DDRAM 写入数据后，AC 会自动加 1，指向下一个地址。如果要对第 2 行第 1 个字符地址 40H 写入数据，那么是否直接写入 40H 就可以将光标定位在第 2 行第 1 个字符的位置呢？这样不行，因为写入显示地址时要求最高位 D7 恒定为高电平 1（参见本小节④的指令 8），所以实际写入的地址要在图 8-18 所示的地址基础上加 0x80H，编程地址如表 8-2 所示。例如要在 LCD1602 屏幕的第 1 行第 1 列显示一个 "A" 字，就要先设置 AC 的数值为 80H，然后向 DDRAM 中写入 "A" 字的代码就行了。

表 8-2　LCD1602 光标位置与显示地址对应表

列 ＼ 行	1	2	3	4	5	6	7	8	9	10	11	12	13	14	15	16
1	80	81	82	83	84	85	86	87	88	89	8A	8B	8C	8D	8E	8F
2	C0	C1	C2	C3	C4	C5	C6	C7	C8	C9	CA	CB	CC	CD	CE	CF

HD44780 内藏的字符发生存储器（ROM）已经存储了 160 个不同的点阵字符图形，如图 8-19 所示。

图 8-19　HD44780 内部字符编码

这些字符有：阿拉伯数字、英文字母的大小写、常用的符号和日文假名等，每一个字符都有一个固定的代码。例如数字 "1" 的代码是 00110001B（31H），又如大写的英文字母 "A" 的代码是 01000001B（41H），可以看出英文字母的代码与 ASCII 编码相同。要显示 "1" 时，只需将 ASCII 码 31H 存入 DDRAM 指定位置，显示模块将在相应的位置把数字 "1" 的点阵字符图形显示出来，就能看到数字 "1" 了。

LCD 控制器 HD44780 内有多个寄存器，通过 RS 和 $R/\overline{W}$ 引脚共同决定选择哪一个寄存器，选择情况见表 8-3。

表 8-3　LCD1602 读写控制表

RS	R/$\overline{W}$	E	寄存器及操作	DB7~DB0
0	0	下降沿	指令寄存器写入	指令码
0	1	1	忙标志和地址计数器读出	状态字
1	0	下降沿	数据寄存器写入	数据
1	1	1	数据寄存器读出	数据

注意：此表可以和时序图配合理解。

③ LCD1602 的操作。对 LCD1602 的操作有读操作和写操作，操作过程分别叙述如下。

a. 读操作。单片机要对 LCD1602 进行读操作时：首先使 R/$\overline{W}$ =1 ；然后根据读取内容设置 RS，为"0"是读指令，为"1"是读数据寄存器；当 E=1 时，LCD1602 就把数据送到端口 DB7~DB0，这时单片机就可以读取数据，读取完毕，置 E=0，禁止 LCD1602 读操作。如图 8-20 所示。

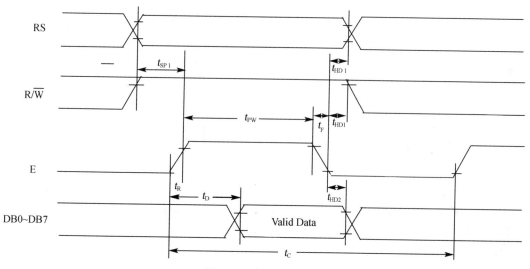

图 8-20　读操作时序图

b. 写操作。单片机要对 LCD1602 进行写操作时：首先使 R/$\overline{W}$ =0，然后根据写的内容设置 RS，为"0"是写指令，为"1"是写数据寄存器；接着单片机把要写的数据送到端口上，当 E 从 1 变到 0 时，LCD1602 就把数据从端口 DB7~DB0 送入内部，完成了数据写过程。如图 8-21 所示。

④ LCD1602 操作命令。LCD1602 一共有 11 条指令，它们的格式和功能如下。

清屏指令

RS	R/$\overline{W}$	D7	D6	D5	D4	D3	D2	D1	D0
0	0	0	0	0	0	0	0	0	1

功能：清除屏幕，将显示缓冲区 DDRAM 的内容全部写入空格（ASCII20H）；光标复位，回到显示器的左上角；地址计数器 AC 清零。

光标复位命令

RS	R/$\overline{W}$	D7	D6	D5	D4	D3	D2	D1	D0
0	0	0	0	0	0	0	0	1	0

功能：光标复位，回到显示器的左上角；地址计数器 AC 清零；显示缓冲区 DDRAM 的内容不变。

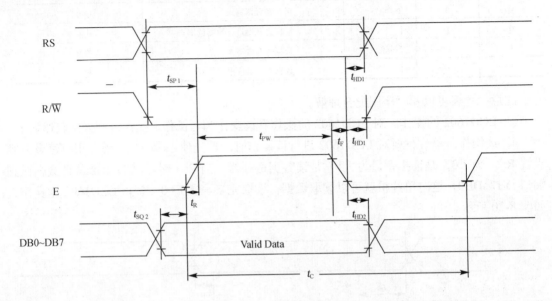

图 8-21　写操作时序图

输入方式设置命令

RS	R/$\overline{\text{W}}$	D7	D6	D5	D4	D3	D2	D1	D0
0	0	0	0	0	0	0	1	I/D	S

功能：设定当写入一个字节后，光标的移动方向以及后面的内容是否移动。

当 I/D=1 时，光标从左向右移动；I/D=0 时，光标从右向左移动。

当 S=1 时，内容移动；S=0 时，内容不移动。

显示开关控制命令

RS	R/$\overline{\text{W}}$	D7	D6	D5	D4	D3	D2	D1	D0
0	0	0	0	0	0	1	D	C	B

功能：控制显示的开关，当 D=1 时显示，D=0 时不显示；控制光标开关，当 C=1 时光标显示，C=0 时光标不显示；控制字符是否闪烁，当 B=1 时字符闪烁，B=0 时字符不闪烁。

光标移位置命令

RS	R/$\overline{\text{W}}$	D7	D6	D5	D4	D3	D2	D1	D0
0	0	0	0	0	1	S/C	R/L	*	*

功能：移动光标或整个显示字幕移位。

当 S/C=1 时，整个显示字幕移位；当 S/C=0 时只光标移位。

当 R/L=1 时，光标右移；当 R/L=0 时光标左移。

功能设置命令

RS	R/$\overline{\text{W}}$	D7	D6	D5	D4	D3	D2	D1	D0
0	0	0	0	1	DL	N	F	*	*

功能：设置数据位数，当 DL=1 时数据位为 8 位，DL=0 时数据位为 4 位；设置显示行数，当 N=1 时双行显示，N=0 时单行显示。设置字形大小，当 F=1 时为 5×10 点阵，F=0 时为 5×7 点阵。

设置字库 CGRAM 地址命令

RS	R/$\overline{\text{W}}$	D7	D6	D5	D4	D3	D2	D1	D0
0	0	0	1			CGRAM 的地址			

设置数据存储器地址命令

RS	R/$\overline{\text{W}}$	D7	D6	D5	D4	D3	D2	D1	D0
0	0	**1**			DDRAM（显示数据存储）的地址				

读忙标志及地址计数器 AC 命令

RS	R/$\overline{\text{W}}$	D7	D6	D5	D4	D3	D2	D1	D0
0	1	BF	AC 的值			计数器地址			

功能：读忙标志及地址计数器 AC，当 BF=1 时表示忙，这时不能接收命令和数据，BF=0 时表示不忙；低 7 位为读出的 AC 的地址，值为 0~127。

写 DDRAM 或 CGRAM 命令

RS	R/$\overline{\text{W}}$	D7	D6	D5	D4	D3	D2	D1	D0
1	0				写入的数据				

功能：向 DDRAM 或 CGRAM 当前位置中写入数据；对 DDRAM 或 CGRAM 写入数据之前须设定 DDRAM 或 CGRAM 的地址。

读 DDRAM 或 CGRAM 命令

RS	R/$\overline{\text{W}}$	D7	D6	D5	D4	D3	D2	D1	D0
1	1				读出的数据				

功能：从 DDRAM 或 CGRAM 当前位置中读出数据；当 DDRAM 或 CGRAM 读出数据时，先须设定 DDRAM 或 CGRAM 的地址。

上述命令在初学阶段并不要求全部掌握，主要应学会清屏、功能设置、开/关显示设置、输入方式设置、显示位置设置等。其他的命令在用到的时候再回头查阅格式。

8.3.3.2　LCD 显示器与单片机的接口与应用

（1）LCD 显示器的初始化

LCD 使用之前须对它进行初始化，初始化可通过复位完成，也可在复位后完成，初始化过程如下。

①清屏。

②功能设置。

③开/关显示设置。

④输入方式设置。

结合命令说明和图 8-22 分析以下 LCD 初始化语句，详细说明 LCD 工作方式。

```
lcd_w_cmd(0x38);   // 设置 LCD 工作方式_____
lcd_w_cmd(0x0E);   // 设置光标_____
lcd_w_cmd(0x01);   // _____
lcd_w_cmd(0x07);   // 设置输入方式为_____
```

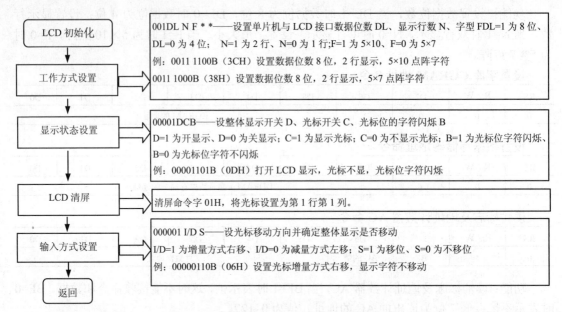

图 8-22　液晶显示器初始化流程图及命令分析

（2）LCD 显示器与单片机的接口与应用

图 8-23 所示是 LCD 显示器与 AT89C51 单片机的接口图，图中 LCD1602 的数据线与 AT89C51 的 P1 口相连，RS 与 AT89C51 的 P3.0 相连，R/$\overline{W}$ 与 AT89C51 的 P3.1 相连，E 端与 AT89C51 的 P3.2 相连。编程在 LCD 显示器第一行显示"cqhtzy:dzx-name!"，第二行显示"!xyyxyyy"。若要显示其他字符，直接往数组 lcd0[]和 lcd1[]填充相应的字符，并注意修改显示的循环次数。

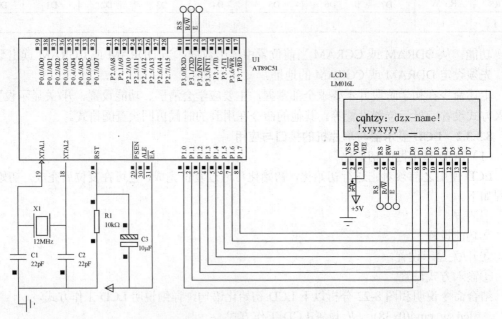

图 8-23　LCD1602 与单片机接口

//程序：xm8_4.c　　液晶显示器显示固定字符信息
//功能：LCD 液晶显示程序，采用 8 位数据接口

```
#include <reg51.h>
#include <intrins.h>          //库函数头文件，代码中引用了_nop_()函数
// 定义控制信号端口
sbit RS=P3^0;                 //P3.0
sbit RW=P3^1;                 //P3.1
sbit E=P3^2;                  //P3.2
#define lcd_data P1
// 声明函数
void lcd_w_cmd(unsigned char com);    //写命令字函数
void lcd_w_dat(unsigned char dat);     //写数据函数
unsigned char lcd_r_start();          //读状态函数
void int1();                          //LCD 初始化函数
void delay(unsigned char t);//可控延时函数
void delay1();//软件实现延时函数，5 个机器周期
void main()                           //主函数
{
    unsigned char lcd0[]="cqhtzy:dzx-name!";
    unsigned char lcd1[]="!xyyxyyy";
    unsigned char i,j;
    P1=0xFF;                  // 送全 1 到 P1 口
    int1();                   // 初始化 LCD
    lcd_w_cmd(0x80);   // 设置显示位置 1 行 1 列，显示位置=0x80+DDRAM 地址（图
8-19）
    for(i=0;i<17;i++)         // 显示字符串
    {
        lcd_w_dat(lcd0[i]);
        delay(200);
    }
    lcd_w_cmd(0xC0);          // 设置显示位置为第 2 行第 1 列
    delay(255);
    for(j=0;j<10;j++)         // 显示字符串
    {
        lcd_w_dat(lcd1[j]);
        delay(200);
    }
    while(1);                 // 原地踏步
}
```
//函数名：delay
//函数功能：采用软件实现可控延时
//形式参数：延时时间控制参数存入变量 t 中

```
//返回值：无
void delay(unsigned char t)
{
    unsigned char j,i;
    for(i=0;i<t;i++)
        for(j=0;j<50;j++);
}
```
//函数名：delay1
//函数功能：采用软件实现延时，5 个机器周期
//形式参数：无
//返回值：无
```
void delay1()
{
    _nop_();
    _nop_();
    _nop_();
}
```
//函数名：int1
//函数功能：lcd 初始化
//形式参数：无
//返回值：无
```
void int1()
{
    lcd_w_cmd(0x3C);    // 设置工作方式
    lcd_w_cmd(0x0C);    // 设置光标
    lcd_w_cmd(0x01);    // 清屏
    lcd_w_cmd(0x06);    // 设置输入方式
    lcd_w_cmd(0x80);    // 设置初始显示位置
}
```
//函数名：lcd_r_start
//函数功能：读状态字
//形式参数：无
//返回值：返回状态字，最高位 D7=0，LCD 控制器空闲；D7=1，LCD 控制器忙
```
unsigned char lcd_r_start()
{
    unsigned char s;
    RW=1;             //RW=1，RS=0，读 LCD 状态
    delay1();
    RS=0;
    delay1();
```

```
    E=1;             //E 端时序
    delay1();
    s=1cd_data;      //从 LCD 的数据口读状态
    delay1();
    E=0;
    delay1();
    RW=0;
    delay1();
    return(s);       //返回读取的 LCD 状态字
}
//函数名：lcd_w_cmd
//函数功能：写命令字
//形式参数：命令字已存入 com 单元中
//返回值：无
void lcd_w_cmd(unsigned char com)
{
    unsigned char i;
    do {             // 查 LCD 忙操作
        i=lcd_r_start();   // 调用读状态字函数
        i=i&0x80;          // 与操作屏蔽掉低 7 位
        delay(2);
        } while(i!=0);     // LCD 忙，继续查询，否则退出循环
    RW=0;
    delay1();
    RS=0;            // RW=1，RS=0，写 LCD 命令字
    delay1();
    E=1;             //E 端时序
    delay1();
    1cd_data=com;    //将 com 中的命令字写入 LCD 数据口
    delay1();
    E=0;
    delay1();
    RW=1;
    delay(255);
}
//函数名：lcd_w_dat
//函数功能：写数据
//形式参数：数据已存入 dat 单元中
//返回值：无
```

```
void lcd_w_dat(unsigned char dat)
{
    unsigned char i;
    do {                    // 查忙操作
        i=lcd_r_start();    // 调用读状态字函数
        i=i&0x80;           // 与操作屏蔽掉低 7 位
        delay(2);
        } while(i!=0);      // LCD 忙，继续查询，否则退出循环
    RW=0;
    delay1();
    RS=1;                   // RW=1，RS=0，写 LCD 命令字
    delay1();
    E=1;                    // E 端时序
    delay1();
    lcd_data=dat;           // 将 dat 中的显示数据写入 LCD 数据口
    delay1();
    E=0;
    delay1();
    RW=1;
    delay(255);
}
```

练习：将第一行显示的信息修改为自己姓名的拼音，第二行显示自己的学号；如果要在第一行上显示一个电压值（0～4.998V），如何实现？

8.4　项目实施

（1）硬件仿真电路图设计

采用 AT89C52 作为主控芯片，使用一个 4×4 的矩阵式键盘实现密码输入和修改功能，利用串行存储芯片 CAT24C02（24C02C）存储密码，通过液晶 LCD1602 显示必要的信息，利用扬声器来实现声音报警，利用继电器开关门锁。器件名称如图 8-24 所示，电路图如图 8-25 所示。

图 8-24 元器件列表

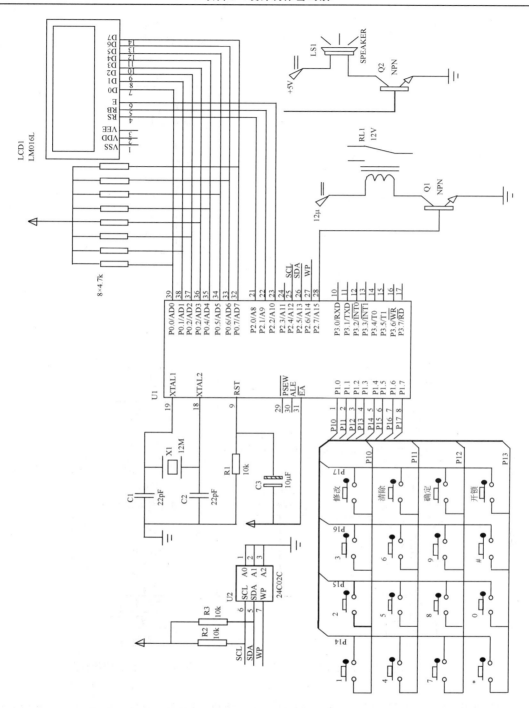

图 8-25　电子密码锁仿真图

（2）程序设计

① 程序设计思路。电子密码锁在上电之后首先进行初始化操作，设置初始密码并初始化液晶显示器，然后就开始正常的工作。正常工作时检测键盘，根据按键的不同执行不同的操作。主函数及各个模块的流程如图 8-26～图 8-29 所示。

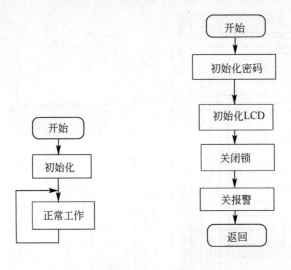

图 8-26   主函数流程图   图 8-27   初始化流程图

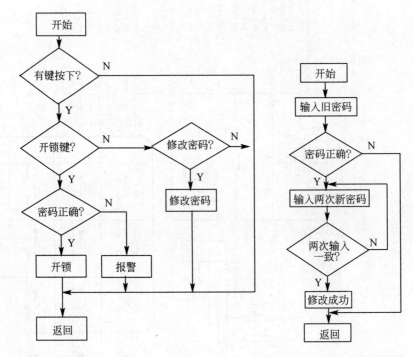

图 8-28   正常工作流程图   图 8-29   修改密码流程图

② 程序编写。本程序的结构比较复杂，有主函数、初始化函数、正常工作函数以及修改密码函数，加上键盘、LCD1602、CAT24C02 的驱动程序，几百上千行的程序若写在同一个 C 文件里，会使得程序结构混乱、可读性差、程序调试难度加大。这个时候可以采用模块化的编程。

a. 关于模块化编程的概念。

● 模块化编程。在 Keil C51 中的模块，就是能够完成一个功能的函数。其他程序要实现此功能，只需要调用这个函数即可，而不需要自己再定义函数。设计理想的程序模块可以看成是一个黑盒子，只需要关心模块提供的功能，而不管模块内部的实现细节。好比买了一部手机，只需要会用手机提供的短信功能即可，不需要知晓手机是如何响应按键的输入把短信发出去的，这一过程对用户而言，就是一个黑盒子。

在大规模程序开发中，一个程序由很多个模块组成，这些模块的编写任务会被分配到不同的人，而每个人在编写模块程序的时候很可能就需要利用到别人写好的模块的接口，这个时候需要关心的是别人的模块实现了什么样的接口，该如何去调用，至于模块内部是如何组织的，无需过多关注。这就提高了编程效率。

模块化编程的另一个好处就是可以实现代码的重复利用，编写好一个模块后，如果在其他的程序里需要用到这个功能，只需要做少量的修改，就可以在新的程序中使用。据统计，大约有 80% 的代码是可以重复利用的，所以模块化编程非常有必要。就如本项目，使用到了键盘识别、LCD1602 驱动程序、CAT24C02 的驱动程序等，可以直接使用别人写好的驱动程序，快速地构建自己的程序。在学习的初始阶段，可以在网络上搜索各种参考程序来学习，但是要解决问题则必须搞清楚项目编程要求，读懂别人的代码，才能借用别人的代码，把别人的代码修改成满足自己想要的程序。随着水平的提高，自己就能写出高质量的模块代码了。

● C 语言源文件 "*.c"。C 语言源文件里有对于模块功能的定义，因为人们平常写的程序代码几乎都在这个文件里面，编译器也是以此文件来进行编译并生成相应的目标文件。作为模块化编程的组成基础，用户所要实现的所有功能的源代码均在这个文件里。本项目里使用到了多个源文件：main.c 主函数所在的文件，at24xx.c 是存储芯片 CAT24C02 驱动程序文件，iic.c 是 I^{2}C 总线驱动程序文件；lcd.c 是液晶 LCD1602 驱动程序文件，my_sys.c 是延时函数程序文件，key.c 是键盘按键识别程序文件，password.c 是密码识别程序文件。项目文件如图 8-30 所示。 由于各个源程序文件较长，故将项目 8 的源程序放在附录 E 中。要分析项目的源程序，请参考附录 E。

● C 语言头文件 "*.h"。从上面的列举可以看到程序使用了对多个源文件，需要使用到多文件编译，也就是工程编译。在一个系统中，有多个 C 文件，而且每个 C 文件的作用不尽相同。在每个源文件里，需要调用其他文件中写的函数，那么就必须要告诉编译器当前调用的函数在其他文件中。需要使用 C 语言关键字 "extern" 来对被调用的函数原型进行声明，如果需要调用的外部函数非常多，可以把这些用 "extern" 声明的函数写在一个头文件 "*.h" 里面，然后包含该文件，就不需要每次都逐个对函数进行声明了。

头文件可以称为接口描述文件，其文件内部不包含任何实质性的函数代码。可以把这个头文件理解成为一份说明书，说明的内容就是模块对外提供的接口函数或者是接口变量。本项目里，对于每个模块都写了一个头文件：at24xx.h 是存储芯片 CAT24C02 驱动程序头文件， iic.h 是 I^{2}C 总线驱动程序头文件， lcd.h 是液晶 LCD1602 驱动程序文件，my_sys.h 是延时函数程序头文件，key.h 是键盘按键识别程序头文件，

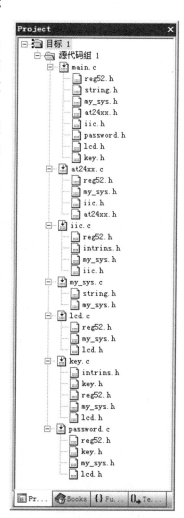

图 8-30　Keil C51 项目文件

password.h 是密码识别程序头文件。这样写，可以很清晰地分辨出各个头文件的作用。头文件的内容如图 8-30 所示。

接下来用 my_sys.h 来说明头文件的写法。

先看本项目里的 my_sys.h 文件内容

```
#ifndef ___MY_SYS_h
#define ___MY_SYS_h


typedef    unsigned char    uint8 ; //重新定义数据类型
typedef    unsigned    int    uint16 ;
typedef    unsigned    long    uint32;


extern void delay_nms(uint16 ms);
extern void u32tostr(uint32 dat,char *str) ;
extern uint32 strtou32(char *str);


#endif
```

几点说明如下。

• typedef，重新定义数据类型。在本文件的定义中，用 uint8 来代替 unsigned char 数据类型，表示 8 位数据；用 uint16 代替 unsigned int 数据类型，表示 16 位数据类型；用 uint32 代替 unsigned long 数据类型，表示 32 位数据。

在使用 51 单片机的 C 语言编程的时候，整形变量的范围是 16 位，而在基于 32 的微处理下的整形变量是 32 位。倘若在 8 位单片机下编写的一些代码想要移植到 32 位的处理器上，那么很可能就需要在源文件中到处修改变量的类型定义。这是一件庞大的工作，为了考虑程序的可移植性，在一开始，就应该养成良好的习惯，用变量的别名进行定义。

如在 8 位单片机的平台下，有如下一个变量定义

```
uint16    ms  =  0;
```

如果移植到 32 单片机的平台下，想要其数据依旧为 16 位，可以直接修改 uint16 的定义，即

```
typedef unsigned    short    int    uint16 ;
```

这样就可以了，不需要到源文件中去寻找并修改。

• extern，声明外部函数。把 my_sys.c 文件中的函数都用 extern 声明为外部函数，这样在需要使用这些函数的文件中，只需要加一条#include<my_sys.h>就可以一次性地把这些文件都声明了，不需要单独来进行声明。

• 防止重复定义。

```
#ifndef ___MY_SYS_h
#define ___MY_SYS_h


#endif
```

这是一段条件编译和宏定义文字，防止重复定义。假如有两个不同源文件需要调用 "void delay_nms(uint16 ms)" 这个函数，它们分别都通过 "#include<my_sys.h>" 把这个头文件包含了进去。在第一个源文件进行编译时候，由于没有定义过 "___MY_SYS_h"，因此 "#ifndef

___MY_SYS_h"条件成立,于是定义"___MY_SYS_h"并将下面的声明包含进去。在第二个文件编译时候,由于第一个文件包含时候,已经将"___MY_SYS_h"定义过了,因此"#ifndef ___MY_SYS_h"不成立,整个头文件内容就没有被包含。假设没有这样的条件编译语句,那么两个文件都包含了"extern void delay_nms(uint16 ms);",就会引起重复定义的错误。

　　b．项目编译。将如图 8-30 所示的 C 程序文件加入项目中,编译、调试,生成 HEX 文件。

　　(3) 仿真调试

　　① 在 Proteus 电路图上双击单片机加载生成的 HEX 文件,开始进行仿真。

　　② 修改程序或者电路图的错误并重新仿真验证。

　　(4) 完成发挥功能

　　① 完成发挥功能 a 和 b。

　　② 编写发挥功能 c 的控制程序。

　　(5) 实战训练

　　① 准备以下材料、工具 (表 8-4),使用面包板搭建硬件电路并测试。

表 8-4　项目设备、工具、材料表

类型	名称	型号	数量	备注
设备	示波器	20MHz	1	
	万用表	普通	1	
工具	电烙铁	普通	1	
	斜口钳	普通	1	
	镊子	普通	1	
	Keil C51 软件	2.0 版以上	1	
	Proteus 软件	7.0 版以上	1	
	STC 下载软件	ISP 下载	1	
器件	51 系列单片机	AT89C51 或 STC89C51/52	1	
	单片机座子	DIP40	1	
	晶振	12MHz	1	
	瓷片电容	22pF	2	
	电解电容	22μF/16V	1	
	电阻	10kΩ	1	
	电阻	220Ω	8	
	电阻	4.7kΩ	2	
	可变电阻	10kΩ	1	
	串行存储器芯片	CAT24C02	1	
	液晶显示器	LCD1602	1	
	扬声器	1W	1	
	三极管	8550	2	
	电源	直流 400mA/5V 输出	1	
	按键		16	
材料	焊锡		若干	
	面包板	9cm×15cm	2	
	导线	φ0.8mm 多芯漆包线	若干	

② 使用 STC 下载工具下载程序到单片机，调试软硬件出现正确控制效果。

思考与练习

1. 简述 I2C 总线有何特点。

2. 简述 CAT24C02 读和写过程。

3. 利用本项目中的子程序，编写一段对 CAT24C02 芯片的初始化程序，把芯片内部的数据全部置初始值为 AAH。

4. 利用独立式键盘和 LCD1602 编写一个计时程序，按键功能分别为开始、暂停、结束，计时数值用 LCD1602 显示。

项目 9 设计制作温度显示报警器

9.1 学习目标

① 学习 DS18B20 温度传感器芯片的使用方法及编程思路。
② 学会用数码管显示转换后的温度值。
③ 学会蜂鸣器与单片机的连接方式及编程思路。
④ 会测试 4 位数码管的引脚。

9.2 项目描述

（1）项目名称
温度显示报警系统。
（2）项目要求
① 用 DS18B20 采集温度信息，并用数码管显示温度，要求仅显示整数温度值。
② 在程序中设置温度范围，若温度超过上限或低于下限，蜂鸣器发出警报声。
③ 发挥功能：显示小数点后 1 位的温度值。
（3）项目分析
测量温度可以采用的温度传感器较多。一类是输出为模拟量的温度传感器，这类传感器都需要进行 A/D 转换才能被单片机处理（如项目 6 中使用的 LM35）。典型器件如热敏电阻（测量温度精度不高，测量范围小，如 CU50 只能测量–50～150℃，但是价格便宜），热电偶（测量温度精度高，测量范围大，如 K 型热电偶可以测量–200～1300℃，价格较高，常用于工业环境温度测量），集成的温度传感器 LM35、LM45（测量范围–55～150℃）和 TC1047、TC1047A（测量范围–40～125℃）（集成温度传感器测量精度较高，线性度好，价格便宜，电路简单，使用方便）。另外一类是输出为数字量的温度传感器，可以将温度信号直接转换成数字信号传送给单片机。典型器件如 DS18B20、MAX6575、DS1722 等。

本项目测量温度采用温度传感器芯片 DS18B20，它可以将温度信号直接转换成数字信号发送给单片机，单片机处理接收到的数字信号，然后通过显示电路显示出温度，同时还可对温度值进行判断，若超出给定范围，驱动蜂鸣器报警电路。框图如图 9-1 所示。

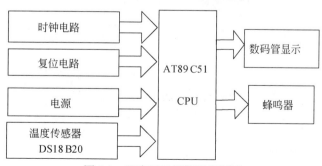

图 9-1 温度显示报警系统框图

9.3　相关知识

9.3.1　温度传感器 DS18B20

9.3.1.1　DS18B20 简介

DS18B20 是美国 DALLAS 公司生产的单总线数字温度传感器芯片，具有 3 引脚 TO-92 小体积封装形式；温度测量范围为–55～+125℃，可编程为 9～12 位 A/D 转换精度，测温分辨率可达 0.0625℃，被测温度用 16 位补码方式串行输出；CPU 只需一根端口线就能与诸多 DS18B20 通信，占用微处理器的端口较少，可广泛用于工业、民用、军事等领域的温度测量及控制仪器，测控系统和大型设备中。

9.3.1.2　DS18B20 的主要特性

DS18B20 的主要特性如下。

① 适应电压范围宽：3.0～5.5V，在寄生电源方式下可由数据线供电。

② 在使用中不需要任何外围元件。

③ 独特的单线接口方式：DS18B20 与微处理器连接时仅需要一条信号线即可实现微处理器与 DS18B20 的双向通信。

④ 测温范围：–55～125℃，在–10～85℃时精度为±0.5℃。

⑤ 编程可实现分辨率为 9～12 位，对应的可分辨温度分别为 0.5℃、0.25℃、0.125℃和 0.0625℃，可实现高精度测温。

⑥ 在 9 位分辨率时最多在 93.75ms 内把温度值转换为数字，12 位分辨率时最多在 750ms 内把温度值转换为数字。

⑦ 支持多点组网功能，多个 DS18B20 可以并联在唯一的三线上，实现组网多点测温。

⑧ 用户可自设定非易失性的报警上下限值。

⑨ 负压特性：电源极性接反时，温度计不会因发热而烧毁，但不能正常工作。

9.3.1.3　DS18B20 的外部结构及引脚介绍

DS18B20 有两种封装形式：采用 3 脚 TO-92 小体积封装[外形和引脚图如图 9-2（a）所示]，采用 8 脚 SOIC 封装[外形和引脚图如图 9-2（b）所示]。

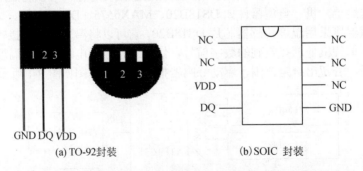

(a) TO-92封装　　　　(b) SOIC 封装

图 9-2　DS18B20 的外形及引脚图

图中引脚定义如下。

① DQ：数字信号输入/输出端。

② GND：电源地。

③ VDD：外接供电电源输入端。

④ NC：空引脚。

9.3.1.4 DS18B20 的外部结构

DS18B20 内部主要由四部分组成：64 位激光 ROM、温度传感器、非易失性温度报警触发器 TH 和 TL、配置寄存器等。其内部结构图如图 9-3 所示。

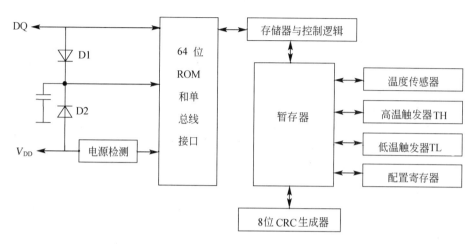

图 9-3   DS18B20 的内部结构

（1）64 位激光 ROM

激光 ROM 存储器中存放的是 64 位序列号，出厂前已经被光刻好，它可以看作是 DS18B20 的地址序列号。激光 ROM 的作用是使每一个 DS18B20 都各不相同，这样就可以实现一根总线上接多个 DS18B20 的目的。

（2）暂存器

暂存器由 9 个字节组成，其分配表如表 9-1 所示。

表 9-1   DS18B20 暂存器的分配表

字 节 序 号	功　　能
0	温度转换后的低字节
1	温度转换后的高字节
2	高温触发器 TH
3	低温触发器 TL
4	配置寄存器
5，6，7	保留
8	CRC 校验寄存器

DS18B20 中的温度传感器可完成对温度的测量，当温度转换命令发出后，转换后的温度值以补码形式存放在暂存器的第 0 和第 1 个字节中。按 12 位分辨率量化时，对应的温度增量的单位值是 0.0625℃。温度值用 16 位符号扩展的二进制补码形式存放，高字节的前 5 位都是符号位，低字节的最后 4 位表示实际温度的小数部分，中间的 7 位表示实际温度的整数部分（$2^0 \sim 2^6$）。如表 9-2 所示。

表 9-2　DS18B20 的温度值格式表

	D7	D6	D5	D4	D3	D2	D1	D0
低字节	2^3	2^2	2^1	2^0	2^{-1}	2^{-2}	2^{-3}	2^{-4}
	D7	D6	D5	D4	D3	D2	D1	D0
高字节	S	S	S	S	S	2^6	2^5	2^4

符号位标识实际温度的正负，即温度大于 0℃时，S=0，将所测得的温度值乘以 0.0625 即可得实际温度值。若所测温度小于 0℃时，S=1，则应将所测得的温度值先按位取反加 1 后，再乘以 0.0625 才能得到实际的负温度值。

注意：负数的温度值由于以补码形式存放，所以高字节的 D7～D3 这 5 个符号位不变，将高字节的 D2～D0 和低字节的 D7～D0 一共 13 位按位取反，再在低字节的 D0 位加 1，得到的数字再乘以 0.0625 才能得到实际的温度数值，加上符号就是负温度值。

如读取的温度值 0xFFD8=1111111111011000$_2$，先判断正负，高 5 位为 1，表明温度为负值；再取补码，5 个符号位不变，余下位取反加 1 得到 1111 1000 0010 1000$_2$；将高 5 位变为符号 "-"，余下的 00000101000$_2$ 转换为十进制数得到 40，再乘以 0.0625 得到 2.5，得温度值为 -2.5℃。

在测量精度要求不高的场合下，如果仅需得到实际温度的整数部分，那么只需读取高字节中的低 4 位和低字节的高 4 位，刚好得到的就是整数部分（其中最高位就是符号位，余下的 7 位为整数温度值）。表 9-3 列出了部分实际温度与 DS18B20 所测温度值的对应关系。

表 9-3　DS18B20 的部分温度数据表

温度/℃	16 位二进制编码	十六进制表示
+125	0000011111010000	0x07D0
+55	0000001101110000	0x0370
+15.625	0000000011111010	0x00FA
+2.5	0000000000101000	0x0028
0	0000000000000000	0x0000
-2.5	1111111111011000	0xFFD8
-15.625	1111111100000110	0xFF06
-55	1111110010010000	0xFC90

（3）非易失性温度报警触发器 TH 和 TL

高温触发器和低温触发器分别存放温度报警的上限值 T_H 和下限值 T_L；DS18B20 完成温度转换后，就把转换后的温度值 T 与温度报警的上限值 T_H 和下限值 T_L 做比较，若 $T>T_H$ 或 $T<T_L$，则把该器件的告警标志位置位，并对处理器发出的告警搜索命令作出响应。

（4）配置寄存器

配置寄存器用于确定温度值的数字转换分辨率，该字节各位的意义如表 9-4 所示。

表 9-4　DS18B20 的配置寄存器的位

D7	D6	D5	D4	D3	D2	D1	D0
TM	R1	R0	1	1	1	1	1

其中，低五位都为 1；TM 是测试位，用于设置 DS18B20 是在工作模式还是在测试模式；R1 和 R0 用来设置分辨率，DS18B20 的默认值是 12 位的分辨率，如表 9-5 所示。

表 9-5 温度值分辨率设置表

R1	R0	分辨率/位	温度最大转换时间/ms
0	0	9	93.75
0	1	10	187.5
1	0	11	275.00
1	1	12	750.00

9.3.1.5 DS18B20 的温度转换过程及时序

根据 DS18B20 的通信协议，微处理器作为主设备，单总线器件 DS18B20 作为从设备。DS18B20 依靠单线端口通信，在单线端口条件下，必须先建立 ROM 操作协议，才能进行存储器和控制操作。

微处理器对 DS18B20 完成温度转换必须经过三个步骤。

① 每一次读/写之前都要对 DS18B20 进行复位，即 DS18B20 的初始化操作。

② 复位成功后发送一条 ROM 指令，即读字节操作。DS18B20 的 ROM 指令如表 9-6 所示。

③ 最后发送 RAM 指令，即写字节操作，这样才能对 DS18B20 进行预定的操作。DS18B20 的 RAM 指令如表 9-7 所示。数据和命令的传输都是以低位在前的串行方式进行的。

表 9-6 ROM 指令表

指 令	约定代码	功 能
读 ROM	0x33	读 DS18B20 温度传感器 ROM 中的编码(即 64 位地址)
匹配 ROM	0x55	发出此命令之后，接着发出 64 位 ROM 编码，访问单总线上与该编码相对应的 DS18B20，使之作出响应，为下一步对该 DS18B20 的读写作准备
搜索 ROM	0xF0	用于确定挂接在同一总线上 DS18B20 的个数和识别 64 位 ROM 地址。为操作各器件做好准备
跳过 ROM	0xCC	忽略 64 位 ROM 地址，直接向 DS1820 发温度变换命令。适用于单片工作
告警搜索命令	0xEC	执行后只有温度超过设定值上限或下限的片子才做出响应

表 9-7 RAM 指令表

指 令	约定代码	功 能
温度转换	0x44	启动 DS18B20 进行温度转换，12 位分辨率的转换时最长为 750ms。转换后的结果存入内部 RAM
读暂存器	0xBE	读内部 RAM 中 9 字节的内容
写暂存器	0x4E	发出向内部 RAM 的第 3、4 字节写上、下限温度数据命令，紧跟该命令之后，是传送两字节的数据
复制暂存器	0x48	将 RAM 中第 3、4 字节的内容复制到 EEPROM 中
重调 EEPROM	0xB8	将 EEPROM 中的内容恢复到 RAM 中的第 3、4 字节
读供电方式	0xB4	读 DS18B20 的供电模式。寄生供电时 DS18B20 发送"0"，外接电源供电时 DS18B20 发送"1"

9.3.1.6 DS18B20 的时序

DS18B20 的每一步操作都有严格的时序要求 。时序可以分为初始化时序、写时序和读时序。

（1）初始化时序

首先必须对 DS18B20 进行复位，复位就是要求由单片机向数据单总线（DQ）提供至少 480μs 的低电平信号，即提供一个 480μs<T<860μs 的复位信号。当 DS18B20 接到此复位信号后，则会在 15～60μs 后回发一个芯片存在脉冲，存在脉冲为 60～240μs 的低电平信号。

复位时序图如图 9-4 所示，复位电平结束后，单片机应将数据单总线拉成高电平，以便接收存在脉冲。若单片机检测到 DQ 为低电平则表明复位成功，双方已建立基本的通信协议。若复位低电平时间不足或是单总线的电路断路，都不会接到存在脉冲。图 9-7（a）为初始化流程图。

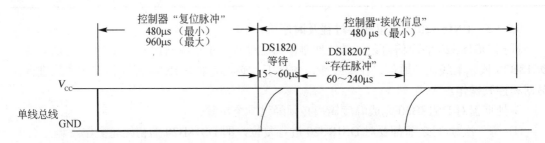

图 9-4　DS18B20 复位时序图

（2）写时序

复位成功后，单片机向 DS18B20 发送 ROM 指令。

写时序要求单片机先将数据单总线设置为低电平，延时 15μs 后，将待写的数据以串行形式送一位至 DQ 端，DS18B20 将在 60μs<T<120μs 内接收一位数据。发送完一位数据后，将 DQ 端的状态再拉回到高电平，并保持至少 1μs 的恢复时间 t_{REC}，然后再写下一位数据。

写时间隙分为写"0"和写"1"，写时序图如图 9-5 所示。在写数据时间隙的前 15μs，总线需要被控制器拉置低电平，而后则是芯片对总线数据的采样时间，采样时间在 15~60μs，采样时间内如果控制器将总线拉高则表示写"1"，如果控制器将总线拉低则表示写"0"。每一位的发送都应该有一个至少 15μs 的低电平起始位，随后的写数据"0"或"1"应该在 45μs 内完成。整个位的发送时间应该保持在 60~120μs，否则不能保证通信的正常。写字节程序流程图如图 9-7（b）所示。

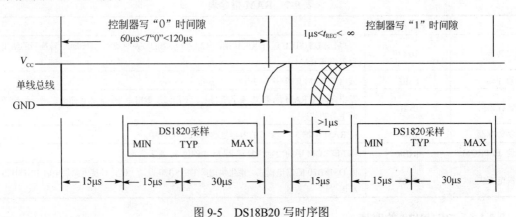

图 9-5　DS18B20 写时序图

（3）读时序

读时序要求先发出启动读时序脉冲，即单片机先将 DQ 设置成低电平，保持至少 1μs 以

上的恢复时间 t_{REC} 后，再将其设置为高电平，启动后等待 15μs，以便 DS18B20 能可靠地将温度数据送至 DQ 总线上，然后单片机再开始读取 DQ 总线上的结果，单片机在完成取数操作后，要等待至少 45μs。读完每位数据后至少要保持 1μs 的恢复时间。读数据时序图如图 9-6 所示。

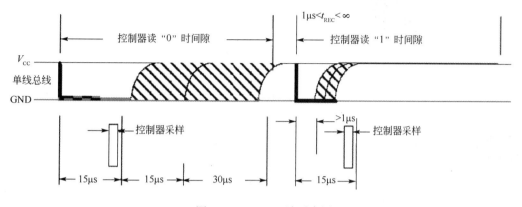

图 9-6 DS18B20 读时序图

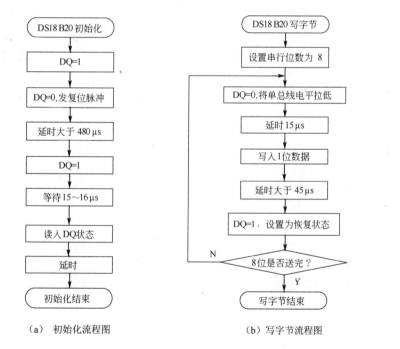

（a）初始化流程图　　　　　（b）写字节流程图

图 9-7 DS18B20 流程图

9.3.2 蜂鸣器驱动

在单片机应用设计中，很多时候会用到蜂鸣器，大部分是使用蜂鸣器来作提示或报警。单片机端口输出驱动电平，通过三极管放大驱动电流就能使蜂鸣器发出声音，三极管灌电流驱动蜂鸣器时，常采用 PNP 管，一般选用 9012 或 9014。蜂鸣器通常使用压电式蜂鸣器，外形如图 9-8（a）所示。它与单片机的接口电路通常如图 9-8（b）所示。

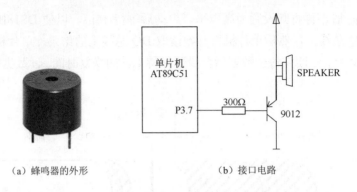

（a）蜂鸣器的外形　　　　　　　　（b）接口电路

图 9-8　蜂鸣器的外形及接口电路

9.4　项目实施

（1）硬件仿真电路图设计

温度显示报警系统的硬件包括单片机系统、测温电路和显示电路、报警电路等。单片机系统由 AT89C51 单片机、复位电路和时钟电路组成，时钟采用 12MHz 的晶振。测温电路采用 DS18B20 温度传感器，数据单总线（DQ）与单片机的 P3.5 口连接，采用外部电源+5V 供电。显示电路由 4 位数码管组成，4 位数码管采用共阳极动态显示方式，分别显示符号位、十位、个位，最后一位扩展显示小数位数，8 位段码输入端与单片机的 P1 口相连，4 位选通端通过 8 路同相三态双向总线收发器 74LS245 与单片机的 P0.0~P0.3 口相连，这样是为了增加驱动能力。报警电路采用蜂鸣器电路，当温度高于上限值或低于下限值，蜂鸣器报警，蜂鸣器由 PNP 三极管 9012 进行驱动，与单片机的 P3.7 口相连接。所需的仿真元件列表如图 9-9 所示。电路如图 9-10 所示。

图 9-9　仿真元件列表

（2）程序设计

① 程序设计思路

a．主程序。在主程序中首先初始化，检测 DS18B20 是否存在，然后通过调用读温度子程序读出 DS18B20 的当前值，调用温度转换子程序把从 DS18B20 中读出的值转换成对应的温度，调用显示子程序把温度值在数码管的相应位置进行显示。主程序流程图如图 9-11 所示。

b．读温度程序。DS18B20 读取温度值要经过一系列程序：初始化、发送跳过 ROM 指令（0xCC）、发温度转换指令（0x44）、再次初始化、发送跳过 ROM 指令（0xCC）、发送读取温度指令（0xBE），然后读取 2 个字节的 16 位温度值，先读取低字节，再读取高字节。高字节的低 4 位及低字节的高 4 位组成的一个字节是实测温度值的整数部分的补码（低字节的低 4 位表示实测温度的小数值），仅显示整数部分的话，只需返回新组成的那一个字节值。读温度程序流程图如图 9-12 所示。

c．温度转换及显示程序。通过调用读取温度值程序得到温度值的二进制补码形式，需要转换成十进制形式输出。由于 DS18B20 的测温范围只有-55～125℃，所以仅用三位数码管就够显示出整数温度值。若温度值为负值，百位显示"-"；若温度值位于 0～100℃，百位不显示；若温度值位于-10～10℃时，十位不显示。数码管显示程序用动态扫描电路，分别显示温度的百位、十位、个位。温度转换及显示程序流程图如图 9-13 所示。

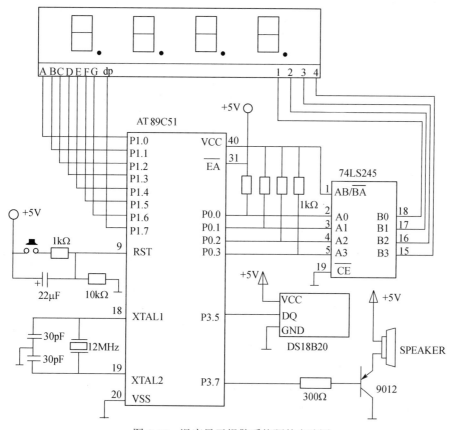

图 9-10   温度显示报警系统硬件电路图

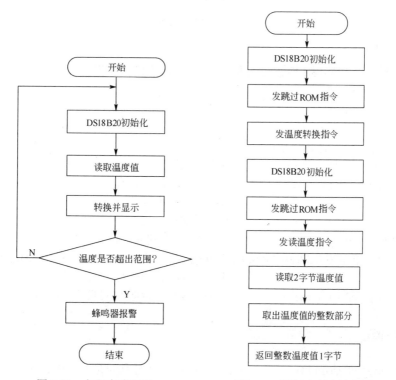

图 9-11   主程序流程图   图 9-12   读温度程序流程图

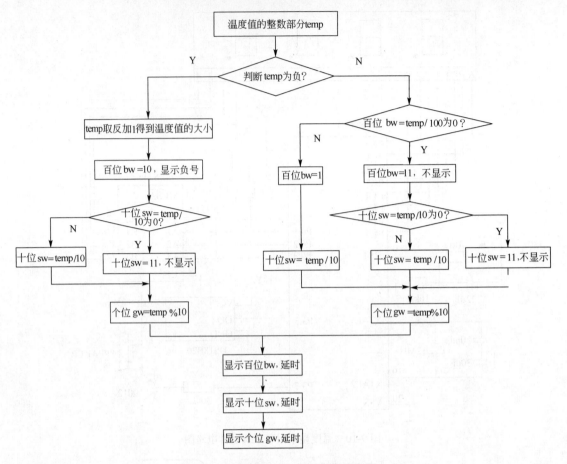

图 9-13　温度转换及显示程序流程图

② 程序编写。

```
//xm9_1.c 完成 DS18B20 温度采集、LED 数码管显示和报警
#include "reg51.h"
#include "intrins.h"              //需要调用_nop_();延时函数
#define uint unsigned int
#define uchar  unsigned char
#define High_Temp   35            //温度上限值
#define Low_Temp    12            //温度下限值
sbit DQ=P3^5;                     // DS18B20 信号端
sbit Speaker=P3^7;                //蜂鸣器端口定义
uchar bw,sw,gw ;                  //温度值十进制的百位、十位、个位
uchar led[]={0xC0,0xF9,0xA4,0xB0,0x99,0x92,0x82,0xF8,0x80,0x90,0xBF,0xFF};
                                  //共阳极数码管 0~9,负号,不显示
void Delay_2Us(uint us)           // 微秒延时，延时时间是 2×50μs
{
while(--us);
}
void Delay_50Us(uint t)           //微秒延时，延时时间是 t×50μs
{
```

```
    uchar j;
    for(;t>0;t--)
    for(j=19;j>0;j--);
    }
    void Ds18b20_Initial(void)      //DS18B20 初始化函数
    {
        DQ = 1;
        _nop_();
        DQ = 0;                     // DQ 复位
        Delay_50Us(12);             // 精确延时，大于 480μs
        DQ = 1;                     // 拉高总线
        Delay_2Us(5);               // 稍做延时
        while(DQ);                  // DQ 若为 0 则初始化成功，若为 1 则初始化失败
        Delay_2Us(20);
    }
    void Ds18b20_Write(uchar dat)   //DS18B20 写一个字节的数据
    {
    uchar i;
    for(i=0;i<8;i++)
    {
        DQ = 0;
        _nop_();
        DQ=dat&0x01;
        Delay_2Us(20);
        DQ = 1;
        dat>>=1;
    }
    }
    uchar Ds18b20_Read(void)        // DS18B20 读一个字节的数据
    {
    uchar i,dat;
    dat=0;
    for(i=8;i>0;i--)
    {
        DQ = 0;
        dat>>=1;
        DQ = 1;
        _nop_();
        if(DQ) dat=dat|0x80;
        Delay_2Us(20);
    }
    return(dat);
    }
```

```
uchar Ds18b20_Read_Temperature(void)        //  读取温度值的整数部分
{
uchar    temp1,temp;
int    temp2;
Ds18b20_Write(0xCC);                        //跳过 ROM
Ds18b20_Write(0x44);                        //启动 DS18B20 进行温度转换
Delay_2Us(200);
Ds18b20_Initial();
Ds18b20_Write(0xCC);                        //跳过 ROM
Ds18b20_Write(0xBE);                        //读 DS18B20 内部暂存器命令
Delay_2Us(200);
temp1=Ds18b20_Read();                       //读出低字节，低 4 位是小数位
temp2=Ds18b20_Read();                       //读出高字节，前 5 位为符号位
temp=(temp1|(temp2<<8))>>4;                 //得到温度的整数部分
return temp;                                //返回一个字节
}
void Change_Display(uchar i)                //转换成十进制温度并显示
{
  uchar temp=i;
  if((temp&0xC0)==0xC0)                     //判断是否为负温度，注意负温度值最低–55
    {   temp=~temp+1;                       //得到无符号温度值
     bw=10;                                 //百位显示负号
     sw= (temp/10==0)? 11 : temp/10 ;       //若十位为 0 则不显示
     gw= temp%10; }
    else
    { bw=(temp/100 ==0)? 11 : 1 ;           //百位值要么为零不显示，要么就为 1
      if(bw != 1)
        sw= ( temp/10 ==0) ? 11 : temp/10;  //百位为 0 时，十位为 0 也不显示
        else sw= (temp-100)/10 ;            //百位为 1 时，十位为 temp-100 除 10 的商
      gw=temp%10;
      }
    P0=0x01;   P1=led[bw];      Delay_50Us(10);       //显示百位
    P0=0x02;   P1=led[sw];      Delay_50Us(10);       //显示十位
    P0=0x04;   P1=led[gw];      Delay_50Us(10);       //显示个位
    }
main()
 {
   uchar i   ;
  while(1)
  {    Ds18b20_Initial();                   //DS18B20 初始化
       i=Ds18b20_Read_Temperature();        //读取温度整数部分
     Change_Display(i);                     //转换并显示
      if( i>High_Temp || i< Low_Temp )      //判断温度是否超出范围
```

```
        Speaker=!Speaker;                          // 超出范围蜂鸣器报警
        }
    }
```

（3）仿真调试

通过 DS18B20 模拟输入温度值，可以用数码管显示出正负温度值。通过调节 DS18B20 的温度值，测试报警功能。

（4）发挥功能

显示小数点后第一位温度值。分析：从 DS18B20 中读取的 16 位温度二进制补码中，其中低字节低 4 位代表小数部分，$0000_2 \sim 1111_2$ 共 16 种状态，一个最小二进制位代表 $0.0625℃$，通过四舍五入计算，可以得到小数点后第一位数值，编程时可通过查表方式得到。

在源程序的基础上进行简单修改，就可以实现显示小数点后一位的功能。首先是要定义外部变量 dw 表示小数点位，及定义数组用来查询显示数值，即在定义外部变量时修改成以下语句：

```
uchar bw,sw,gw,dw;                              //温度值的百位，十位，个位，点位
uchar xsd[]={0,1,1,2,3,3,4,4,5,6,6,7,8,8,9,9};  //小数点值的查表（16 种状态对应的十进制）
```

修改源程序中的"读取温度值函数"，对 dw 进行查表，并且在"转换及显示函数"中动态显示扫描语句后再加一条显示 dw 的语句。具体函数修改如下：

```
uchar Ds18b20_Read_Temperature(void)       // 读温度值的整数部分
{
  uchar temp1,temp;
  uint temp2;
  Ds18b20_Write(0xCC);             //跳过 ROM
  Ds18b20_Write(0x44);             //启动 DS18B20 进行温度转换
  Delay_2Us(200);
  Ds18b20_Initial();
  Ds18b20_Write(0xCC);
  Ds18b20_Write(0xBE);                      //读 DS18B20 内部暂存器命令
  Delay_2Us(200);
  temp1=Ds18b20_Read();                     //读出低字节，低 4 位是小数位
  temp2=Ds18b20_Read();                     //读出高字节，前 5 位为符号位
  temp=(temp1|(temp2<<8))>>4;               //得到温度的整数部分
  dw=xsd[temp1>>4] ;                        //通过查表得到小数点后的数值
  return temp;
}
void Change_Display(uchar temp)             //转换成十进制温度并显示
{
  if((temp&0xC0)==0xC0)                      //判断是否为负温度，注意负温度值最低 –55
    {   temp=~temp+1;                        //得到无符号温度值
      bw=10;                                 //百位显示负号
      sw= (temp/10==0)? 11 : temp/10 ;       //若十位为 0 则不显示
      gw= temp%10; }
    else
    { bw=(temp/100 ==0)? 11 : 1 ;            //百位值要么为零不显示，要么就为 1
```

```
    if(bw != 1)
        sw= ( temp/10 ==0) ? 11 : temp/10;      //百位为 0 时，十位为 0 也不显示
      else sw= (temp-100)/10 ;                    //百位为 1 时，十位为 temp-100 除 10 的商
    gw=temp%10;
    }
    P0=0x01;   P1=led[bw];              Delay_50Us(10);        //显示百位
    P0=0x02;   P1=led[sw];              Delay_50Us(10);        //显示十位
    P0=0x04;   P1=led[gw] & 0x7F;       Delay_50Us(10);        //显示个位，并且显示小数点
    P0=0x08;   P1=led[dw];              Delay_50Us(10);        //显示小数点后 1 位
    }
```

通过程序调试仿真运行后，显示如图 9-14 所示。

（5）实战训练

① 准备以下材料、工具（表 9-8），使面包板搭建硬件电路并测试。

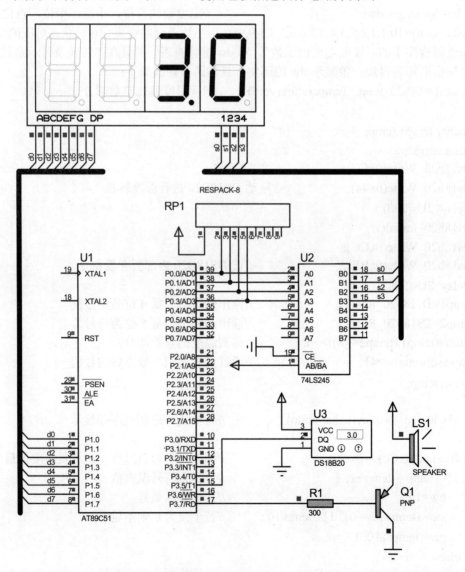

图 9-14　一位小数温度的显示仿真图

表 9-8 项目设备、工具、材料表

类型	名称	数量	型号	备注
设备	万用表	1	普通	
工具	电烙铁	1	普通	
	斜口钳	1	普通	
	镊子	1	普通	
	Keil C51 软件	1	2.0 版以上	
	Proteus 软件	1	7.0 版以上	
	STC 下载软件	1	ISP 下载	
器件	51 系列单片机	1	AT89C51 或 STC89C51/52	根据下载方法选型
	单片机座子	1	DIP40	
	晶振	1	12MHz	
	瓷片电容	2	30pF	
	电解电容	1	22μF/16V	
	按键	1		
	电源	1	直流 400mA/5V 输出	
	缓冲器	1	74LS245	
	20 脚插座	1		
	集成温度传感器	1	DS18B20	
	4 位共阳极数码管	1		
	蜂鸣器	1		
	偏置电阻	1	300Ω	
	PNP 三极管	1	9012	
	上拉电阻	4	1kΩ	P0 口上拉电阻
材料	焊锡	若干		
	面包板	1	9cm×15cm	或实验板
	导线	若干	φ0.8mm 多芯漆包线	或网线

② 使用 STC 下载工具下载程序到单片机，调试软硬件。

思考与练习

1. 填空题。

（1）温度传感器 DS18B20 的测量范围是_____。

（2）DS18B20 分辨率为 12 位时，对应可分辨的最小温度是_____。

（3）分辨率为 12 位时，当温度为32.25℃时，读取 DS18B20 的温度值的十六进制码是_____；若得到温度的十六进制码为 0xFF5E，对应温度是_____。

2. 判断题。

（1）DS18B20 是单总线数字温度传感器。（   ）

（2）一根端口线上可以接多个 DS18B20 芯片，并且可以同时采集温度。（   ）

（3）每一个 DS18B20 都有一个唯一的 64 位序列号。（   ）

（4）DS18B20 的分辨率可以是 9~12 位，出厂默认为 9 位。（   ）

3. 编程题。

将项目 9 中的显示器换为 LM016L，重新编写程序，实现项目要求的温度采集和显示、报警功能。

项目 10　单片机双机通信

10.1　学习目标

① 会描述串行通信技术的相关概念。
② 能够清楚地描述单片机的串行口结构、工作方式、波特率设置。
③ 能够描述 RS-232C 总线基础知识。
④ 学会进行单片机双机之间的通信。
⑤ 学习进行单片机和 PC 间的通信技术。

10.2　项目描述

（1）项目名称
单片机双机通信，如图 10-1 所示。
（2）项目要求
① 甲机发送数据，乙机接收甲机的数据并在 LED 上显示出来。
② 思考发挥功能。
a．本程序设置波特率 2400bps，若设置波特率为 1200bps，如何实现？
b．如何修改电路图和程序，实现双向通信功能。
（3）项目分析
① 51 单片机有一个全双工的串口，在使用之前必须对其初始化编程，主要设置串口的工作方式、波特率，启动串行口发送和接收数据。
② 甲机通过串行口发送"6~1"，乙机接收数据并控制 8 段数码管显示"6~1"。

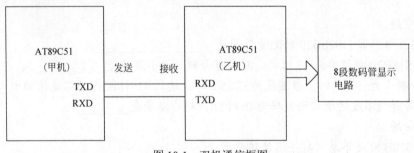

图 10-1　双机通信框图

10.3　相关知识

10.3.1　串行通信基础知识

通信是人们传递信息的方式。计算机通信将计算机技术和通信技术相结合，完成计算机与外部设备或计算机与计算机之间的信息交换。这种信息交换可分为两种方式：并行通信与串行通信。

并行通信是将数据字节的各位用多条数据线同时进行传送，如图 10-2（a）所示。并行通信的特点是：控制简单，传送速度快；但由于传输线较多，长距离传送时成本较高，因此仅适用于短距离传送 。

串行通信是将数据字节分成一位一位的形式在一条传输线上逐位地传送，如图 10-2（b）所示。并行通信的特点是：传送速度慢；但传输线少，长距离传送时成本较低。因此，串行通信适用于长距离传送。

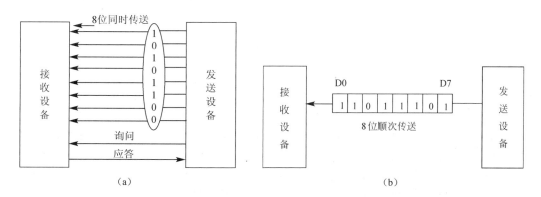

图 10-2　计算机通信方式

（1）串行通信制式

串行通信中数据是在两个站之间进行传送的，按照数据传送方向，串行通信可分为单工（Simplex）、半双工（Half Duplex）和全双工（Full Duplex）三种制式。

在单工制式下，通信线的一端是发送器，一端是接收器，数据只能按照一个固定的方向传送。

在半双工制式下，系统的每个通信设备都由一个发送器和一个接收器组成，但同一时刻只能有一个站发送、一个站接收，两个方向上的数据传送不能同时进行，即只能一端发送、一端接收，其收发开关一般是由软件控制的电子开关。

全双工通信系统的每端都有发送器和接收器，可以同时发送和接收，即数据可以在两个方向上同时传送。

（2）串行通信分类

按照串行数据的时钟控制方式，串行通信分为异步通信和同步通信。

①异步通信。

在异步通信中，数据通常是以字符为单位组成字符帧传送的。字符帧由发送端一帧一帧地发送，每一帧数据是低位在前，高位在后，通过传输线被接收端一帧一帧地接收。发送端和接收端可以由各自独立的时钟来控制数据的发送和接收，这两个时钟彼此独立，互不同步。

在异步通信中，接收端是依靠字符帧格式来判断发送端是何时开始发送、何时结束发送的。

字符帧也叫数据帧，由起始位、数据位、奇偶校验位和停止位等四部分组成。

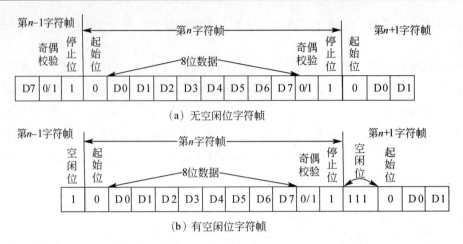

图 10-3　异步通信的字符帧格式

异步通信的另一个重要指标为波特率。波特率为每秒钟传送二进制数码的位数，也叫比特数，单位为 bps，即位每秒。波特率用于表征数据传输的速度，波特率越高，数据传输速度越快。通常，异步通信的波特率为 50～9600bps。波特率和字符的实际传输速率不同，字符的实际传输速率是每秒内所传字符帧的帧数，而波特率和字符帧格式有关。例如，波特率为 1200bps 的通信系统，若采用图 10-3（a）所示的字符帧（每一字符帧包含数据位 11 位），则字符的实际传输速率为 1200 / 11=109.09 帧 / 秒；若改用图 10-3（b）所示的字符帧（每一字符帧包含数据位 14 位），则字符的实际传输速率为 1200 / 14=85.71 帧 / 秒。

②同步通信。

同步通信是一种连续串行传送数据的通信方式，一次通信只传输一帧信息。这里的信息帧和异步通信的字符帧不同，通常有若干个数据字符，如图 10-4 所示。图 10-4（a）为单同步字符帧结构，图 10-4（b）为双同步字符帧结构，它们均由同步字符、数据和校验字符（CRC）三部分组成。在同步通信中，同步字符可以采用统一的标准格式，也可以由用户约定。如图 10-4 所示。

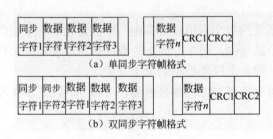

图 10-4　双同步字符帧格式

同步传输方式比异步传输方式速度快，这是它的优势。但同步传输方式也有其缺点，即它必须要用一个时钟来协调收发器的工作，所以它的设备也较复杂。例如 I^2C 通信、SPI 通信等。

（3）串行、并行转换

AT89C51 单片机的 P3.0 和 P3.1 除作为一般 I/O 口外，还分别在串行通信中充当接收口 RXD 和发送口 TXD。

①串行→并行转换。

一位一位的数据可通过一个移位寄存器重新组合成并行数据后交给发光二极管显示，串入/并出移位寄存器 74LS164 可以把串行输入的数据"组装"成为并行的。TXD 提供同步移位脉冲，RXD 输出数据。电路如图 10-5 所示。

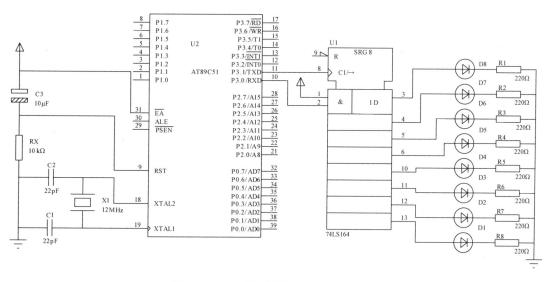

图 10-5　串行数据转换为并行数据电路图

程序把从串口发送的数据转换为 8 位并行数据控制 8 个发光二极管。

```c
#include <reg52.h>
#include <intrins.h>      //使用循环移位库函数 _crol_（）必须要包含的头文件。
#define uint unsigned int //将 unsigned int 重新定义为 uint，方便程序书写，减少输入量
#define uchar unsigned char//将 unsigned   char 重新定义为 uchar，减少输入量
void Delay(uint x)      //软件延时函数的另外一种写法。
{
    uchar i;
    while(x--)
    {   for(i=0;i<124;i++);//12MHz 主频，延时约 1ms
    }
}
void main()
{
    uchar c = 0x01;          //循环移位初值
    SCON = 0x00;          //串行口工作于 8 位移位寄存器方式
    while(1)
    {
        c = _crol_(c,1);   //循环移位库函数
        SBUF = c;          //数据送入串行口缓冲区
        while(TI==0);      //等待发送结束，发送结束则将 TI 标志清零
        TI = 0;
```

```
        Delay(400);
    }
}
```

②并行→串行转换。

并入/串出移位寄存器 74165 可以把并行输入数据变换为串行的。TXD 提供同步移位脉冲，RXD 输入数据端。电路如图 10-6 所示。

8 个开关的状态经过 74LS165，转换为串行数据输入 RXD 端，控制 8 个 LED 亮灭。

```c
#include <reg52.h>
#include <intrins.h>
#define uint unsigned int
#define uchar unsigned char
sbit SPL = P2^5;
void Delay(uint x)
{
    uchar i;
    while(x--)
    {for(i=0;i<124;i++);
    }
}
void main()
{
    SCON = 0x10;              //串行口工作于方式 0，允许接收
    while(1)
    {
        SPL = 0;              //低电平读取数据
        SPL = 1;              //高电平移位
        while(RI == 0);       //等待接收结束
        RI = 0;               //接收中断标志清零
        P0 = SBUF;            //将串行口缓冲区数据送给 P0 口控制发光二极管
        Delay(20);
    }
}
```

转换芯片 74LS165 是 8 位并行装载移位寄存器，74LS165 把 DIP 开关 S1 产生的由 8 个不同电平信号构成的并行数据转换成串行数据。74LS165 的 SH/LD 端（1 管脚）是移位/置入控制端，与单片机的 P2.5 口相连。当 P2.5 向其输入一个低电平时，74LS165 就将 DIP 开关 S1 产生的并行数据读入缓冲区；为高电平时，并行置数功能被禁止。类似的，串行数据由 74LS165 的 9 脚送入单片机的串行口，同时单片机向 CLK（2 管脚）输入时钟信号。

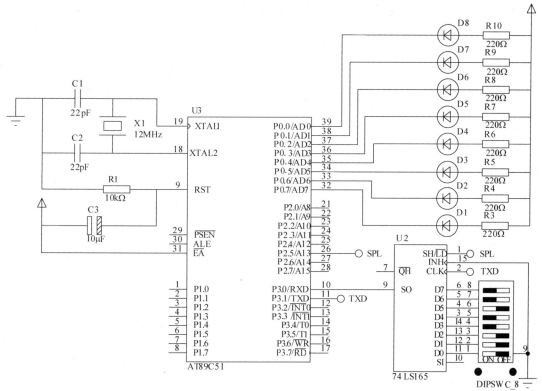

图 10-6　并行数据转换为串行数据电路图

10.3.2　MCS-51 单片机串行口基础

10.3.2.1　MCS-51 单片机串行口结构

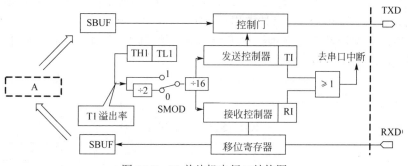

图 10-7　51 单片机串行口结构图

MCS-51 系列单片机的串行口结构如图 10-7 所示。

串行口主要由发送数据缓冲器、发送控制器、输出控制门、接收数据缓冲器、接收控制器、移位寄存器、波特率发生器等组成。

串行口中还有两个特殊功能寄存器 SCON、PCON。特殊功能寄存器 SCON 用来存放串行口的控制和状态信息。定时器 / 计数器 1（T1）与定时器 / 计数器 2（T2）都可构成串行口的波特率发生器，其波特率是否增倍可由特殊功能寄存器 PCON 的最高位控制。

10.3.2.2　MCS-51 串行口控制与状态寄存器

（1）发送、接收缓冲寄存器 SBUF

单片机 SBUF 既是发送缓冲寄存器，又是接收缓冲寄存器。其地址是 99H，按字节寻址。

物理上，发送及接收各有一个 SBUF 缓冲寄存器。当对它执行写 SBUF 指令时，则将数据写入发送缓冲寄存器 SBUF 中发送出去；当执行读 SBUF 指令时，则从接收缓冲寄存器 SBUF 中读取数据。所以，发送、接收数据非常方便。

串行通信口接收到一个字节的数据后，置位接收中断标志 RI，通知 CPU 到 SBUF 读取数据。同理，当一个字节的数据写入发送 SBUF 中，便可通过串行通信口将数据发送出去。发送完毕后，置位发送中断标志 TI，通知 CPU 数据已发送，可继续发送下一个数据。

（2）串行口的工作方式

方式 0：串行数据通过 RXD 进出，TXD 输出时钟。每次发送或接收，以 LSB（最低位）作首位，每次 8 位。波特率固定为 MCU 时钟频率的 1/12。

方式 1：TXD 发送，RXD 接收。每次数据为 10 位，一个起始位（0）、8 个数据位（LSB 在前）及一个停止位（1）。 当接收数据时，停止位存于 SCON 的 RB8 内。波特率可变，由 T1 溢出率决定。

数据发送是由一条写 SBUF 指令开始的。串行口由硬件自动加入起始位和停止位，构成一个完整的帧格式，然后在移位脉冲的作用下，由 TXD 端串行输出。一个字符帧发送完后，使 TXD 输出线维持在"1"状态下，并将串行控制寄存器 SCON 中的 TI 置 1，通知 CPU 可以发送下一个字节。

接收数据时，REN 处于允许接收状态。在此前提下，串行口采样 RXD 端，当采样到从 1 向 0 的状态跳变时，就认定为已接收到起始位。随后在移位脉冲的控制下，把接收到的数据位移入接收缓冲器中，直到停止位到来之后把停止位送入 RB8 中，并置位中断标志位 RI，通知 CPU 从 SBUF 取走接收到的数据。

方式 2：TXD 发送，RXD 接收。一帧数据为 11 位，一个起始位（0）、8 个数据位（LSB 在前）、一个可编程第 9 位数据及一个停止位（1）。波特率可编程为单片机时钟频率的 1/32（SMOD=1）或 1/64（SMOD=0）。

方式 3：TXD 发送，RXD 接收。一帧数据为 11 位。一个起始位（0）、8 个数据位（LSB 为首位）、一个可编程的第 9 位数据及一个停止位（1）。事实上，方式 3 除了波特率外均与方式 2 相同，其波特率可变并由 T1 溢出率决定。

多机通信：方式 2 及方式 3 有一个专门的应用领域即多机通信。本书不讲这部分内容。

（3）串行口控制寄存器 SCON

① SCON 用于串行数据通信的控制，其地址为 98H，是一个可位寻址的专用寄存器，其中的每个位可单独操作。如表 10-1 所示。

表 10-1　SCON 控制字说明

SM0	SM1	SM2	REN	TB8	RB8	TI	RI
SCON.7	SCON.6	SCON.5	SCON.4	SCON.3	SCON.2	SCON.1	SCON.0
9FH	9EH	9DH	9CH	9BH	9AH	99H	98H

② SCON 各位的功能如下。

● SM0、SM1：其功能如表 10-2 所示。

● SM2：多机通信控制位。

● REN：允许接收位。REN=1，允许接收；REN=0，禁止接收。它由软件置位、复位。

● TB8：方式 2 或方式 3 中要发送的第 9 位数据。可以按需要由软件置位或清 0。

● RB8：方式 2 或方式 3 中要接收的第 9 位数据；在方式 1 中或 sm2=0，RB8 是已接收的停止位；在方式 0 中，RB8 未用。

● TI：发送中断标志。在方式 0 下，发送完第 8 位数据后，该位由硬件置位。在其他方式下，开始发送停止位时，由硬件置位。因此，TI=1，表示一帧发送结束。可软件查询 TI 标志位，也可经中断系统请求中断。TI 位必须由软件清 0。

• RI：接收中断标志。在方式 0 下，接收完第 8 位数据后，该位由硬件置位。在其他方式下，当收到停止位或第 9 位时，该位由硬件置位。因此，RI=1 表示一帧接收结束。可软件查询 RI 标志，也可经中断系统请求中断。RI 必须由软件清 0。

表 10-2　串行口工作方式表

SM0	SM1	工作方式	功　能　说　明
0	0	0	同步移位寄存器输入/输出，波特率为 $f_{OSC}/12$
0	1	1	8 位 UART，波特率可变（$2^{SMOD} \times$ 溢出率/32）
1	0	2	9 位 UART，波特率为 $2^{SMOD} \times f_{OSC}/64$
1	1	3	9 位 UART，波特率可变（$2^{SMOD} \times$ 溢出率/32）

（4）电源控制寄存器 PCON

PCON 的地址为 87H，其最高位 SMOD 是串行口波特率的倍增位。当 SMOD=1 时，串行口波特率加倍；SMOD=0 时，波特率不加倍。

（5）波特率

这里着重讲述工作方式 1 的波特率。它由定时/计数器 1 的计数溢出率和 SMOD 位决定。

在此应用中，T1 不能用作中断。T1 可以工作在定时或计数方式及三种工作方式中的任何一种。在最典型应用中，它以定时器方式工作，并处于自动重装载模式（即定时方式 2）。

设计数初值为 COUNT，单片机的机器周期为 T，则定时时间为（256-COUNT）$\times T$。从而在 1s 内发生溢出的次数为（即溢出率）为

$$1/[(256-COUNT) \times T] = f_{OSC}/[12 \times (256-COUNT)]$$

$$波特率 = \frac{2^{SMOD}}{32[(256-COUNT) \times T]} = \frac{2^{SMOD} \times f_{OSC}}{32 \times 12 \times (256-COUNT)}$$

例如：SMOD=0、$T=2\mu s$（即 6MHz 的晶振）、COUNT=243=F3H，代入上式得波特率为 1200bps。

SMOD=1、$T=2\mu s$（即 6MHz 的晶振）、COUNT=243=F3H，代入上式得波特率为 2400bps。

$COUNT = 2^8 - \dfrac{f_{OSC} \times 2^{SMOD}}{波特率 \times 32 \times 12}$（如果已知波特率和 SMOD 位的状态，则可以算出 COUNT 值。）

可用 T1 的中断实现非常低的波特率。此时 T1 工作在方式 1，为 16 位定时器，在中断中要进行定时初值重装。

例如：已知波特率为 9600bps、SMOD=1、$T=1\mu s$（即 12MHz 的晶振），求得 COUNT=6。

10.3.3　MCS-51 单片机与 PC 间的串行通信技术

单片机的控制功能强，但运算能力较差，数据存放的 RAM 也有限。单片机控制一般作为底层控制器，实时采集数据，这些数据通过网络（有线或无线方式）传输到 PC 系统。另外，随着嵌入式系统的发展和物联网技术的兴起，单一的控制系统有了通信的要求，单片机之间的通信技术，单片机与 PC 间的通信接口技术成为目前单片机应用开发的一个新领域，学习相关的知识和技能是现代电子技术、通信技术、自动控制技术、物联网技术的必然要求。

（1）串行通信接口种类

根据串行通信格式及约定（如同步方式、通信速率、数据块格式等）不同，形成了许多串行通信接口标准，如常见的 UART（串行异步通信接口）、USB（通用串行总线接口）、I^2C

（集成电路间的串行总线）、SPI（串行外设总线）、485 总线、CAN 总线（局域网总线，用于汽车）、Profibus、CC-link 等工业现场总线。

（2）RS-232C 基础知识

① 串行总线。RS-232C 总线标准用于实现 PC 与单片机之间的串行通信。RS-232C 是由美国电子工业协会（EIA）公布的、应用最广的串行通信总线标准，适用于短距离或带调制解调器的通信场合。后来公布的 RS-422、RS-423 和 RS-485 串行总线接口标准在传输速率和通信距离上有很大的提高。

一对一的接头的情况下：

a．RS-232：可做到双向传输，全双工通信，最高传输速率 20kbps。

b．RS-422：只能做到单向传输，半双工通信，最高传输速率 10Mbps。

c．RS-485：双向传输，半双工通信，最高传输速率 10Mbps。

注意：

a．单片机采用 TTL 电平（即高、低电平的电压范围分别为2～5V 和0～0.8V）。

b．RS-232C 的逻辑电平其逻辑 0 为 5～15V，逻辑 1 为–5～–15V。

所以，采用 RS-232C 标准时，必须进行信号电平转换。MC1489、MC1488、MAX232和 ICL232 是常用的电平转换芯片。由于 MC1489、MC1488 要使用双电源供电，电路设计要比 MAX232 复杂，所以下面介绍更常用的 MAX232。

② MAX232（或 ICL232）。MAX232 内部结构如图 10-8 所示。应用中的电容配置，如果是 MAX232，C1～C5 均可取 1.0μF；如果是 MAX232A，C1～C5 均可取 0.1μF。MAX232内部有电压倍增电路和电压转换电路，4 个反相器，只需+5V 单一电源便能实现 TTL/CMOS电平与 RS-232 电平转换。

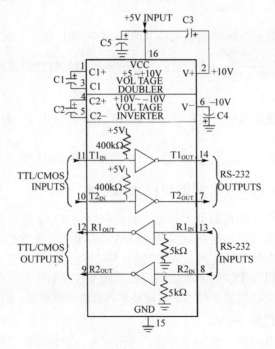

图 10-8　MAX232 内部结构图

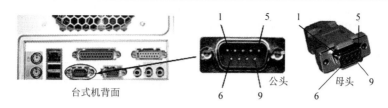

图 10-9　计算机串行口

③ RS-232C 标准信号定义。RS-232C 标准规定设备间使用带 D 型 25 针连接器的电缆通信，一般都使用 9 针 D 型连接器，其实物如图 10-9 所示。在计算机串行通信中，主要信号如表 10-3 所示。如果采用台式机，较老的机型一般自带串行口，新机型或笔记本电脑不带串行口的比较常见，可以购买 USB 转串行口的线进行转换，把 USB 转换为串行口使用。

表 10-3　RS-232C 连接器主要信号

信号	符号	25 针连接器引脚号	9 针连接器引脚号
请求发送	RTS	4	7
清除发送	CTS	5	8
数据设置准备	DSR	6	6
数据载波探测	DCD	8	1
数据终端准备	DTR	20	4
发送数据	TXD	2	3
接收数据	RXD	3	2
接地	GND	7	5

④ RS-232C 标准的其他定义及特点。

a．电压型负逻辑总线标准。

b．标准数据传送速率有 50bps、75 bps、110 bps、300 bps、600 bps、1200 bps、2400 bps、4800bps、9600bps、19200bps。

c．传输电压高，传输速率最高为 19.2kbps。在不增加其他设备的情况下，电缆长度最长为 15m。不适于接口两边设备间要求绝缘的情况。

（3）接口电路设计

单片机与 PC 间的通信采用半双工方式异步串行通信。计算机先发送，然后单片机接收，单片机将接收到的数据回发给计算机。

PC 通过用 VB（或 VC）设计的界面向串行口发送数据，再由单片机接收。单片机的控制程序用 Keil C51 语言完成。AT89C51 单片机与 PC 间通信时，要把通信电缆与 PC 串行通信口 1（COM1）接好。

（4）接口程序设计

本节用 VB 语言设计 PC 与单片机通信程序，包括人机交流的界面和数据的发送、接收。单片机中的通信程序用 C 语言设计。单片机使用晶振为 11.059MHz,波特率为 19200bps。

① 单片机发射、接收程序。

```c
#include <reg51.h>
#include <string.h>
unsigned char ch;
bit read_flag= 0 ;
```

```
void init_serialcom( void ) //串行口初始设定
{
    SCON = 0x50 ;        //UART 为方式 1，8 位数据，允许接收
    TMOD |= 0x20 ;       //T1 为方式 2,8 位自动重装
    PCON |= 0x80 ;       //SMOD=1;
    TH1 = 0xFD ;         //波特率为 19200 bps,f_OSC=11.0592MHz
    IE |= 0x90 ;         //允许串行口中断
    TR1 = 1 ;            //启动 T1
    TI=1;
}
void send_char_com( unsigned char ch) //向串行口发送一个字符
{   SBUF=ch;
    while (TI==0);
    TI=0 ;
}
void serial () interrupt 4 using 3 //串行口接收中断函数
{    if (RI)
    {    RI = 0 ;
         ch=SBUF;
         read_flag= 1 ; //就置位取数标志
    }
}
main()
{    init_serialcom(); //初始化串行口
    while ( 1 )
    {
         if (read_flag) //如果取数标志已置位，就将读到的数从串行口发出
         {
             read_flag= 0 ; //取数标志清 0
             send_char_com(ch);
         }
    }
}
```

② PC 通信界面及发射、接收程序设计（VB 代码）。

a. PC 通信 VB 界面设计。如图 10-10 所示，VB 设计的
界面上有如下内容。

- 发送按钮：Sendcmd。
- 清除按钮：CLEAR TEXT。
- 发送文本框：Text1。
- 接收文本框：Text2。
- 退出按钮：EXIT。

图 10-10　PCVB 通信界面设计

- 通信控件：MSComm1。

b．PC 中 VB 通信程序设计如图 10-11 所示。

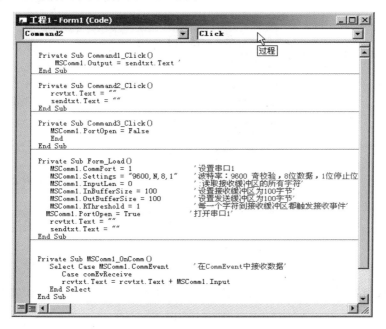

图 10-11　VB 程序设计

（5）运行与思考

安装好电路，将已固化目标代码的单片机安装到电路板对应插座上。将单片机应用系统通过串行口电缆与 PC 相连。

单片机应用系统上电运行，PC 上电运行 VB 程序。在发送文本框中输入"Q1g发"几个字符，按发送按钮"Sendcmd"，则由单片机接收到后再回发显示在接收文本框中。如图 10-12 所示。通过以上通信运行，说明单片机系统与计算机串行通信成功，所涉及的硬件与软件设计正确。

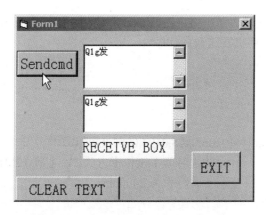

图 10-12　通过 VB 界面 PC 与单片机通信

小提示：串行口的调试在计算机上常使用串行口调试软件进行。使用时注意选择串行口（如果不确定，可以通过右键单击"我的电脑"，选择"管理"打开"计算机管理"对话框，选择"设备管理器"查看端口）、设置单片机端和 PC 端的波特率校验位、数据位、停止位，要保证通信两端完全一致。如图 10-13 所示。具体的方法可以自行查阅相关资料进行学习。

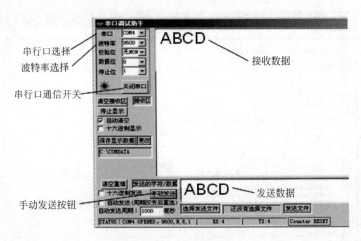

图 10-13　串行口调试助手

　　如果接收与发送区的数据一致，说明串行口通信成功，数据链路和软件控制都是正确的。

10.4　项目实施

（1）硬件仿真电路图

　　使用如图 10-14 所示的元器件制作如图 10-15 所示的电路图。注意：图中两个单片机的时钟、复位电路由于图中没有完整给出，请自己加上（晶振设置为 11.0592MHz）。

（2）程序设计

① 程序设计思路。甲机负责发送数据；乙机负责接收并使用数码管显示接收的数据。

② 程序设计。甲机发送数字 6～1，乙机接收甲机发来的数字并显示。

图 10-14　元器件列表

```
//程序：xm10_1.c，甲机发送数据程序
#include <reg51.h>
void main()                   //主函数
{
    unsigned char i;
    unsigned char send[]={0x06,0x05,0x04,0x03,0x02,0x01}; //定义要发送的数据
    TMOD=0x20;                //定时器 1 工作于方式 2，主频 12MHz
    TL1=0xF3;                 //波特率为 2400bps
    TH1=0xF3;
    SCON=0x50;                //定义串行口工作于方式 1
    PCON=0x00;                //SMOD=0;
```

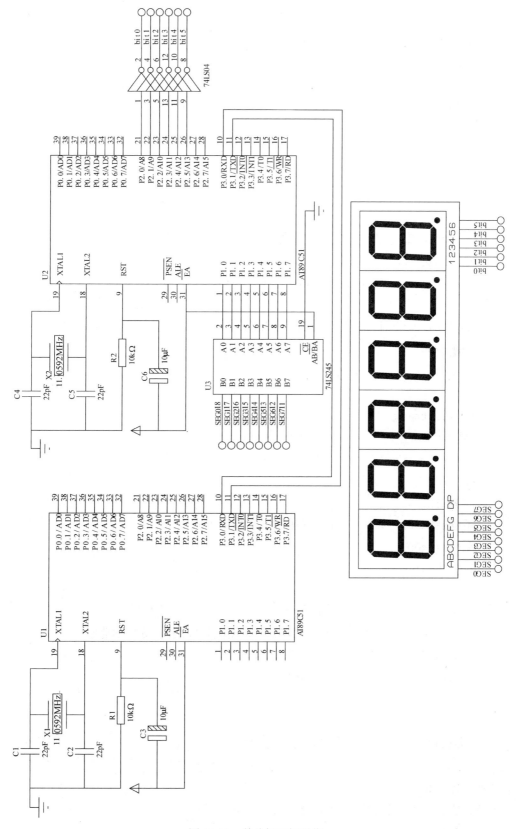

图 10-15　单片机双机通信

```
    TR1=1;
        for (i=0;i<6;i++)
      {
          SBUF=send[i];    //发送第 i 个数据
          while(!TI);        //查询等待发送是否完成
          TI=0;             //发送完成，TI 由软件清 0
      }
      while(1);
   }
//程序：xm10_2.c，乙机接收及显示程序
#include <reg51.h>
code unsigned char tab[]={0x3F,0x06,0x5B,0x4F,0x66,0x6D,0x7D,0x07,0x7F,0x6F};
                                        //定义 0～9 显示字形码
unsigned char buffer[]={0x00,0x00,0x00,0x00,0x00,0x00};  //定义接收数据缓冲区
void disp(void);        //显示函数声明
void main()             //主函数
{
    unsigned char i;
    TMOD=0x20;          //T1 工作于方式 2
    TL1=0xF3;           //波特率定义
    TH1=0xF3;
    TR1=1;
    SCON=0x50;          //定义串行口工作于方式 1
    PCON=0x00;
    for(i=0;i<6;i++)
    {
        REN=1;          //接收允许
        while(!RI);     //查询等待接收标志为 1，表示接收到数据
        buffer[i]=SBUF; //接收数据
        RI=0;           //RI 由软件清 0
    }
    while(1)
    { disp();}          //显示接收数据
}
//函数名：disp
//函数功能：在 6 个 LED 上显示 buffer 中的 6 个数
//入口参数：无
```

```
//出口参数：无
void disp()
{
    unsigned char w,i,j;
    w=0x01;                      //位码赋初值
    for(i=0;i<6;i++)
    {
        P1=~(tab[buffer[i]]);   //送显示字形段码，buffer[i]作为数组分量的下标
        P2=~w;                   //送位码
        for(j=100;j>5;j--);     //显示延时
        P1=0xff;
        w<<=1;                   // w 左移一位
    }
}
```

（3）仿真调试

① 在 Proteus 电路图上双击单片机加载生成的 HEX 文件，开始进行仿真。

② 修改程序或者电路图的错误并重新仿真验证。

（4）完成发挥功能

① 完成发挥功能 a。

② 画出发挥功能 b 的电路图和控制程序并仿真。

（5）实战训练

① 准备以下材料、工具（表 10-4），使用面包板搭建硬件电路

表 10-4　项目设备、工具、材料表

类型	名称	数量	型号	备注
设备	示波器	1	20MHz	
	万用表	1	普通	
工具	电烙铁	1	普通	
	斜口钳	1	普通	
	镊子	1	普通	
	Keil C51 软件	1	2.0 版以上	
	Proteus 软件	1	7.0 版以上	
	STC 下载软件	1	ISP 下载	
器件	51 系列单片机	2	AT89C51 或 STC89C51/52	根据下载方法选型
	单片机座子	2	DIP40	
	晶振	2	12MHz	
	瓷片电容	4	22pF	
	电解电容	2	22μF/16V	
	电阻	2	10kΩ	
	数码管驱动	1	74LS245	

续表

类型	名称	数量	型号	备注
器件	反相器	2	74LS04	
	电源	1	直流 400mA/5V 输出	
	按键	1		
材料	焊锡	若干		
	面包板	1	9cm×15cm	或实验板
	导线	若干	φ0.8mm 多芯漆包线	或网线

② 使用 STC 下载工具下载程序到单片机，调试软硬件出现正确控制效果。

思考与练习

1. 单选题。

（1）串行口是单片机的（　　）。

　　A.内部资源　　　　　B.外部资源　　　C.输入设备　　　D.输出设备

（2）MCS-51 系列单片机的串行口是（　　）。

　　A.单工　　　　　　　B.全双工　　　　C.半双工　　　　D.并行口

（3）表示串行数据传输速度的指标为（　　）。

　　A.USART　　　　　　B.UART　　　　　C.字符帧　　　　D.波特率

（4）单片机与 PC 接口时，往往采用 RS-232C 接口，其主要作用是（　　）。

　　A.提高传输距离　　　　　　　　　B.提高传输速度

　　C.进行电平转换　　　　　　　　　D.提高驱动能力

（5）单片机输出信号为（　　）电平。

　　A.RS-232C　　　　　　B.TTL　　　　　C.RS-449　　　　D.RS-232

（6）串行工作方式 0 时，串行数据从（　　）输入或输出。

　　A.RI　　　　　　　　　B.TXD　　　　　C.RXD　　　　　D.REN

（7）串行口的控制寄存器为（　　）。

　　A.SMOD　　　　　　　B.SCON　　　　　C.SBUF　　　　D.PCON

（8）当采用中断方式进行串行数据的发送时，发送完一帧数据后，TI 标志要（　　）。

　　A.自动清零　　　　　B.硬件清零　　　C.软件清零　　　D.软、硬件清零

（9）当采用 T1 作为串行口波特率发生器使用时，通常定时器工作在方式（　　）。

　　A.0　　　　　　　　　B.1　　　　　　　C.2　　　　　　　D.3

（10）当设置串行口工作方式 2 时，采用（　　）指令。

　　A.SCON=0×80　　　　　　　　　B.PCON=0×80

　　C.SCON=0×10　　　　　　　　　D.PCON=0×10

（11）串行口工作方式 0 时，其波特率（　　）。

　　A.取决于 T1 的溢出率

　　B.取决于 PCON 中的 SMOD 位

　　C.取决于时钟频率

　　　　D.取决于 PCON 中的 SMOD 位和 T1 的溢出率

（12）串行口工作方式 1 时，其波特率（　　　）。

　　　　A.取决于 T1 的溢出率　　　　　　　B.取决于 PCON 中的 SMOD 位

　　　　C.取决于时钟频率　　　　　　　　　D.取决于 PCON 中的 SMOD 位和 T1 的溢出率

（13）MC5-51 单片机的串行口的发送数据和接收数据引脚为（　　　）。

　　　　A.TXD 和 RXD　　　　B.TI 和 RI　　　　C.TB8 和 RB8　　　　D.REN

2. 问答题。

　　（1）什么是串行异步通信？

　　（2）T1 做串行口波特率发生器时，为什么采用方式 2？

3. 编程题。

编程实现甲乙两个单片机进行点对点通信，甲机每隔 1s 发送一次"HELLOW!"字符串，乙机接收到以后，在 LED 上显示出来。

附　　录

附录 A　Keil C51 调试经验

1．没有将源程序加入项目中就进行编译

Build target 'Target 1'

assembling STARTUP.A51...

linking...

*** WARNING L1: UNRESOLVED EXTERNAL SYMBOL//没有定义的外部标识

    SYMBOL:　?C_START

    MODULE:　STARTUP.obj (?C_STARTUP)

*** WARNING L2: REFERENCE MADE TO UNRESOLVED EXTERNAL

    SYMBOL:　?C_START

    MODULE:　STARTUP.obj (?C_STARTUP)

    ADDRESS: 000DH

Program Size: data=9.0 xdata=0 code=15

creating hex file from "RW13"...

"RW13" - 0 Error(s), 2 Warning(s).

解决方法，加入源程序后再编译。

2．没有包含头文件 reg51.h

compiling ex1_2.c...

EX1_2.C(4):　　　　　error C202:　　'P1':　　　　　　undefined identifier

/*程序名（代码行）：错误代码 C202，"有错误的标识符":没有定义的标识符*/

EX1_2.C(5): error C202: 'P1': undefined identifier

EX1_2.C(11): error C202: 'P1_0': undefined identifier//程序 11 行有错，P1_0：没定义的标识符

EX1_2.C(13): error C202: 'P1_0': undefined identifier

EX1_2.C(15): error C202: 'P1_1': undefined identifier

EX1_2.C(17): error C202: 'P1_1': undefined identifier

Target not created　　//不能产生目标文件

    看到有 6 个错误，括号里数字所在的行有错误[如"C（5）"表示第 5 行有错误]，再观察单引号中 P1、P1_0、P1_1 就可以知道是哪个符号有错误。按照提示的意思是没有定义，事实上 P1_0 是定义了的，错误在于没有包含头文件 reg51.h。解决方法是加入"#include <reg51.h>"再编译。

    3．定义的变量和使用的变量名大小写不一致

    EX1_2.C(11): error C202: 'p1_0': undefined identifier

    提示 p1_0 没有定义，但是程序中已经定义了：

    sbit P1_0=P1^0　　;//定义位名称

    再仔细比较，原来是定义的变量名和使用的变量名大小写不一致。将二者修改一致即可。

    4．函数没有定义

*** WARNING L1: UNRESOLVED EXTERNAL SYMBOL//没有定义的外部标识符

SYMBOL:　_DELAY　　　　　　　　//标志_ DELAY 与问题
MODULE:　ex1_2.obj (EX1_2)

这种提示是提示在程序中调用的延时函数没有定义。解决的方法是加入函数的定义。

5. 括号不配对

EX2_1.C(28): error C141: syntax error near 'void'

提示在 void 附近有语法错误。这种情况一般是大括号不配对造成的，并且看到很多的错误。这个时候不要着急，将程序按照层次进行缩进，就能很快地找到括号配对的错误。值得注意的是在高版本中，括号不配对的话会显示为红色，配对后会显示为蓝色，所以推荐使用 V4.0 这个版本。

6. 书写造成的错误

① 情况 1：

```
void delay1s()                 //1s 延时函数
{
    unsigned char i;
    for(i=0;i<0x14;i++)        //设置 20 次循环次数
    {
        TH1=0x3C;              //设置定时器初值为 3CB0H
        TL1=0xB0;
        TR1=1;                 //启动 T1
        while(!TF1);           //查询计数是否溢出，即定时 50ms 时间到，TF1=1
        TF1=0;                 //50ms 定时时间到，将 T1 溢出标志位 TF1 清零
    }
}
```

例如将"TR1=1;"写成了"TR0=1;"或这一句没有输入，编译的时候不会提示有错误，但是由于错误则定时器 1 不能工作，程序运行不正常。

② 情况 2：

```
for(i=0;i<k;i++)
    for(j=0;j<124;i++);
```

第二行的 for 循环成了一个死循环，因为判断的是变量 j，自变量加的是 i，j 变量一直为 0 不变，循环就不会结束。

平常我们写程序的时候会使用复制的方法来提高速度，例如情况 1 的函数是使用定时器 T1 实现 1s 的延时，初学者在复制后，往往会在修改的时候不注意把寄存器的名字改完，从而引起比较隐蔽的错误，不报错，程序也不正常运行。遇到这种情况要逐行逐字符地核对程序，并且可以通过单步运行的方法来查看错误产生的原因。

7. for 语句后的分号问题

for 语句后的分号加与不加，下面举两个情况来说明。

① 情况 1：在编写软件延时函数的时候，常用 for 语句控制内循环实现延时 1ms。外循环控制循环次数实现不同的延时。初学者可能会把两个循环哪个需要使用分号搞错。搞错了以后也不会报错，只是时间会不同。

```
void delay(unsigned char k)
{
```

```
        unsigned char i,j;
        for(i=0;i<k;i++)
        for(j=0;j<124;j++);
        }
```

② 情况 2：

```
    while(1)
    {
        for(i=0;i<60;i++)
        {
            disp(i) ;
            delay1s();                    // 调用 1s 延时函数
        }
    }
```

在这个 for 循环中，部分初学者会在 for(i=0;i<60;i++)后面加上分号，结果是调用显示函数只有一次，每次显示的都是 59。因为加上分号以后，本来是循环结构程序，结果变成了一个顺序结构。

8. 不注意函数参数的取值范围

```
void delay(unsigned char k)
    {
    unsigned char i,j;
    for(i=0;i<k;i++)
    for(j=0;j<124;j++);
    }
```

函数 delay(unsigned char k)是无符号字符型的，取值范围为 0～255，在调用的时候却希望时间更长，写出了：

```
 delay(1000);
```

这样的调用当然实现不了需要的定时时间。解决方法是重新定义一下延时函数，修改为：

```
void delay(unsigned int k)//0～65535ms
    {
    unsigned int i,j;
    for(i=0;i<k;i++)
    for(j=0;j<124;j++);
    }
```

总之，在程序的调试过程中遇到有错误并不可怕，遇到错误后冷静分析，查找错误原因，改正错误。不要因为错误多就觉得好像问题特别大，没有了解决问题的信心，只要仔细地解决几回问题，基本的语法错误，如括号问题、分号问题、大小写问题等都可以很快的解决。

至于逻辑的错误，合理地使用单步跟踪、软硬件联合调试，使用虚拟仪器协助观察，再积累一定的经验，就能解决大部分的问题。如果经过努力还不能解决，可以问同学、老师也可以上互联网求教。

注意，在解决问题以后自己应及时总结，这样才能快速提高自己的编程能力和学习能力。

附录 B　Keil C51 库函数

Keil C51 软件包的库包含标准的应用程序，每个函数都在相应的头文件（.h）中有原型声明。如果使用库函数，必须在源程序中用预编译指令定义与该函数相关的头文件（包含了该函数的原型声明）。如果省掉头文件，编译器则提示需要标准的 C 参数类型，编译不能通过。头文件存放在安装目录"\Keil\C51\INC"下。

1. regxxx.h：访问 SFR 和 SFR-bit 地址

文件 reg51.h、reg52.h 允许访问 8051 系列的 SFR 和 SFR-bit 的地址，这些文件定义了所需的所有 SFR 名以寻址 8051 系列单片机的外围电路地址。对于 8051 系列中其他一些器件，用户可用文件编辑器容易地产生一个".h"文件。

下例表明了对 8051 P0 和 P1 的访问：

```
#include <reg51.h>
main() {
if(P0==0x10) P1=0x50;
}
```

2. absacc.h：绝对地址访问

函数名：　CBYTE，DBYTE，PBYTE，XBYTE。

原　型：　#define CBYTE((unsigned char *)0x50000L)

　　　　　　#define DBYTE((unsigned char *)0x40000L)

　　　　　　#define PBYTE((unsigned char *)0x30000L)

　　　　　　#define XBYTE((unsigned char *)0x20000L)

功　能：上述宏定义用来对 8051 地址空间做绝对地址访问，因此，可以字节寻址。CBYTE 寻址 CODE 区，DBYTE 寻址 DATA 区，PBYTE 寻址 XDATA 区（通过"MOVX @R0"命令），XBYTE 寻址 XDATA 区（通过"MOVx @DPTR"命令）。

例：下列指令在外存区访问地址 0x1000

xval=XBYTE[0x1000];

XBYTE[0x1000]=20;

通过使用#define 指令，用符号可定义绝对地址，如符号 X10 可与 XBYTE[0x1000]地址相等：

#define X10 XBYTE[0x1000]。

函数名：　CWORD，DWORD，PWORD，XWORD。

原　型：　#define CWORD((unsigned int *)0x50000L)

　　　　　　#define DWORD((unsigned int *)0x40000L)

　　　　　　#define PWORD((unsigned int *)0x30000L)

　　　　　　#define XWORD((unsigned int *)0x20000L)

功　能：这些宏与上面相似，只是它们指定的类型为"unsigned int"。通过灵活的数据类型，所有地址空间都可以访问。

3．intrins.h：内部函数

函数名：_crol_，_irol_，_lrol_

[注意，"_"前，最后一个字母为 l 代表 left（左移）]。

原　型：　unsigned char _crol_(unsigned char val,unsigned char n); （无符号字符型 val 移 n 位）

unsigned int 　_irol_(unsigned int val,unsigned char n); （无符号整型 val 移 n 位）

unsigned int _lrol_(unsigned long val,unsigned char n); （无符号长整型 val 移 n 位）

功　能：_crol_，_irol_，_lrol_ 以位形式将 val 左移 n 位，该函数与 8051 的汇编指令"RLA"指令相关，上面几个函数不同于参数类型。可用于控制流水灯。

例：#include <intrins.h>

main()

{unsigned int y;

y=0x00FF;

y=_irol_(y,4); /*y=0x0FF0*/

}

函数名：_cror_，_iror_，_lror_（注意，"_"前，最后一个字母为 r 代表 right（右移））

原　型：　unsigned char _cror_(unsigned char val,unsigned char n); （无符号字符型 val 移 n 位）

unsigned int _iror_(unsigned int val,unsigned char n); 　　（无符号整型 val 移 n 位）

unsigned int _lror_(unsigned long val,unsigned char n);（无符号长整型 val 移 n 位）

功　能：_cror_，_iror_，_lror_ 以位形式将 val 右移 n 位，该函数与 8051 的汇编指令"RRA"指令相关，上面几个函数不同于参数类型。可用于控制流水灯。

例：#include <intrins.h>

main()

{　unsigned int y;

y=0x0FF00;

y=_iror_(y,4); /*y=0x0FF0*/

}

函数名：_nop_。

原　型：　void _nop_(void);

功　能：_nop_产生一个 NOP 指令,该函数可用作 C 程序的时间比较。C51 编译器在_nop_函数工作期间不产生函数调用，即在程序中直接执行了 NOP 指令。

例：P0=0x01;_nop_();

函数名：_testbit_。

原　型：bit _testbit_(bit x);

功　能：_testbit_产生一个 JBC 指令，该函数测试一个位，当置位时返回 1，否则返回 0。如果该位置为 1，则将该位复位为 0。8051 的 JBC 指令即用作此目的。_testbit_只能用于可直接寻址的位，在表达式中使用是不允许的。

4. stdio.h：一般 I/O 函数

C51 编译器包含字符 I/O 函数，它们通过处理器的串行口操作，为支持其他 I/O 机制，只需修改 getkey()和 putchar()函数，其他所有 I/O 支持函数依赖这两个模块，不需要改动。下面仅列出函数，详细资料可查阅 C51 库函数手册。在使用 8051 串行口之前，必须将它们初始化，下例以 2400bps，12MHz 初始化串口：

```
SCON=0x52        /*SCON*/
TMOD=0x20        /*TMOD*/
TR1=1                /*定时器/计数器 1 启动*/
TH1=0XF3         /*TH1 初始值*/
char getchar(void)；
char _getkey(void)；
char *gets(char * string,int len)；
int printf(const char * fmtstr[,argument]…)；
char putchar(char c)；
int puts (const char * string)；
int scanf(const char * fmtstr[,argument]…)；
int sprintf(char * buffer,const char *fmtstr[,argument])；
int sscanf(char *buffer,const char * fmtstr[,argument])；
char ungetchar(char c)；
void vprintf (const char *fmtstr,char * argptr)；
void vsprintf(char *buffer,const char * fmtstr,char * argptr)；
```

5．ctype.h：字符函数

```
bit isalnum(char c)；
bit isalpha(char c)；
bit iscntrl(char c)；
bit isdigit(char c)；
bit isgraph(char c)；
bit islower(char c)；
bit isprint(char c)；
bit ispunct(char c)；
bit isspace(char c)；
bit isupper(char c)；
bit isxdigit(char c)；
bit toascii(char c)；
bit toint(char c)；
char tolower(char c)；
char __tolower(char c)；
char toupper(char c)；
char __toupper(char c)；
```

6. string.h：串函数

```
void *memccpy (void *dest,void *src,char c,int len)；
void *memchr (void *buf,char c,int len)；
char memcmp(void *buf1,void *buf2,int len)；
void *memcopy (void *dest,void *src,int len)；
void *memmove (void *dest,void *src,int len)；
```

void *memset (void *buf,char c,int len);

char *strcat (char *dest,char *src);

char *strchr (const char *string,char c);

char strcmp (char *string1,char *string2);

char *strcpy (char *dest,char *src);

int strcspn(char *src,char * set);

int strlen (char *src);

char *strncat (char 8dest,char *src,int len);

char strncmp(char *string1,char *string2,int len);

char strncpy (char *dest,char *src,int len);

char *strpbrk (char *string,char *set);

int strpos (const char *string,char c);

char *strrchr (const char *string,char c);

char *strrpbrk (char *string,char *set);

int strrpos (const char *string,char c);

int strspn(char *string,char *set);

7 . stdlib.h：标准函数

float atof(void * string);

int atoi(void * string);

long atol(void * string);

void * calloc(unsigned int num,unsigned int len);

void free(void xdata *p);

void init_mempool(void *data *p,unsigned int size);

void *malloc (unsigned int size);

int rand(void);

void *realloc (void xdata *p,unsigned int size);

void srand (int seed);

8. math.h：数学函数

extern int abs(int va1);

extern char cabs(char val);

extern float fabs(float val);

extern long labs(long val);

extern float exp(float x);

extern float log(float x);

extern float log10(float x);

extern float sqrt(float x);

extern int rand(void);

extern void srand(int n);

extern float cos(flaot x);

extern float sin(flaot x);

extern flaot tan(flaot x);

```
extern float acos(float x);
extern float asin(float x);
extern float atan(float x);
extern float atan(float y,float x);
extern float cosh(float x);
extern float sinh(float x);
extern float tanh(float x);
```

附录 C Proteus 常用元件名称中英文对照

···器件模式···

元件名称 中文名

7407 驱动门。

1N914 二极管。

74LS00 与非门。

74LS04 非门。

74LS08 与门。

7SEG 4 针 BCD-LED 输出从 0～9 对应于 4 根线的 BCD 码。

7SEG 3-8 译码器电路 BCD-7SEG 转换电路。

7SEG-CA 共阳极数码管。

7SEG-CC 共阴极数码管。

AND 与门。

OR 或门。

BATTERY 电池/电池组。

BUS 总线。

BUTTON 按键。

CAP 电容 (CAP-ELEC 电解电容)。

CAPACITOR 电容器。

CLOCK 时钟信号源。

CRYSTAL 晶振。

FUSE 保险丝。

LAMP 灯。

LED-RED/GREEN/BLUE 红色/绿色/蓝色发光二极管。

LM016L 2 行 16 列液晶。

POT-LIN 三引线可变电阻器。

POT-HG 滑动变阻器。

RES 电阻。

RESISTOR 电阻器。

RESPACK7,8 电阻排。

Electromechanical 电机（也可输入 MOTOR-）。

Inductors 变压器。

Memory Ics 存储芯片。

Microprocessor Ics 处理器芯片 （常用 AT89C51/52）。

Miscellaneous 各种器件：AERIAL-天线；ATAHDD；ATMEGA64；BATTERY；CELL；CRYSTAL-晶振；FUSE；METER-仪表。

Modelling Primitives 各种仿真器件：是典型的基本元器件模拟，不表示具体型号，只用于仿真，没有 PCB。

Optoelectronics 各种发光器件：发光二极管，LED，液晶等。

Simulator Primitives 常用的器件。

Speakers & Sounders 蜂鸣器。

Switches & Relays 开关，继电器，键盘。

- SW-SPDT 二选通一开关。

- SW-DPDT 双刀双掷开关。

Switching Devices 晶闸管。

Transistors 晶体管（三极管，场效应管）。

TTL 74 /74ALS/ 74AS /74F /74HC /74HCT/74LS/ 74S series。

Analog Ics 模拟电路集成芯片。

Capacitors 电容集合。

CMOS 4000 series。

Connectors 排座，排插。

Data Converters ADC,DAC （如 ADC0809，DAC0832）。

Debugging Tools 调试工具。

 终端模式

DEFALT 默认终端。

INPUT 输入。

OUTPUT 输出。

GROUND 地。

POWER 电源。

BUS 总线。

 虚拟仪器

OSCILLOSCOPE 示波器。

LOGIC ANALYSER 逻辑分析器。

COUNTER TIMER 定时器/计数器。

VIRTUAL TERMINAL 串行口终端。

SPI DEBUGGER SPI 调试器。

I^2C DEBUGGER I^2C 调试器。

SIGNAL GENERATOR 信号发生器。

PATTERN　GENERATOR 码型发生器。

DC　VOLTMETER　直流伏特计。

DC　AMMETER　　直流安培计。

AC　VOLTMETER　交流伏特计。

AC　AMMETER　　交流安培计。

CURRENT PROBE MODE 电流探针模式。

VATAGE　PROBE MODE 电压探针模式。

Generators　信号发生器（可以产生正弦、脉冲、数字脉冲、直流等信号）。

元件提示

如果器件预览栏显示的是 NO Simulator Model 则此器件没有仿真模型，如 ADC0809。

如果器件预览栏显示的是 Schematic Model 则此器件有仿真模型，如 ADC0808。

··辅助元件··

net=P3#定义一组标签。按字母"A"键。出现对话框输入引号内的内容，指定"Count"为 0，编号初始值，"Increment"为 1，增量，按"OK"按钮如附图 C-1 所示，表示定义标签"P3#"，每单击一条线，#代表的数字加 1。定义完成后再用鼠标单击需要顺序编号的连线即可完成批量标签的制作。完成一组标签，再按"A"键又出现对话框，重新指定"Count"编号初始值，"Increment"增量，又可再完成一组标签。适合为总线、端口批量制作标签（如附图 C-2 的 P30～P37）。如果不再制作标签，单击元器件制作图标再单击选择图标即可撤销标签制作状态。

LABEL 标签，适合为单线制作标签（如附图 C-2 的标签 RS、RW、E）。

2D GRAPHICS TEXT MODE　　二维说明文字。

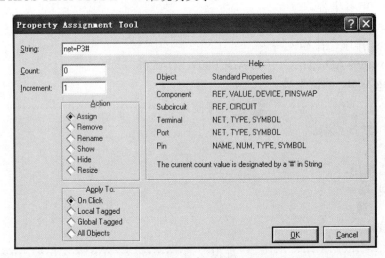

附图 C-1　批量标签制作对话框

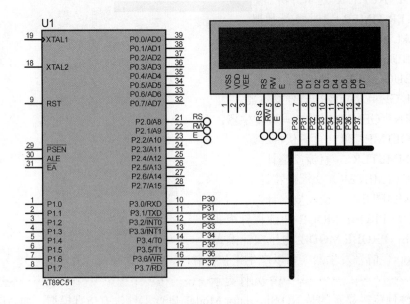

附图 C-2　标签制作

F8：全部显示。当前工作区全部显示。

F6：放大。以鼠标为中心放大。

F7：缩小。以鼠标为中心缩小。

G：栅格开关。栅格网格。

Ctrl+F1：栅格宽度 0.1mm。显示栅格为 0.1mm，在 PCB 的时候很有用。

F2：栅格为 0.5mm。显示栅格为 0.5mm，在 PCB 的时候很有用。

F3：栅格为 1mm。显示栅格为 1mm，在 PCB 的时候很有用。

F4：栅格为 2.5mm。显示栅格为 2.5mm，在 PCB 的时候很有用。

Ctrl+S：打开关闭磁吸。磁吸用于对准一些点，如引脚等。

X：打开/关闭定位坐标。显示一个大十字射线。

M：显示单位切换。"mm"和"th"之间的单位切换，在右下角显示。

O：重新设置原点。将鼠标指向的点设为原点。

U：撤销键。

Page Down：改变图层。

Page Up：改变图层。

Ctrl+page Down 最底层。

Ctrl+Page Up：最顶层。

Ctrl+画线：可以画曲线。

R：刷新。

+、-：旋转。

F5：重定位中心。

附录 D 单片机专业网站

1．单片机网站
（1）Proteus 仿真论坛 http://proteus.5d6d.com/home.php
（2）21ic 单片机技术 http://mcu.21ic.com/
（3）学习单片机网 http://www.zsgbailin.com/
（4）中国单片机在线 http://www.mcuchina.com/
（5）单片机咨询网 http://www.c51.cn/Index.html
（6）周立功单片机 http://www.zlgmcu.com/home.asp
（7）单片机开发网 http://www.fjbmcu.com/
（8）电子工程师网志 http://www.c51bbs.com/c51blog/index.html
（9）单片机学习网 http://www.mcustudy.com/
（10）中电网 http://www.chinaecnet.com/
（11）嵌入式在线 http://www.mcuol.com/
（12）亚嵌教育 http://www.akaedu.org/
2．元器件芯片资料查询常用网站
（1）21IC 电子查询网 http://www.21icsearch.com/
（2）ALL DATASHEET http://www.alldatasheet.com
（3）B2BIC 电子查询网 http://www.b2bic.com/
（4）世界电子元器件 http://www.gecmag.com/
（5）114IC 查询网 http://www.114ic.com/114ic/
（6）IC 资料查询网 http://www.icpdf.com/
（7）惠聪电子元件网 http://www.ec.hc360.com/
（8）电子资料元器件查询网 http://www.1ic.cn/
（9）电子元器件网 http://www.dianziw.com/
（10）中国传感器网 http://www.8339.org/
（11）中国传动网 http://www.chuandong.com/

附录 E 项目 8（密码锁）参考源程序

1. at24xx.c 存储芯片 CAT24C02 驱动程序文件：

```c
#include<reg52.h>
#include "my_sys.h"
#include "iic.h"
#include "at24xx.h"
void AT24CXX_Init(void)
{
    IIC_Init();
}
//在 AT24CXX 指定地址读出一个数据
//ReadAddr:开始读数的地址
//返回值:读到的数据
uint8 AT24CXX_ReadOneByte(uint16 ReadAddr)
{
    uint8 temp=0;
    IIC_Start();
    if(EE_TYPE>AT24C16)
    {
        IIC_Send_Byte(0xA0);          //发送写命令
        IIC_Wait_Ack();
        IIC_Send_Byte(ReadAddr>>8);//发送高地址
    }else  IIC_Send_Byte(0xA0+((ReadAddr/256)<<1));      //发送器件地址 0xA0,写数据
    IIC_Wait_Ack();
    IIC_Send_Byte(ReadAddr%256);     //发送低地址
    IIC_Wait_Ack();
    IIC_Start();
    IIC_Send_Byte(0xA1);             //进入接收模式
    IIC_Wait_Ack();
    temp=IIC_Read_Byte(0);
    IIC_Stop();//产生一个停止条件
    return temp;
}
//在 AT24CXX 指定地址写入一个数据
//WriteAddr:写入数据的目的地址
//DataToWrite:要写入的数据
void AT24CXX_WriteOneByte(uint16 WriteAddr,uint8 DataToWrite)
```

```
{
    IIC_Start();
    if(EE_TYPE>AT24C16)
    {
        IIC_Send_Byte(0xA0);          //发送写命令
        IIC_Wait_Ack();
        IIC_Send_Byte(WriteAddr>>8);//发送高地址
    }else IIC_Send_Byte(0xA0+((WriteAddr/256)<<1));    //发送器件地址 0xA0,写数据

    IIC_Wait_Ack();
    IIC_Send_Byte(WriteAddr%256);     //发送低地址
    IIC_Wait_Ack();
    IIC_Send_Byte(DataToWrite);       //发送字节
    IIC_Wait_Ack();
    IIC_Stop();//产生一个停止条件
    delay_nms(10);
}
//在 AT24CXX 里面的指定地址开始写入长度为 Len 的数据
//该函数用于写入 16 位或者 32 位的数据
//WriteAddr:开始写入的地址
//DataToWrite:数据数组首地址
//Len:要写入数据的长度 2,4
void AT24CXX_WriteLenByte(uint16 WriteAddr,uint32 DataToWrite,uint8 Len)
{
    uint8 t;
    for(t=0;t<Len;t++)
    {
        AT24CXX_WriteOneByte(WriteAddr+t,(DataToWrite>>(8*t))&0xFF);
    }
}
//在 AT24CXX 里面的指定地址开始读出长度为 Len 的数据
//该函数用于读出 16 位或者 32 位的数据
//ReadAddr:开始读出的地址
//返回值:数据
//Len:要读出的数据的长度
uint32 AT24CXX_ReadLenByte(uint16 ReadAddr,uint8 Len)
{
    uint8 t;
    uint32 temp=0;
    for(t=0;t<Len;t++)
    {
```

```
            temp<<=8;
            temp+=AT24CXX_ReadOneByte(ReadAddr+Len-t-1);
        }
        return temp;
}
//检查 AT24CXX 是否正常
//这里用了 AT24XX 的最后一个地址(255)来存储标志字
//如果用其他 24C 系列,这个地址要修改
//返回 1:检测失败
//返回 0:检测成功
uint8 AT24CXX_Check(void)
{
        uint8 temp;
        temp=AT24CXX_ReadOneByte(255);//避免每次开机都写 AT24CXX
        if(temp==0x55)return 0;
        else//排除第一次初始化的情况
        {
            AT24CXX_WriteOneByte(255,0x55);
            temp=AT24CXX_ReadOneByte(255);
            if(temp==0x55)return 0;
        }
        return 1;
}
//在 AT24CXX 里面的指定地址开始读出指定个数的数据
//ReadAddr :开始读出的地址，对 24C02 为 0~255
//pBuffer :数据数组首地址
//NumToRead:要读出数据的个数
void AT24CXX_Read(uint16 ReadAddr,uint8 *pBuffer,uint16 NumToRead)
{
        while(NumToRead)
        {
            *pBuffer++=AT24CXX_ReadOneByte(ReadAddr++);
            NumToRead--;
        }
}
//在 AT24CXX 里面的指定地址开始写入指定个数的数据
//WriteAddr :开始写入的地址  对 24c02 为 0~255
//pBuffer :数据数组首地址
//NumToWrite:要写入数据的个数
void AT24CXX_Write(uint16 WriteAddr,uint8 *pBuffer,uint16 NumToWrite)
{
```

```
        while(NumToWrite--)
        {
            AT24CXX_WriteOneByte(WriteAddr,*pBuffer);
            WriteAddr++;
            pBuffer++;
        }
}
```

2. at24xx.h 存储芯片 CAT24C02 驱动程序头文件：

```
#ifndef ___AT24XX_h
#define ___AT24XX_h
#include <reg52.h>
#include "my_sys.h"
#include "iic.h"
#define AT24C01        127
#define AT24C02        255
#define AT24C04        511
#define AT24C08        1023
#define AT24C16        2047
#define AT24C32        4095
#define AT24C64        8191
#define AT24C128       16383
#define AT24C256       32767
//测试中具体用的哪一个芯片，AT24C02
#define EE_TYPE AT24C02
extern uint8 AT24CXX_ReadOneByte(uint16 ReadAddr);    //指定地址读取一个字节
extern void AT24CXX_WriteOneByte(uint16 WriteAddr,uint8 DataToWrite);
                                        //指定地址写入一个字节
extern void AT24CXX_WriteLenByte(uint16 WriteAddr,uint32 DataToWrite,uint8 Len);
                                        //指定地址开始写入指定长度的数据
extern uint32 AT24CXX_ReadLenByte(uint16 ReadAddr,uint8 Len);
                                        //指定地址开始读取指定长度数据
extern void AT24CXX_Write(uint16 WriteAddr,uint8 *pBuffer,uint16 NumToWrite);
                                        //从指定地址开始写入指定长度的数据
extern void AT24CXX_Read(uint16 ReadAddr,uint8 *pBuffer,uint16 NumToRead);
                                        //从指定地址开始读出指定长度的数据
extern uint8 AT24CXX_Check(void);    //检查器件
extern void AT24CXX_Init(void); //初始化 I²C
#endif
```

3. iic.c 是 I²C 总线驱动程序文件：

```
#include <reg52.h>
#include <intrins.h>
```

```c
#include "my_sys.h"
#include "iic.h"
//初始化 I²C
void IIC_Init(void)
{
    IIC_WP=0;
}
//产生 I²C 起始信号
void IIC_Start(void)
{
    IIC_SDA=1;
    IIC_SCL=1;
    _nop_();_nop_();_nop_();_nop_();
    IIC_SDA=0;//开始:当 CLK 为高电平，DATA 从高电平变换为低电平
    _nop_();_nop_();_nop_();_nop_();
    IIC_SCL=1;//钳住 I²C 总线，准备发送或接收数据
}
 //产生 I²C 停止信号
void I²_Stop(void)
{
    //SDA_OUT();//SDA 线输出
    IIC_SCL=0;
    IIC_SDA=0;//停止:当 CLK 为高电平，DATA 从低电平变换为高电平
    _nop_();_nop_();_nop_();_nop_();
    IIC_SCL=1;
    IIC_SDA=1;//发送 I²C 总线结束信号
    _nop_();_nop_();_nop_();_nop_();
}
//等待应答信号到来
//返回值：1，接收应答失败
//        0，接收应答成功
uint8 IIC_Wait_Ack(void)
{
    uint8 ucErrTime=0;
    IIC_SDA=1;_nop_();
    IIC_SCL=1;_nop_();

    while(IIC_SDA)
    {
        ucErrTime++;
        if(ucErrTime>250)
```

```
                {
                    IIC_Stop();
                    return 1;
                }
            }
        IIC_SCL=0;//时钟输出 0
        return 0;
    }
//产生 ACK 应答
void IIC_Ack(void)
    {
        IIC_SCL=0;
        IIC_SDA=0;
        _nop_();_nop_();
        IIC_SCL=1;
        _nop_();_nop_();
        IIC_SCL=0;
    }
//不产生 ACK 应答
void IIC_NAck(void)
    {
        IIC_SCL=0;
        IIC_SDA=1;
        _nop_();_nop_();
        IIC_SCL=1;
        _nop_();_nop_();
        IIC_SCL=0;
    }
//I²C 发送一个字节
//返回从机有无应答
//1，有应答
//0，无应答
void IIC_Send_Byte(uint8 txd)
    {
        uint8 t;
        //SDA_OUT();
        IIC_SCL=0;//拉低时钟开始数据传输
        for(t=0;t<8;t++)
        {
            IIC_SDA=(txd&0x80)>>7;
            txd<<=1;
```

```
        _nop_();_nop_();_nop_();   //对 TEA5767 这三个延时都是必须的
        IIC_SCL=1;
        _nop_();_nop_();
        IIC_SCL=0;
        _nop_();_nop_();
    }
}
//读 1 个字节，ack=1 时，发送 ACK，ack=0 时，发送 nACK
uint8 IIC_Read_Byte(uint8 ack)
{
    uint8 i,receive=0;
    //SDA_IN();
    IIC_SDA=1; _nop_();_nop_();
    for(i=0;i<8;i++ )
    {
        IIC_SCL=0;
        _nop_();_nop_();
        IIC_SCL=1;
        receive<<=1;
        if(IIC_SDA)receive++;
        _nop_();
    }
    if (!ack)
        IIC_NAck();//发送 nACK
    else
        IIC_Ack(); //发送 ACK
    return receive;
}
```

4. iic.h 是 I^2C 总线驱动程序头文件：

```
#ifndef ___IIC_h
#define ___IIC_h
#include <reg52.h>
#include "my_sys.h"
sbit    IIC_SDA=P2^5 ;
sbit    IIC_SCL=P2^4;
sbit    IIC_WP=P2^6;
//I²C 所有操作函数
extern void IIC_Init(void);              //初始化 I²C 的 I/O 口
extern void IIC_Start(void);             //发送 I²C 开始信号
extern void IIC_Stop(void);              //发送 I²C 停止信号
extern uint8 IIC_Wait_Ack(void);         //I²C 等待 ACK 信号
```

```
extern void IIC_Ack(void);                    //I²C 发送 ACK 信号
extern void IIC_NAck(void);                   //I²C 不发送 ACK 信号
extern void IIC_Send_Byte(uint8 txd);         //I²C 发送一个字节
extern uint8 IIC_Read_Byte(uint8 ack);        //I²C 读取一个字节
#endif
```

5. lcd.c 是液晶 LCD1602 驱动程序文件：

```
#include <reg52.h>
#include "my_sys.h"
#include "lcd.h"
/**********************************************************************
功能描述：lcd 写命令
隶属模块：lcd
函数属性：外部，供用户使用
参数说明：com 为待写命令
返回说明：无外部，供用户使用
注：无
**********************************************************************/
void lcd_com(uint8    com)
{
    lcd1602_rs=0;
  lcd1602_rw=0;
  LCD_PORT=com;
  lcd1602_e=1;
  delay_nms(1);
    lcd1602_e=0;
  }
/**********************************************************************
功能描述：lcd 写数据
隶属模块：lcd
函数属性：外部，供用户使用
参数说明：dat 为待写数据
返回说明：无
注：无
**********************************************************************/
void lcd_dat(uint8 dat)
 {
  lcd1602_rs=1;
  lcd1602_rw=0;
  LCD_PORT=dat;
  lcd1602_e=1;
  delay_nms(1);
```

```
    lcd1602_e=0;
  }
/**********************************************************
功能描述：初始化 lcd
隶属模块：lcd
函数属性：外部，供用户使用
参数说明：无
返回说明：无
注：无
 **********************************************************/
void lcd_init(void)
{
    lcd_com(0x38); delay_nms(5);
    lcd_com(0x0C); delay_nms(5);
    lcd_com(0x06); delay_nms(5);
    lcd_com(0x01); delay_nms(5);
  }
/**********************************************************
功能描述：连续向 lcd 写字符串
隶属模块：lcd
函数属性：外部，供用户使用
参数说明：com 为待写地址，*s 为待写字符串首地址
返回说明：com 返回写到 lcd 的什么地方了
注：一次最多能写入 16 个字节的字符
 **********************************************************/
void dis_s(uint8 com,uint8 *s,bit i)
{
    lcd_com(com);
  for(;*s>0;s++)
    {
    if(!i)
    lcd_dat(*s);
    else
    lcd_dat('*');
    }
}
/**********************************************************
功能描述：m^n 函数
隶属模块：
函数属性：外部，供用户使用
参数说明：
```

返回说明：

注：无

**/

```c
unsigned long mypow(uint8 m,uint8 n)
{
    unsigned long   result=1;
    while(n--)
    result*=m;
    return result;
}
```

/**

功能描述：显示指定长度的数据

隶属模块：lcd

函数属性：外部，供用户使用

参数说明　com 为显示地址，num 为显示数据，len 为数据的长度

返回说明：

注：无

　**/

```c
void LCD_ShowNum(uint8 com ,uint32 num,uint8 len)
{
    uint8 t,temp;
    uint8 enshow=0;
    uint8 x=0;
    lcd_com(com);
    for(t=0;t<len;t++)
    {
        temp=(num/mypow(10,len-t-1))%10;//
        if(enshow==0&&t<(len-1))//
        {
            if(temp==0)
            {
                x++;
                continue;
            }
            else
            {
                enshow=1;
            }
        }
        lcd_dat(temp+0x30);
    }
```

```
        if(x!=0)
        {
         while(x--)
         lcd_dat(' ');
        }
        x=0;
}
```

6. lcd.h 是液晶 LCD1602 驱动程序文件：

```
#ifndef ___lcd_h
#define ___lcd_h
#include <reg52.h>
#include "my_sys.h"
#define   ONE     0x80 //LCD1602 每行起始地址
#define   TWO     0x80+0x40

sbit      lcd1602_rs=P2^0;
sbit      lcd1602_rw=P2^1;
sbit      lcd1602_e=P2^2;
#define   LCD_PORT   P0

extern void lcd_com(uint8 com);
extern void lcd_dat(uint8 dat);
extern void lcd_init(void);
extern void dis_s(uint8 com,uint8 *s,bit i);
extern uint32 mypow(uint8 m,uint8 n);
extern void LCD_ShowNum(uint8 com ,uint32 num,uint8 len);
#endif
```

7. my_sys.c 是延时函数程序文件：

```
#include <string.h>
#include "my_sys.h"
/*************************************************************
功能描述：延时 nms
隶属模块：
函数属性：外部，供用户使用
参数说明：ms，延时的时间
返回说明：
注：8ms 时钟调试得来的
*************************************************************/
void delay_nms(uint16 ms)//ms=1,延时 lms
{
    uint16 i,j;
```

```
            for(i=0;i<ms;i++)
                for(j=0;j<110;j++);
    }
    /**********************************************************
    - 功能描述：延时 1μs
    - 隶属模块：
    - 函数属性：外部，供用户使用
    - 参数说明：ms，延时的时间
    - 返回说明：
    - 注：8ms 时钟调试得来的
    **********************************************************/

    /**********************************************************
    功能描述：延时 nμs
    隶属模块：
    函数属性：外部，供用户使用
    参数说明：us 为延时的时间
    返回说明：
    注：8ms 时钟调试得来的，us=2 时延时 6μs，以后 us 每加 1 延时加 1.75μs。例如如果要
延时 20μs，延时数=(us-6)/1.75+2
    **********************************************************/

    /**********************************************************
    功能描述：将一个 32 位的变量 dat 转为字符串，例如把 1234 转为"1234"
    隶属模块：公开函数模块
    函数属性：外部，用户可调用
    参数说明：dat 为待转的 long 型的变量；str 为指向字符数组的指针，转换后的字节串放
在其中
    返回说明：无
    **********************************************************/

    void u32tostr(uint32 dat,char *str)
    {
     char temp[20];
     uint8 i=0,j=0;
     i=0;
     while(dat)
     {
      temp[i]=dat%10+0x30;
      i++;
      dat/=10;
     }
     j=i;
     for(i=0;i<j;i++)
```

```
    {
      str[i]=temp[j-i-1];
    }
    if(!i) {str[i++]='0';}
    str[i]=0;
}
```

```
/***************************************************************
功能描述：将一个字符串转为 32 位的变量，例如"1234"转为 1234
隶属模块：公开函数模块
函数属性：外部，用户可调用
参数说明：str 为指向待转换的字符串
返回说明：转换后的数值
***************************************************************/
uint32 strtou32(char *str)
{
  uint32 temp=0;
  uint32 fact=1;
  uint8 len=strlen(str);
  uint8 i;
  for(i=len;i>0;i--)
  {
    temp+=((str[i-1]-0x30)*fact);
    fact*=10;
  }
  return temp;
}
```

8. my_sys.h 是延时函数程序头文件：

```
#ifndef ___MY_SYS_h
#define ___MY_SYS_h
typedef    unsigned char uint8 ;
typedef    unsigned int    uint16 ;
typedef    unsigned long uint32;
extern void delay_nms(uint16 ms);
extern void u32tostr(uint32 dat,char *str) ;
extern uint32 strtou32(char *str);
#endif
```

9. key.c 是键盘按键识别程序文件：

```
#include<intrins.h>
#include"key.h"
#include"my_sys.h"
```

```c
#include"lcd.h"
void key_voice(void)
{
 beep=0;
 delay_nms(10);
 beep=1;
 delay_nms(10);
}
/*************************************************************
```

功能描述：矩阵键盘扫描

隶属模块：

函数属性：其他函数调用

参数说明：

返回说明：键值在 0～15

注：无

```c
**************************************************************/
uint8 keyscan(void)
{   //行列偏转法/线偏转法
    static uint8 key1,key2;
    static uint8 num=0;
    KEYPORT=0xF0;
    if((KEYPORT&0xF0)!=0xF0)
    {
     num++;
     if(num<=delaycont)//消抖动
     {
        return   0xFF;
     }
     else
     {
       delay_nms(20);
       if((KEYPORT&0xF0)!=0xF0)
       {
         num=0;//
         key1=KEYPORT;
         KEYPORT=0x0F;
         if((KEYPORT&0x0F)!=0x0F)
          {
            key2=KEYPORT;
            switch(key1|key2)
              {
```

```
            case 0x77:      return 14;//    开锁
                            break;
            case 0xB7:      return 15;//#
                            break;
            case 0xD7:      return 0;    //0
                            break;
            case 0xE7:      return 10;//*
                            break;
            case 0x7B:      return 13;//确定
                            break;
            case 0xBB:      return 9;
                            break;
            case 0xDB:      return 8;
                            break;
            case 0xEB:      return 7;
                            break;
            case 0x7D:      return 12;// 清除
                            break;
            case 0xBD:      return 6;//
                            break;
            case 0xDD:      return 5;//
                            break;
            case 0xED:      return 4;//
                            break;
            case 0x7E:      return    11;//修改
                            break;
            case 0xBE:      return 3; //
                            break;
            case 0xDE:      return 2;//
                            break;
            case 0xEE:      return 1;//
                            break;
        }
     }
   }
   else
   {
     return   0xFF;
   }
  }
}
```

```
      else
      {
        return 0xFF;
      }
      return key1|key2;
}
/**************************************************************
功能描述：实现按键的按下、长按、松手检测
隶属模块：
函数属性：其他函数调用
参数说明：
返回说明：无
注：*p 的值为键值或是按下、长按、松手的码制
   规定各码制如下：
   按下：0x10
   长按：0x20
   松手：0x40
   因为键在 0～15 以内，固用
      "datf2&=0x0F;"      [datf2 为 getkey（）返回的值]可以去取实际的键值
**************************************************************/
void getkey(uint8 *p)
{
  static uint8   lastkey=0;    // 保存键值
  static uint8 status=0;   // 状态转换
  static uint16 num=0;   // 长按计数
  uint8 temp=0;
  temp=keyscan();
  switch(status)
    {
      case 0:
        status=1;
      break;
      case 1:    //消抖动
          if(0xFF!=temp)
          {
            status=2;
          }
          else
          {
            status=0;
          }
```

```
                break;
        case 2: // 按下
            if(0xFF!=temp)
              {
                 status=3;
                 lastkey=temp;
                 temp|=0x10;   //0x10
              }
            else
              {
                 status=4;
              }
        break;
        case 3:   // 长按
            if(0xFF!=temp)
              {
                 if(++num>5)
                   {
                      num=0;
                      temp|=0x20;//0x20
                   }
              }
            else
              {
                 status=4;
              }
        break;
        case 4:   //松手
            temp=lastkey|0x40          ;//0x40
            lastkey=0;
            status=0;
            key_voice();
        break;
    }
      *p=temp;
}
```

10.　key.h 是键盘按键识别程序头文件：

```
#ifndef __KEY_H__
#define __KEY_H__
#include <reg52.h>
#include"my_sys.h"
```

```c
#define KEYPORT P1    //4×4 矩阵键盘数据端口
#define delaycont 0 //
#define keyvuale_0    (0|0x40)
#define keyvuale_1    (1|0x40)
#define keyvuale_2    (2|0x40)
#define keyvuale_3    (3|0x40)
#define keyvuale_4    (4|0x40)
#define keyvuale_5    (5|0x40)
#define keyvuale_6    (6|0x40)
#define keyvuale_7    (7|0x40)
#define keyvuale_8    (8|0x40)
#define keyvuale_9    (9|0x40)
#define keyvuale_10 (10|0x40) //*
#define keyvuale_alte        (11|0x40) //修改
#define keyvuale_clear       (12|0x40) //清除
#define keyvulae_sure        (13|0x40) //确定
#define keyvuale_unlocking (14|0x40) //开锁
#define keyvuale_15          (15|0x40) //#
sbit beep=P2^3;
extern void key_voice(void);
extern uint8 keyscan(void);
extern void getkey(uint8 *p);
#endif
```

11. password.c 是密码识别程序文件：

```c
#include <reg52.h>
#include "key.h"
#include "lcd.h"
uint8 idata password_data[11];
uint8 idata SFR_SRR;
uint8 idata password_len;
void get_password(uint8 keyvuale)
{
    static uint8 snum=0;
  if(keyvuale==keyvuale_clear)
    {
      lcd_com(TWO);
      for(snum=0;snum<10;snum++)
        {
          password_data[snum]='\0';
          lcd_dat(' ');
        }
```

```
            snum=0;
        }
if(keyvuale==keyvuale_unlocking)//开锁
    {
        SFR_SRR|=0x01;
        snum=0;
    }
if((keyvuale==keyvulae_sure))//确定
    {
        SFR_SRR|=0x02;
        password_len=snum;
        snum=0;
    }
if(((keyvuale>=keyvuale_0)&&(keyvuale<=keyvuale_10))||(keyvuale==keyvuale_15))
    {
        //keyvuale&=0x0F;
        if(snum<=10)
        switch(keyvuale)
            {
                case keyvuale_0:
                        password_data[snum]='0';
                        password_data[snum+1]='\0';
                        snum++;
                        break;
                case keyvuale_1:
                        password_data[snum]='1';
                        password_data[snum+1]='\0';
                        snum++;
                        break;
                case keyvuale_2:
                        password_data[snum]='2';
                        password_data[snum+1]='\0';
                        snum++;
                        break;
                case keyvuale_3:
                        password_data[snum]='3';
                        password_data[snum+1]='\0';
                        snum++;
                        break;
                case keyvuale_4:
                        password_data[snum]='4';
```

```
                password_data[snum+1]='\0';
                snum++;
            break;
        case keyvuale_5:
            password_data[snum]='5';
            password_data[snum+1]='\0';
            snum++;
            break;
        case keyvuale_6:
            password_data[snum]='6';
            password_data[snum+1]='\0';
            snum++;
            break;
        case keyvuale_7:
            password_data[snum]='7';
            password_data[snum+1]='\0';
            snum++;
            break;
        case keyvuale_8:
            password_data[snum]='8';
            password_data[snum+1]='\0';
            snum++;
            break;
        case keyvuale_9:
            password_data[snum]='9';
            password_data[snum+1]='\0';
            snum++;
            break;
        case keyvuale_10:      //*
            password_data[snum]='*';
            password_data[snum+1]='\0';
            snum++;
            break;
        case keyvuale_15:      //*
            password_data[snum]='#';
            password_data[snum+1]='\0';
            snum++;
            break;
        case keyvuale_clear://清除
            break;
        case keyvuale_unlocking://开锁
```

```
                break;
            default:
                ;
                break;
            }
        }
    }
```

12.　password.h 是密码识别程序头文件：

```
#ifndef __PASSWORD_H__
#define __PASSWORD_H__
#include <reg52.h>
#include"my_sys.h"
extern uint8 idata password_data[11];//密码输入缓冲数组
extern uint8 idata SFR_SRR;//自定义标识寄存器
extern uint8 idata password_len;
extern void get_password(uint8 keyvuale);
#endif
```

13 .main.c 主函数所在的文件

```
#include <reg52.h>
#include <string.h>
#include "my_sys.h"
#include "at24xx.h"
#include "password.h"
#include "lcd.h"
#include "key.h"
/*
```

用户输入正确的密码，自动开锁，输入错误，则报警

报警方式为声音报警

　　具有设置密码功能，在设置密码时，按下修改密码键，输入旧密码，当旧密码正确时，进入密码设置功能，需连续输入两次新密码以做校验，设置完成后按确认键，完成密码修改，系统开始工作

　　若电路连续报警三次，电路将锁定键盘 5min

　　可设密码位数：1～10 位

　　系统初始密码：0000

```
*/
bit     times50ms=0;
uint16 timenum_sec=0;
extern uint8 idata password_data[11];//密码输入缓冲数组
extern uint8 idata SFR_SRR;//自定义标识寄存
extern uint8 idata password_len;//密码长度
uint8 idata    ubuffer[11];//保存系统当前密码
```

```c
uint8 idata    new[11];//保存系统当前正在修改的新密码
uint8 status_mcu=0;//系统状态
sbit unlock=P2^7;
void time1_init(void)
{
    TH1=(65535-50000)/255;
    TL1=(65535-50000)%255;
    TMOD=0x10;
    ET1=0;
    TR1=0;
    EA=1;
}
//报警
void bj(void)
{
    if(times50ms)
    {
        times50ms=0;
        beep=!beep;
    }
}
//界面初始化 gui
void gui_init(void)
{
    lcd_com(0x01);
    dis_s(ONE,"Enter Password:",0);
}
//密码输入正确 gui
void  password_ok_gui(void)
{
    lcd_com(0x01);
    dis_s(ONE,"OK",0);
}
//密码输出错误 gui
void  password_error_gui(void)
{
    lcd_com(0x01);
    dis_s(ONE,"Password Error",0);
}
//输入旧密码 gui
void password_old_gui(void)
```

```
    {
      lcd_com(0x01);
      dis_s(ONE,"old passwords:",0);
    }
//输出新密码 gui
void password_new_gui(void)
    {
      lcd_com(0x01);
      dis_s(ONE,"new passwords:",0);
    }
//再次输入新密码 gui
void password_new_again_gui(void)
    {
      lcd_com(0x01);
      dis_s(ONE,"agin:",0);
    }
//两次输入的密码不一致 gui
void password_new_disaccord_gui(void)
    {
      lcd_com(0x01);
      dis_s(ONE,"passwords differ",0);
    }
//用户输入密码
void inputcode(void)
    {
      static uint8 inputnum=0;
      if(SFR_SRR&0x01)
        {
          SFR_SRR&=0xFE;
          AT24CXX_Read(0,ubuffer,password_len);//读出密码
          if((strcmp(ubuffer,password_data)==0))
            {
              password_ok_gui();
              unlock=0;//开锁
              inputnum=0;
              delay_nms(2000);
              unlock=1;
              password_data[0]='\0';
              gui_init();
            }
          else
```

```
                {
                    inputnum++;
                    password_error_gui();
                    ET1=1;
                    TR1=1;
                    while(timenum_sec<2)
                      {
                          bj();
                      }
                    timenum_sec=0;
                    time1_init();
                    beep=1;
                    time1_init();
                    password_data[0]='\0';
                    gui_init();

                }
            if(inputnum>2)
              {
                    password_error_gui();
                //锁定键盘 10s
                    ET1=1;
                    TR1=1;
                    beep=0;
                    while(timenum_sec<10)
                      {
                      }
                    timenum_sec=0;
                    time1_init();
                    beep=1;
                inputnum=0;
                inputnum=0;
                gui_init();
              }
        }

}
//用户修改密码
void    Change_Password()
{
    static uint8 changenum=0;
```

```
static uint8 times=0;
uint8 i=0;
while(SFR_SRR&0x02)
  {
    SFR_SRR&=0xFD;

        if((SFR_SRR&0x04)!=0x04)
        {      AT24CXX_Read(0,ubuffer,password_len);//读出密码
            if((strcmp(ubuffer,password_data)==0))
              {
                    password_data[0]='\0';
                    changenum=0;
                    password_new_gui();
                    SFR_SRR|=0x04;
                    break;
              }
               else
                 {
                      changenum++;

                      password_data[0]='\0';
                      password_error_gui();
                      ET1=1;
                      TR1=1;
                      while(timenum_sec<2)
                          {
                              bj();
                          }
                      timenum_sec=0;
                      time1_init();
                      beep=1;
                      password_old_gui();
                 }
          }
          if(changenum>2)
        {
          //锁定键盘 10s
         password_error_gui();
          ET1=1;
          TR1=1;
          beep=0;
```

```
            while(timenum_sec<10)
              {
              }
            timenum_sec=0;
            time1_init();
            beep=1;
              changenum=0;
              password_data[0]='\0';
              status_mcu=0;
              gui_init();
              break;
          }
        if(SFR_SRR&0x04)
          {
              if(times==0)
                {
                    for(i=0;i<11;i++)
                      {
                          if(password_data[i]!='\0')
                          new[i]=password_data[i];
                          else
                          break;
                      }
                      new[i]='\0';
                      password_data[0]='\0';
                      password_new_again_gui();

                      times=1;
                      break;
                }
              if(times==1)
              if((strcmp(new,password_data)==0))
                {
                      times=0;
                      SFR_SRR&=0xFE;
                      SFR_SRR&=0xFB;
                      gui_init();

                      status_mcu=0;
                      password_data[0]='\0';
                      AT24CXX_WriteOneByte(101,password_len);
```

```
                    AT24CXX_Write(0,new,password_len);
                    AT24CXX_Read(0,ubuffer,password_len);//读出密码
                    ubuffer[password_len]='\0';
                    break;
                }
            else
              {
                    times=0;
                    password_data[0]='\0';
                    password_new_disaccord_gui();
                    delay_nms(2000);
                    password_new_gui();
                }
            }
        }
}
void mcu_state(void)
{
 // static bit x=0;
   uint8 keyvuale=0;
   getkey(&keyvuale);
   get_password(keyvuale);
   if(keyvuale==keyvuale_alte)
     {
      status_mcu=1;
      SFR_SRR&=0xFD;
      password_old_gui();
     }
   switch(status_mcu)
     {
      case 0:    //输入密码
          inputcode();
          dis_s(TWO,password_data,1);
      break;
      case 1://修改密码
        Change_Password();
        dis_s(TWO,password_data,1);
      break;
      case 2://空闲
      break;
     }
```

```c
        }
    void main(void)
    {
        uint8 dat=0;
        lcd_init();
        time1_init();
        unlock=1;
        AT24CXX_Init();
        if(AT24CXX_ReadOneByte(100)!=0x55)//判断密码是否已初始化
        {
            AT24CXX_WriteOneByte(100,0x55);
            password_len=4;
            AT24CXX_WriteOneByte(101,password_len);
            AT24CXX_Write(0,"0000",password_len);
        }
        password_len=AT24CXX_ReadOneByte(101);//得到密码长度
        AT24CXX_Read(0,ubuffer,password_len);//读出密码
        gui_init();
        while(1)
        {
            mcu_state();
        }

    }
    void time1(void) interrupt 3
    {
        static uint8 timenum=0;

        TH1=(65535-50000)/255;
        TL1=(65535-50000)%255;
        timenum++;
        times50ms=1;
        if(timenum>=20)
        {
            timenum=0;
            timenum_sec++;
        }
    }
```

参考文献

[1] 周润景,张丽娜.基于PROTEUS的电路及单片机设计与仿真.第2版.北京:北京航空航天大学出版社,2010.

[2] 江世明. 基于PROTEUS的单片机应用技术. 北京：电子工业出版社，2009.

[3] 王静霞.单片机应用技术（C语言版）. 北京：电子工业出版社，2010.

[4] 雷建龙.单片机C语言实践教程. 北京：电子工业出版社，2012.

[5] 孔维功.C51单片机编程与应用. 北京：电子工业出版社，2011.

[6] 谢维成，杨加国.单片机原理与应用及C51程序设计.第2版. 北京：清华大学出版社，2010.

[7] 杨欣，张延强，张凯麟.实例解读51单片机完全学习与应用. 北京：电子工业出版社，2011.

[8] 陆旭明.单片机设计应用与仿真. 北京：北京大学出版社，2010.

[9] 王文海.单片机应用与实践项目化教程. 北京：化学工业出版社，2010.

[10] 陈贵银，祝福.单片机原理及接口技术. 北京：电子工业出版社，2011.

[11] 吉红，闫昆.单片机系统设计与调试. 北京：化学工业出版社，2010.

[12] 王用伦.微机控制技术.第2版.重庆：重庆大学大学出版社，2010.